高等学校人工智能 教育丛书

U0177959

人工智能

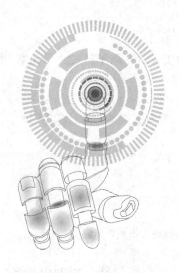

王春林　柏建军　徐生林　郭宝峰　主编

西安电子科技大学出版社
http://www.xduph.com

内 容 简 介

　　本书是以作者多年来从事人工智能研究的经验为基础，并广泛参考了国内外最新研究资料编写而成的。本书从人工智能的本源问题出发，着重介绍了人工智能各领域的概念体系、方法体系、经典算法与新的流行算法以及当前人工智能的研究热点——机器学习和机器视觉。

　　本书可供高等院校人工智能相关专业本科生、研究生作为教材或参考书使用，也可供相关科研及工程技术人员阅读。

图书在版编目(CIP)数据

人工智能/王春林等主编. －西安：西安电子科技大学出版社，2020.9(2021.1重印)
ISBN 978 - 7 - 5606 - 5823 - 0

Ⅰ. ①人…　Ⅱ. ①王…　Ⅲ. ①人工智能　Ⅳ. ①TP18

中国版本图书馆 CIP 数据核字(2020)第 155445 号

策划编辑　陈　婷
责任编辑　王　瑛
出版发行　西安电子科技大学出版社(西安市太白南路 2 号)
电　　话　(029)88242885　88201467　　邮　编　710071
网　　址　www.xduph.com　　　　　　电子邮箱　xdupfxb001@163.com
经　　销　新华书店
印刷单位　陕西天意印务有限责任公司
版　　次　2020 年 9 月第 1 版　2021 年 1 月第 2 次印刷
开　　本　787 毫米×960 毫米　1/16　印　张　15.5
字　　数　317 千字
定　　价　36.00 元
ISBN 978 - 7 - 5606 - 5823 - 0/TP
XDUP　6125001 - 2

　　＊＊＊如有印装问题可调换＊＊＊

前　言

　　人工智能是一个新兴的研究热点，它引起了全世界人们的关注，甚至成为很多国家的国家战略。随着研究的进展和技术的进步，人工智能正在进入和影响着我们的生活，在某些方面已经超越了人类智能。人类社会正在朝着人工智能时代前进，而且前进的速度越来越快，在可预见的未来，人工智能会大量融入和改变人类生活。在此背景下，为了帮助人们学习和掌握人工智能的理论与方法，作者以自己多年来从事人工智能研究的经验为基础，并广泛参考了国内外最新的研究资料而编写了本书。

　　本书从人工智能的本源问题出发，介绍了构成人工智能体系的知识表示、搜索的原理与算法、推理技术、机器学习、机器视觉及分布式人工智能与多 Agent 系统，着重阐述了不同领域的概念体系和方法体系，对比了不同的研究思路及进展情况，并将各领域的经典算法与新的流行算法涵盖其中。同时，本书将作者最新的工业应用研究成果、文献所见最新成果及经典案例作为实例，对人工智能方法的应用进行了剖析。

　　本书共 7 章，第 1、3、4 章及第 5 章的 5.1 节、5.2 节和 5.4 节由王春林编写，第 2、7 章由柏建军编写，第 6 章由徐生林编写，第 5 章的 5.3 节由郭宝峰编写。

　　在本书的编写及出版过程中，一些研究生参与了资料收集和初稿整理工作，西安电子科技大学出版社的陈婷和王瑛编辑付出了辛勤的劳动，杭州电子科技大学及其自动化学院（人工智能学院）提供了大力支持，在此，向相关单位和个人表示衷心的感谢！同时对有关参考文献的作者也表示感谢！

　　由于编者水平有限，书中不足之处在所难免，敬请广大读者批评指正。

编　者

2020 年 5 月

目　　录

第1章　人工智能概论

随着人工智能技术在各个领域的应用中取得成功,使得它已经成为目前人类关注的热点。在可预见的未来,人工智能将影响人类生活的各个方面,甚至很多方面会超过人类智能。在这样的背景下,人工智能技术已经成为人们争相了解和学习的对象。本章从宏观上对人工智能的概念、发展历史、研究方法等进行了梳理,以便读者能较为全面地了解人工智能,并有助于读者找到人工智能技术中的兴趣点,从而进行后续的深入学习和研究。

1.1　人工智能的概念及发展历史

1.1.1　人工智能的概念

人工智能(Artificial Intelligence，AI)在 1956 年正式被提出而成为一个独立的研究领域,它的最初目标是研究和理解人类的智能。时至今日,在一些方面,人工智能已经超越了人类智能。例如,在突显人类智能的国际象棋和围棋领域,人工智能已经战胜了人类智能。目前,人工智能已经拓展为研究、开发用于模拟、延伸和扩展人的智能的理论、方法、技术及应用系统的一门技术科学。人工智能通过特定的数据信息的处理程序,并借助机器可以完成一系列工作,从而代替人类的劳动,达到提高工作效率的目的。Russell 和 Norvig 在他们合著的《人工智能:一种现代的方法(第 3 版)》一书中从四个方面总结了前人对人工智能的不同定义,如表 1.1 所示。

表 1.1　一些人工智能的定义

定　义	举　例
像人一样思考的系统	"自动化进程中与人类思维相关的活动,诸如决策、问题求解、学习等活动"(Bellman,1978 年) "要使计算机能够思考……意思就是:有头脑的机器"(Haugeland,1985 年)
理性思考的系统	"通过利用计算模型来进行心智能力的研究"(Charniack 和 McDermott,1985 年) "使感知、推理和行为成为可能的计算的研究"(Winston,1992 年)

续表

定　义	举　例
像人一样行动的系统	"一种技艺,创造机器来执行人需要智能才能完成的功能"(Kurzwell,1990年) "研究如何让计算机能够做到那些目前人比计算机做得更好的事情"(Rick和Knight,1991年)
理性行动的系统	"计算智能是对智能化智能体的研究"(Poole等,1998年) "AI关心的是人工制品中的智能行为"(Nilsson,1998年)

除此以外,还有很多不同的研究人员对人工智能给出了不同的定义:

(1) 人工智能是用人工的方式在特定的机器上实现的智能。

(2) 人工智能是会学习的计算机程序。

(3) 人工智能可以使得机器产生思维去尝试未知的挑战。

(4) 人工智能是根据对环境的感知,做出合理的行为,并获得最大收益的计算机程序。

斯坦福大学的尼尔逊教授认为人工智能是关于知识的学科——怎样表示知识以及怎样获得知识并使用知识的科学。麻省理工学院的温斯顿教授则强调人工智能就是研究如何使计算机去做过去只有人才能做的智能工作。以上这些定义反映了人工智能的基本思想和内容。人工智能是一个庞大的研究领域,它包括逻辑、概率和连续数学,感知、推理、学习和行动,以及从微电子设备到机器人行星探测器等。人工智能企图了解智能的实质,并由此生产出一种新的能以与人类智能相似的方式对外界作出反应的智能机器。人工智能得到了愈加广泛的重视,并在各个不同领域得到了广泛应用。

人工智能的研究涉及非常多的学科,几乎包括自然科学和社会科学的所有学科。到目前为止,人工智能依然是仿生的学习和应用,它企图模仿人类大脑的行为。人的大脑智能体现在感知、思维和行为三个层次,所以,人工智能也在研究解决这三个层次的问题。

(1) 感知——机器感知:让机器像人一样有五感(视、听、味、嗅、触)或更多的感觉。这是思维的基础。机器思维只有建立在与外界的信息交流之上,才可能做出正确的思维。

(2) 思维——机器思维:让机器像人的大脑一样能进行思考、判断和决策等。

(3) 行为——机器行为:让机器能进行模拟、延伸和扩展人的智能行为,例如语言、制造工具、利用工具等行为。

如何评价和界定机器智能,英国数学家阿兰·图灵在20世纪就给出了著名的"图灵测试"方法,他认为与其提出一长串可能有争议的清单来列举智能所需要具备的能力,不如采用一项基于人类的智能体辨识测试——让人类提出任意问题,由机器回答,如果提问者无法判断此问题是否是由人做出的回答,那么机器就通过了测试。目前,人们还在向着这个目标努力奋斗，相信在不久的将来，会有很多机器通过图灵测试，而成为真正意义上的人工智能机器。

1.1.2　人工智能的发展史

人工智能是从 20 世纪 40 年代孕育并发展起来的。基础生理学知识和脑神经元的功能、命题逻辑的形式化分析和计算理论被认为是人工智能发展的三大基础。人工智能最初的思想也是模拟人的行为。人工智能的发展大体可以分为以下三个阶段。

1. 孕育阶段（1943—1955 年）

美国神经生理学家 Warren McCulloch 和数理逻辑学家 Walter Pitts 在人工智能的三大基础的资源之上，于 1943 年建成了第一个神经网络模型（M-P 模型），为后来人工神经网络的研究奠定了基础。1949 年，Donald Hebb 展示了一条简单的用于修改神经元之间权重的更新规则，该规则称为赫布型学习（Hebb Learning），至今仍是一种有影响的模型。1950 年，Marvin Minsky 和 Dean Edmonds 建造了第一台神经网络计算机（SNARC），它可以模拟 40 个神经元构成的网络。另外，还有很多早期的工作都很有意义，其中最值得一提的是阿兰·图灵，他在 1950 年的文章中提出了图灵测试、机器学习、遗传算法和强化学习等理论，为当时的人工智能发展指明了方向。

2. 形成阶段（1956—1969 年）

1956 年，达特茅斯会议之后确立了人工智能学科，此次会议聚集了当时乃至之后二十年间的人工智能的主要研究者。自这次会议之后的十多年间，人工智能的研究在机器学习、定理证明、模式识别、问题求解、专家系统及人工智能语言等方面都取得了许多引人瞩目的成就。例如：

（1）1957 年，感知机的出现推动了连接机制的研究，但感知机有其局限性。

（2）艾伦·纽厄尔和赫伯特·西蒙在达特茅斯会议上声称发明了一个非数值思考的程序，并在会后不久，他们的程序就能证明《数学原理》中的大部分命题。

（3）费根鲍姆（E. A. Feigenbaum）及其同事于 1968 年研发完成并投入使用了专家系统 DENDRAL。该专家系统可以分析推理化合物的分子结构，其分析能力已接近化学专家的水平，在美国、英国等国家得到了实际应用。

（4）1960 年，麦卡锡研制出了人工智能语言的重要工具——人工智能语言系统 LISP。

这些成就都极大地促进了人工智能的研究进展，并为其进一步的研究奠定了扎实的基础。

3. 发展阶段（1970 年至今）

进入 20 世纪 70 年代，许多国家都认识到人工智能研究的重要性，并大力支持人工智

能方面的研究，因此有大量的研究成果涌现。例如 1972 年，法国马赛大学的科麦瑞尔
（A. Comerauer）提出并实现了逻辑程序设计语言 PROLOG 等。在早期简单实例问题上的
成功让研究者们受到了极大的鼓舞，但是将其用于更宽的问题和更难的问题选择时，结果
证明人工智能非常失败。当时人们经过认真的反思，总结研究的经验和教训后，在面对更
困难的问题时将知识融入人工智能中，并取得了良好的效果。1977 年，费根鲍姆在第五届
国际人工智能联合会议上提出了"知识工程"的概念，对以知识为基础的智能系统的研究与
建造起到了重要的作用。大多数人接受了以知识为中心展开人工智能研究的观点，从此，
人工智能的研究又迎来了蓬勃发展的以知识为中心的新时期。这个时期也称为知识应用时
期。在此时期，专家系统的研究在多个领域中取得了重大突破，各种不同功能、不同类型的
专家系统如雨后春笋般地建立起来，并且产生了巨大的经济效益及社会效益。例如，地矿
勘探专家系统 PROSPECTOR 拥有 15 种矿藏知识，能根据岩石标本及地质勘探数据对矿
藏资源进行估计，应用该系统成功地找到了超亿美元的钼矿等。

专家系统的成功，使人们越来越清楚地认识到知识是智能的基础，对人工智能的研究
必须以知识为中心来进行。在这个时期，对知识的表示、利用及获取等的研究取得了较大
的进展，特别是对不确定性知识的表示与推理取得了突破，建立了主观的贝叶斯（Bayes）理
论、确定性理论、证据理论等，为人工智能中模式识别、自然语言理解等领域的发展提供了
支持，解决了许多理论及技术上的问题。

1986 年之后称为集成发展时期。计算智能（Computational Intelligence，CI）的出现丰
富了人工智能理论框架，使人工智能进入了一个新的发展时期。

1991 年，在悉尼举行的第 12 届国际人工智能联合会议上，IBM 公司研制的"深思"
（Deep Thought）计算机系统与澳大利亚象棋冠军约翰森（D. Johansen）举行了一场人机对
抗赛，结果以 1∶1 平局告终。1997 年，IBM 公司研制的"深蓝"计算机击败了国际象棋棋王
卡斯帕罗夫。2016 年 3 月，谷歌公司开发的围棋程序"AlphGo"在韩国首尔进行的 5 番棋比
赛中以 4∶1 战胜了韩国九段围棋手李世石（李世石是当时世界历史战绩最好的围棋手）。
2017 年 5 月，谷歌公司推出 AlphGo 的加强版"AlphGo 2.0"，在中国乌镇以 3∶0 战胜了当
时世界排名第一的中国围棋手柯洁，取得了举世瞩目的成果。

随着 2006 年 Hinton 提出的深度学习技术以及 2012 年 ImageNet 竞赛在图像识别领域
带来的突破，人工智能再次爆发。这一次，不仅在技术上频频取得突破，在商业市场上同样
炙手可热，创业公司层出不穷，投资者竞相追逐。

在人工智能的发展过程中，不同技术在不同时期扮演着推动人工智能发展的重要角
色。经过几十年的发展，目前以机器人为代表的人工智能应用在很多领域得到了发展，例
如自动驾驶、机器翻译、语音识别及自主调度和规划等。可以想象，在不久的将来，人工智
能机器人将代替人类完成更多的工作。

1.2　人工智能的研究方法与涉及的学科

1.2.1　人工智能的研究方法

当前没有统一的原理或范式指导人工智能研究。对于许多问题，研究者们都存在争论。例如：是否应从心理或神经方面模拟人工智能？人类生物学与人工智能的研究有没有关系？智能行为能否用简单的原则来描述，还是必须解决大量完全无关的问题？智能是否可以使用高级符号表达，还是需要"子符号"的处理？等等。

人工智能的研究目标是用人工方法和技术制造出智能系统。随着技术的进步，研究方法也在不断丰富，新名词不断涌现。人工智能在研究过程中与前沿理论和技术密切联系，研究方法也会趋于多样化。以下介绍一些目前常用的研究方法。

1. 仿生研究

仿生研究是指人们通过研究生物体结构与功能的工作原理，提出或开发出新的理论、方法和技术。对人工智能而言，仿生主要是研究大脑的结构与功能，为人工智能奠定理论和方法基础。人工智能仿生研究方法又分为三个方面：生理模拟、行为模拟和群体模拟。

1) 生理模拟

生理模拟是从人类大脑的生理层面(即结构和工作机理)入手，通过数学算法，模拟脑神经网络的工作过程，从而实现某种程度的人工智能。人工神经网络就是生理模拟研究的成果。BP(Back Propagation)神经网络算法是早期著名的人工神经网络算法，曾被大量研究报道。以 BP 神经网络为代表的各种神经网络算法初步实现了学习和推理等智能方面的功能。这种方法一般是通过人工神经网络的"自学习"获得知识，再利用知识解决问题。人工神经网络擅长模拟人脑的形象思维，便于实现人脑的低级感知功能，例如图像、声音信息的识别和处理等。人工神经网络已成为人工智能研究中不可或缺的重要研究方法。目前，著名的深度学习算法也是基于人工神经网络算法的。人工神经网络算法还有很多有待进一步发展的研究方向。

由于大脑是一个动态的、开放的、高度复杂的系统，人们至今还没有完全弄清楚它的生理结构和工作机理，因此，对大脑真正生理层面的模拟还难以实现。目前，神经网络的模拟还只是对大脑的简单模拟。随着人们对人类大脑认识的不断推进，将来可能会出现真正的生理层面的完全的大脑模拟，相信到那时，算法的功能将会更加强大。

2) 行为模拟

行为模拟是用模拟人和动物在与环境的交互、控制过程中的智能活动和行为特性(如反应、寻优及适应等)来研究和实现人工智能。这种研究基于"感知-行为"模式，故我们称其为行为模拟。麻省理工学院的 R. Brooks 教授基于这一方法研制的六足行走机器人(亦称为机器虫),曾引起人工智能界的轰动。这个机器虫具有一定的适应能力,是运用行为模拟方法研究人工智能的代表作。R. Brooks 教授的工作代表了被称为"现场 AI"的人工智能新方向。现场 AI 强调智能系统与环境的交互,主张智能行为的"感知-行为"模式,认为智能取决于感知和行动,并且是可以逐步进化出来的,但只能在与周围环境的交互中体现出来。智能只有放在环境中才是真正的智能,智能的高低主要表现在对环境的适应性上。沿着"感知-行为"这一途径,人们研制出了具有自学习、自适应和自组织特性的智能系统及机器人,进一步开拓了人工智能(AI)的研究方向。

3) 群体模拟

群体模拟是模拟生物群落的群体行为,从而实现人工智能。到目前为止,群体模拟的研究主要集中在优化算法方面。例如:遗传算法模拟生物种群的繁殖和自然选择现象,并进一步发展为进化计算;免疫算法模拟人体免疫细胞的群体行为;蚁群算法模拟蚂蚁群体觅食活动过程中路径的优化现象;粒子群算法模拟鸟群觅食行为中的寻找食物与信息共享的现象等。以上群体智能的模拟是通过抽象群体活动中的个体行为特征和个体间信息交换的方法实现的,如遗传、变异、信息素浓度等操作。这些算法在解决组合优化等问题中有卓越的表现,很多人工智能的问题本身就是优化问题。群体模拟或者称之为群体智能算法在人工智能领域有非常重要的地位。

2. 原理分析和数学建模

原理分析和数学建模就是通过对智能本质和原理的分析,直接采用某种数学方法来建立智能行为模型。原理分析和数学建模这一研究途径和方法的特点也是用纯粹的人的智能去实现机器智能。在 20 世纪 90 年代,人工智能研究发展出复杂的数学工具来解决特定的分支问题。这些工具是真正的科学方法,即这些方法的结果是可测量的和可验证的,同时也是近期人工智能成功的原因。共享的数学语言也允许已有学科的合作。人们用概率统计学处理不确定性信息和知识,建立了统计模式识别、统计机器学习和不确定性推理等一系列原理和方法,例如,高斯过程算法。人们用数学中的距离、空间、函数、变换等概念和方法,开发了几何分类、支持向量机等模式识别和机器学习的原理和方法。这类方法包含了众多的建模算法,目前,研究和报道最多的算法中采用了这类方法,它们极大地支撑了人工智能的应用和发展。

3. 心理模拟和符号推演

心理模拟和符号推演是从心理层面入手,以智能行为的心理模型为依据,将问题或知识表示成逻辑网络,采用符号推演的方法,模拟大脑的逻辑思维过程,以实现人工智能。这一研究方法的基础是:人脑的思维活动是在心理层面上进行的(如记忆、联想、推理、思考等),这个思维过程是可以用语言符号表达的。因此,人类的智能行为就可以用逻辑来建模。另一方面，心理学、逻辑学及语言学也是建立在大脑的心理层面上的，这些学科的一些理论和方法可以直接供人工智能参考或使用，计算机等设备可以方便地实现语言符号型知识的表示和处理，人类已有的知识可以直接被用于人工智能中。

心理模拟和符号推演代表性的理念是"物理符号系统假设"，即认为人对客观世界的认知基础元素是符号，认知过程就是符号处理的过程。计算机也可以处理符号，所以可以用计算机通过符号推演的方式来模拟人的逻辑思维过程，实现人工智能。许多重要研究成果都是用符号推演取得的，例如自动推理、机器博弈及专家系统等。这种方法模拟了人脑的逻辑思维，并利用显式的知识和推理解决问题，故而它可以实现大脑的高级认知功能，如推理、决策等。符号推演是人工智能研究中最早使用的方法之一。

1.2.2　人工智能涉及的学科

人工智能从理论基础到各种应用所涉及的学科很多，主要包括哲学、认知科学、数学、神经生理学、计算机科学、信息论、仿生学等。以下介绍一些在人工智能中起到重要作用的学科。

1. 哲学

哲学是对基本和普遍之问题研究的学科，一般具有严密逻辑系统的宇宙观。哲学有很多分支，例如，逻辑学、心理学、科学技术哲学等。哲学为人工智能的研究和发展提供了逻辑工具、评判准则、伦理思辨及发展视野。人工智能很多的基本观点实际上是属于哲学范畴的。一般来说，任何一个科学技术领域均有哲学观念的问题，因为每个理论都有其逻辑起点，包括基本预设、覆盖范围、直观背景等。在这些问题上的争论往往不能完全在该领域之内得到解决，而需要在更大的尺度和范围中进行考虑，因此就进入了哲学的范围。由于人工智能的研究对象涉及智能、认知、思维、心灵、意识等在哲学中被反复讨论和使用过的概念，与哲学的关系就比其他领域更密切和复杂。

"人工智能"的直观意义很简单，可以说就是"让计算机像人脑那样工作"。但计算机毕竟不是人脑，也不可能在所有方面都像人脑，因此，一个人工智能系统只能是在某些方面像人脑。在这一点上，主流观点是把智能看成能解决那些人脑能解决的问题的能力。这种把"智能"看作"解题能力"的观点实际上是一个关于智能和思维的哲学信念。

当代西方哲学中的认知转向是和人工智能的研究协调发展的，人工智能的哲学问题已不再是人工智能的本质问题，而是关于人的意向性问题、概念框架问题、语境问题以及日常性认知问题。人工智能的发展引出了发人深思的两个哲学问题：一是人工智能的发展及其极限；二是人工智能的哲学反思——人，永远的唯一者？目前还无法回答这两个问题，但它们必将伴随着人工智能的发展。

2. 数学

数学是研究数量、结构、变化、空间以及信息等概念的一门学科，从某种角度看属于形式科学的一种。在人类历史发展和社会生活中，数学发挥着不可替代的作用，更是现代科学技术必不可少的基本工具。数学有很多分支，如概率论、数理统计、信息论、代数、几何、微分方程、泛函分析及计算数学等。这些分支都为人工智能提供了不同的解决人工智能问题的思路和方法。例如，概率论和数理统计为人工智能提供了统计学习的指导思想和算法，成为大数据充分利用和挖掘的重要工具；几何、微分方程和泛函分析为人工智能提供了很多建模算法，包括支持向量机和神经网络等，使得分类和回归都取得了很大的进步。

人工智能技术归根到底是建立在各种数学模型、各种优化算法及各种建模算法之上的，这些模型和算法来自不同的数学分支。人工智能的程序代码很大部分就是这些数学模型和算法的程序实现，这些模型和算法在计算机上的运行和计算才实现了人工智能的结果。将来人工智能的进一步发展还将是建立在数学基础之上的，数学的进步也必将促进人工智能的提高。

3. 计算机学科

计算机学科是研究计算机的设计与制造和利用计算机进行信息获取、表示、存储、处理、控制等的理论、原则、方法和技术的学科，其方法论是对计算机领域认识和实践过程中的一般方法及其性质、特点、内在联系和变化规律进行系统研究的理论总结。计算机学科包括科学和技术两个方面的内容。计算机科学侧重于研究现象，揭示规律。计算机技术则侧重于研制计算机和研究使用计算机进行处理的方法和技术手段。计算机技术的发展是人工智能发展的基石。计算机软件技术为人工智能的实现提供了编程语言和算法，各种人工智能应用系统都要用计算机软件去实现；计算机硬件技术为人工智能实现提供了更高性能的器件支持，为高性能的人工智能系统打下了基础。另一方面，许多“聪明”的计算机软件也应用了人工智能的理论方法和技术，例如专家系统软件、机器博弈软件等。

人工智能的出现和发展都是建立在计算机的硬件和软件基础之上的。当前人工智能的研究主要集中于如何用计算机模拟、延伸和扩展人的智能，如何把计算机变得更“聪明”，如何设计和建造具有高智能水平的计算机应用系统，如何设计和制造更聪明的计算机以及智能水平更高的智能计算机等。计算机是人工智能实现的工具，因此人工智能与计算机学科有着最直接和最密切的联系。

4. 其他学科

人工智能是一个新的热点研究领域，所涉及学科除哲学、数学及计算机学科外，还有很多其他学科，尤其是在人工智能应用领域，一般会涉及应用行业的学科。与人工智能理论和模型有关的学科如仿生学及神经学等，它们为人工智能提供了自然界中智能构造的结构和组织形式，目前很多人工智能都在进行模仿大脑的研究；另外，不少自然界的群体活动现象还为人工智能提供了很多优化方法的样板和思路。

1.3　人工智能的应用领域

1.3.1　人工智能应用概况

当前人工智能在众多领域蓬勃发展，很多领域和行业都在尝试进行与人工智能的结合，尝试向智能化方向发展，例如医药、诊断、金融、控制、法律、玩具甚至科学发现等。目前，随着智能科学技术的发展和计算机网络技术的广泛应用，人工智能技术应用到了越来越多的领域。下面简要介绍几个主要的应用领域。

1.3.2　工业领域的应用

工业领域的应用主要体现为工业过程的智能化，智能化的核心在于决策和执行，而决策的核心在于感知和判断。在工业系统中，IT 技术、传感器技术、数据传输、数据管理等不断发展，为智能化技术实施提供了可靠的感知基础。研究表明系统越是复杂，人的学习曲线就会越缓慢，而当人的学习曲线比技术的进步速度慢时，人就会成为制约技术进步和应用的瓶颈。而人工智能为工业带来的第一个革命性的改变，就是摆脱了人类认知和知识边界的限制，为决策支持和协同优化提供了可量化依据。在工业领域，人工智能正在掀起一波新的数字革命浪潮，具体如下：

（1）数据的可视化分析。人工智能系统收集并存储工业设备运行的数据（如温度、转速、能耗情况、生产力状况等），在数据基础上进行二次分析（采用数据建模或挖掘技术），结合优化算法可以对生产线进行节能优化，提供降低能耗的措施，或者检测设备运行是否异常。

（2）自我诊断。当一条生产线发生故障时，人工智能系统能够自己进行诊断，找到哪里产生了问题及其原因，同时还可以根据历史维护记录或者维护标准，提示如何解决故障，甚至自己解决问题，进行故障恢复。

（3）预测性维护。工业生产线或设备如果出现问题，将造成损失。如果通过人工智能技术让设备在出现问题之前就能被感知到或者被分析出可能出现的问题，就能够避免设备故障和损失。人工智能技术可以通过数据建模与机理知识相结合的技术构建专家系统或故障诊断系统，对设备进行实时的故障监控，当设备出现异常还未发生故障时，给出提示和操作建议。

（4）机器人（臂）。人工智能的建模、优化和控制技术与测量设备及机械臂等设备相结合，构成可以自动进行生产操作的机器人（臂），为企业节省了人力成本，提高了生产效率。

智能化与工业的结合已引起全球瞩目。从德国的工业 4.0 到美国的工业互联网，从 GE

的 Predix 到 IBM 的 PMQ，可以看出，工业与人工智能、物联网等智能化技术的结合必将给工业产业带来巨大的变革。

1.3.3 商业领域的应用

人工智能与人相比的优势之一就是能够快速地分析处理大量的数据，并从中获取有价值的信息。在商业领域，恰好有海量的商品信息、运输信息及消费者信息需要分析和总结，而且商业企业可以从这些数据的分析结果中直接获益。目前，商业领域的人工智能应用主要集中在两个方面：营销和供应链管理。

人工智能技术通过分析不同消费者的购买习惯及相关需求，可以更有针对性地进行商品的广告推荐及个性化促销。研究表明，采用人工智能的广告推荐和个性化促销可以增加 1％～2％的销售额。另外，人工智能技术还可以根据需求的潜在因果驱动因素而不是先前的结果进行预测，从而将需求预测精度提高 10％～20％，这意味着库存成本可能减少 5％，收入可能增加 2％～3％。

人工智能技术通过分析大量产品的产地、价格及运输费用等信息可以优化采购链及运输链，并可以调节采购时间，从而达到优化采购、节省成本的目的。

1.3.4 金融领域的应用

金融领域是一个涵盖面很广且充满风险和博弈的领域，该领域涉及的数据及计算非常庞杂，而人工智能的数据处理能力和计算分析能力恰好可以处理这些复杂的数据和计算，所以，人工智能适用于金融领域。在 2016 年 AlphGo 击败人类九段围棋手李世石后，有人就提出 AI 的下一个挑战是证券交易员。咨询公司 Opimas 发布的报告《人工智能之于资本市场：下一场运营革命》显示，到 2025 年，华尔街将有 23 万个金融工作岗位消失，人工智能(AI)技术将抢走这些金融从业者的饭碗。虽然目前人工智能在金融领域还不能完全替代人类，或者说还不能战胜证券交易员，但是从金融工作的特点来看，更适合人工智能的特点，相信将来人工智能将会在金融领域取代人类，成为更好的金融"交易员"。目前人工智能在金融领域的应用包括投资顾问、交易预测、信用评估、业务优化及高频交易系统等方面。

人工智能在金融投资顾问方面的应用系统被称为智能投顾，主要为客户提供基于算法的在线投资顾问和资产管理服务。智能投顾是一个复杂的大型人工智能系统，具有可以不断学习完善的运行模式。智能投顾不仅拥有主动投资的特点，可以主动选择合适的标的类型以及投资风格，而且还具有量化投资的优势。目前，世界上最著名的两大"机器人投资顾问"公司 Wealthfront 和 Betterment 就在美国，其中，Wealthfront 掌控的资金已超过 20 亿美元。经济体也涌现了一些"机器人投资顾问"公司，如英国的 Moneyon Toast、德国的 Finance Scout 24、法国的 Marie Quantier 等。花旗集团 2016 年发布的研究报告指出，智能投顾所掌握的资产在 2015 年底达到 187 亿美元。

交易预测方面，人工智能通过大量历史数据的驱动对交易进行预测，可以帮助客户实现交易选择和盈利。全球第一个以纯人工智能驱动的基金 Rebellion 曾预测了 2008 年股市崩盘，并在 2009 年 9 月给希腊债券 F 评级，比惠誉提前了一个月。日本三菱公司发明的机器 Senoguchi，每月 10 日预测日本股市在 30 天后将上涨还是下跌。经过四年左右的测试，该模型的正确率高达 68％。掌管 900 亿美元的对冲基金公司 Cerebellum 也使用人工智能技术进行交易预测，自 2009 年以来一直处于盈利状态。国内长信基金旗下的量化先锋混合基金，运用模型智能选股也取得了良好业绩。截至 2016 年 3 月 15 日，长信量化近一年的收益率为 39.23％，居同类基金第二位。

人们普遍对人工智能在金融领域的应用前景持乐观态度。人工智能学会主席 Ben Goertzel 认为十年以后，人工智能可能会介入世界上大部分的金融交易。海外咨询机构科尔尼（A. T. Kearney）公司预计，机器人顾问在未来 3～5 年将成为主流。花旗银行研究预测，人工智能投资顾问管理的资产在未来 10 年将实现指数级增长，总额将达到 5 万亿美元。德勤在其《银行业展望：银行业重塑》报告中指出，机器智能决策的应用将会加速发展。智能算法在预测市场和人类行为的过程中会越来越强，人工智能将会影响行业竞争，市场将变得更有效率。

1.3.5　农业领域的应用

农业是人类赖以生存的产业，随着人类人口的不断增长，农业生产效率显得尤为重要。得益于人工智能技术的日益成熟，人们已经开始利用它进行智慧型农业技术的尝试和研究。人工智能技术可将农作物的生长环境保持在适宜的温度、湿度、光照、肥料等条件下，生产优质、高产的农产品，大幅减小农作物对自然环境的依赖，实现农业生产的高度智能化，提高农业生产的效率，降低生产成本。

人工智能在农业领域产前阶段可对土壤、灌溉水量需求、农作物品种质量鉴别等方面做出分析和评估，为下一步的种植操作做出科学指导，从而对农业生产起到很好的保障作用。人们还开发了利用人工神经网络技术的土壤分析等生产智能系统，可以对土壤进行分析，实现定量施肥、宜栽农作物选择、经济效益分析等功能，还可以通过该技术分析土壤性质特征，并将其与宜栽农作物品种间建立关联模型，以选择适宜的农作物。

人工智能技术还可以对灌溉进行规划，帮助人们选择合适的水源对农作物进行灌溉，既保证农作物用水量，又不会多灌溉浪费水。在灌溉项目研究中，为了选择最好的折中灌溉规划策略，可基于多目标线性规划优化，利用神经网络将非支配的灌溉规划策略加以分类，即将这些策略分为若干个小类别。结果表明，在对多目标灌溉规划问题加以建模时，综合模型方法是有效的。在农业领域产中阶段，可以应用农业专家系统等人工智能技术帮助农民更科学地管理农作物的生长过程，例如对温室大棚的管理等。

人工智能技术还可以提供很好的农产品分类支持。例如，基于图像识别的农作物产品分类方法，该方法可根据农作物产品的表面缺陷、颜色、形状和大小进行分类。研究表明，该方法具有准确性高及分拣效率高等优势。另外，人工智能还可以帮助农产品质量检测不断进步。利用图像识别、电子鼻等技术可以监测农药残留及腐败变质等情况，从而保证农产品的质量安全。

1.3.6 其他领域的应用

近年来，人工智能技术已经取得了长足的进步，语音识别、自然语言识别、计算机视觉、自动推理、数据挖掘、机器学习以及机器人学都在蓬勃发展。人工智能的未来就是在智能感知的前提下，结合大数据技术自主学习，帮助人们做出决策、代替重复性工作。除以上领域外，人工智能在公共管理、教育、翻译、医疗及交通等很多不同领域都有不同的应用成果。

目前谷歌、讯飞等公司已经开发出很好的智能翻译系统；中国也在积极推进智慧城市的城市管理信息化技术，并在不同城市取得了一定成果；智慧医疗的很多方面已经走向商业化，例如智能辅助诊断系统、智能药物研发系统、智能影像识别及智能药物管理系统等。

人工智能时代正在降临，相信不久的将来，我们的生活中会充满各种人工智能技术，我们的生活将变得更加便捷、更加美好。

1.4 人工智能面临的挑战与未来

1.4.1 人工智能面临的挑战

人工智能技术正在蓬勃发展，也正在改变着我们生活的各个方面，然而人工智能在不断进步的过程中也面临着一些挑战。

1. 技术方面

(1) 硬件方面。人工智能的发展需要处理大量数据和巨量计算，因此对于硬件的存储和处理能力有极大的需求。近几年兴起的人工智能浪潮，也正是由计算机计算能力的快速发展结合互联网和先进的算法带来的，人工智能若要更进一步发展，对于芯片、网速及算法方面的需求是必然的。人工智能要想再一次有质的飞跃，硬件基础必须要有充足的进步。

(2) 如何让机器像人一样感知和理解世界，从而解决人工智能研究领域长期以来所面临的不完整信息下的复杂任务规划和推理方面的问题。当前，我们已经拥有强大的计算和出色的数据收集能力，利用数据进行推理这一问题已不是开发先进人工智能道路上的障碍，但这种推理能力是建立在数据的基础之上的。如果能让机器进一步感知真实世界，它们的表现会更出色。相比之下，机器学习系统只是按照人设计的程序去处理和分析输入的信息，要实现具有人类智力水平的人工智能，需要机器具备对自然界的丰富表征和理解能力，这是一个大问题。如围棋很复杂，让计算机在棋盘上识别出最有利的落子位置很难，但与精确表征自然界相比，描述围棋对弈的状态依然过于简单。

（3）如何使机器具有自我意识、情感和反思能力。这是实现类人智能最艰难的挑战。人类具有自我意识以及反思自身处境与行为的能力，正是这种能力才使人类区别于世间万物。另外，人类大脑的脑皮层的能力是有限的，将智能机器设备与其相连接，人类的能力就会扩大，机器也由此产生"灵感"。使机器能具有自我意识、情感和反思能力，无论对科学和哲学来说，都是一个引人入胜的探索领域。

2. 安全方面

人工智能是技术，它可以服务于人类，也可能伤害人类。解决安全问题的关键在于如何利用人工智能技术。另外，当人工智能真地发展到各方面能力都超越人类，且其具有独立意识和感情时，应让它做出有利于人类的决策，而不是伤害人类。这可能是底层程序的一些设定，也可能是很多复杂计算的结果，但无论如何，如果人工智能超出了人类控制的范围，都可能带来危险，而且这个危险可能是致命的。

当前，利用人工智能技术通过网络可获得很多人类私人的信息，如果人工智能技术发展到足够强大，我们可能就会没有任何隐私可言，这也是很多人担心的。另外，如果人工智能技术用于战争，也会给人类带来巨大的伤害。战争机器人已经成为一些国家在积极投入研制的新武器，例如，加州大学伯克利分校已研制出一种微型的基于人工智能的杀人机器人，并协助警方成功实施了多起"清除"行动。

3. 伦理方面

当人工智能发展到拥有了独立意识及感情，甚至生命和灵魂时，我们如何对待人工智能下的机器人，或者机器人超越了人类，它们将如何对待人类，这就成了一个伦理问题。正如斯皮尔伯格所拍摄的电影《人工智能》一样，它给人类带来了很多值得思考的问题，而伦理问题是其中非常突出的一个问题。

1.4.2　人工智能的未来展望

很多世界著名的公司和研究机构都在进行不同的人工智能方面的研究，人工智能技术会发展得越来越好，而且发展速度会越来越快，人工智能正向着科幻电影中的样子，离我们越来越近。

当前弱人工智能中的很多领域我们已经做得很好了，例如，围棋、国际象棋等。可以想象，不久的将来人工智能技术取得长足进步，将会在强人工智能和超人工智能领域取得成功，那时在各个领域中人工智能都将减少和替代人类工作，甚至会在创造和创新方面超越人类，加速科技和社会的发展，很多目前人类可能无法想象的问题将得以解决，例如自由交流、人机混合、时间旅行、星际旅行等。但是要实现人工智能的进一步发展，还需要很多技术的突破和发展，包括硬件、算法、材料、软件，甚至数学、物理和生物科技等。

人工智能一直处于计算机技术的前沿，人工智能研究的理论和发现在很大程度上将决定计算机技术的发展方向。今天，已经有很多人工智能研究的成果进入人们的日常生活中。将来，人工智能技术的发展将会给人们的生活、工作和教育等带来更大的影响。

小　　结

人工智能是用人工的方法在机器(计算机)上实现的智能。人工智能的发展历史可归结为孕育、形成和发展三个阶段。

人工智能涉及众多学科，有哲学、认知科学、数学、神经生理学、心理学、计算机科学、信息论、控制论、不定性论、仿生学等。

人工智能技术正在蓬勃发展，它已在工业、商业、金融、农业等领域的应用中取得了举世瞩目的效果。

人工智能是一把双刃剑，只有合理地运用好这项技术，才能更好地造福人类。

习　题　1

1. 什么是人工智能？
2. 人工智能经历了哪些发展阶段？
3. 人工智能的主要研究方法有哪些？
4. 人工智能面临的挑战有哪些？

本章参考文献

[1]　王万森. 人工智能[M]. 北京：北京邮电大学出版社，2011.

[2]　史忠植. 人工智能[M]. 北京：机械工业出版社，2016.

[3]　贾可荣，张彦铎. 人工智能[M]. 2版. 北京：清华大学出版社，2013.

[4]　蔡自兴，徐光祐. 人工智能及其应用[M]. 4版. 北京：清华大学出版社，2009.

[5]　王万良. 人工智能导论[M]. 4版. 北京：高等教育出版社，2017.

[6]　刘凤岐. 人工智能[M]. 北京：机械工业出版社，2011.

第 2 章 知识表示

人类对事物的认知过程可描述为信息链的形式。信息链由事实、数据、信息、知识、智能五个要素构成。事实是人类思想和活动的客观映射；数据是事实的数字化、编码化、序列化、结构化，是载荷或记录信息按照一定规则排列组合的物理符号，它可以是数字、文字、图像、声音等；信息是数据被赋予现实意义后在信息媒介上的映射，即"信息＝数据＋背景"；知识是对信息加工、吸收、提取、评价的结果，信息转换成知识的条件是信息和实践结合，并经过人类大脑的思维、整理、评价和实践检验，可用"知识＝信息＋经验"来表达；智能则是运用知识的能力，是在一定的环境下针对特定的问题和目的而有效地获得信息、处理信息形成知识和策略、利用策略来解决问题，从而成功地达到目的的能力。数据、知识、信息和智能的形成与发展过程见图 2.1。

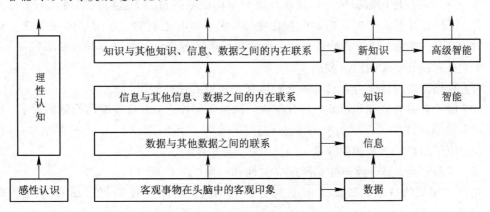

图 2.1　数据、知识、信息和智能的形成与发展过程

人工智能即是由知识到智能的一个过程，为了实现这个过程，首先要将知识描述为机器可以识别的形式，即知识表示。本章主要介绍知识表示的基本概念和方法。

2.1　知识与知识表示方法的分类

知识表示（Knowledge Representation，KR）是对知识的一种描述，或者说是对知识的一组约定，一种计算机可以接受的用于描述知识的数据结构。从某种意义上讲，知识表示可视为数据结构及其处理机制的综合，即"表示＝数据结构＋处理机制"。

1. 知识的分类

在 KR 中，并不是日常生活中所有的知识都能够得以体现，只有限定了范围和结构，经过编码改造的知识才能成为 KR 中的知识。在 KR 中的知识一般有如下几类：

（1）陈述性知识：关于世界"是什么"的知识，用于描述有关的概念、事实、事物的属性和状态等，如"太阳从东方升起""小明现在的体温是 38℃""小明发烧了"。

（2）过程性知识：关于"怎么办"的知识，用于描述如何处理相关的信息以求得问题的解。过程性知识除了对当前状态和行为的描述，还要有对其发展的变化及其相关条件、因果关系等的描述，如菜谱中炒菜的步骤，"如果到达终点，请按下绿色按钮"。

（3）策略性知识（也称元知识）：关于"如何学习"的知识，即关于知识的知识，包括知识的建模、学习、运用等。

前两种知识涉及的对象是客观事物，策略性知识处理的则是学习者自身的认知活动。

2. 知识表示方法的分类

在人工智能中，知识表示就是要把问题求解中所需要的对象、前提条件、算法等知识构造为计算机可处理的数据结构以及解释这种结构的某些过程。这种数据结构与解释过程的结合，可以让计算机产生新的知识与智能。知识必须有适当的表示方法才便于在计算机中有效地存储、检索、使用和修改。一个好的知识表示方法应满足以下几点要求：

（1）具有良好定义的语法和语义。

（2）有充分的表达能力，能清晰地表达有关领域的各种知识。

（3）便于有效的推理和检索，具有较强的问题求解能力，适合于应用问题的要求，可提高推理和检索的效率。

（4）便于知识共享和知识获取。

（5）容易管理，易于维护知识库的完整性和一致性。

相对于知识的分类，知识表示方法可分为两大类：陈述性知识表示和过程性知识表示。

1）陈述性知识表示

在陈述性知识表示中，知识是一些已知的客观事实，实现知识表示时，把与事实相关的知识与利用这些知识的过程明确区分开来，并重点表示与事实相关的知识，如问题的概念及定义，系统的状态、环境和条件。这种方法的优点是：具有透明性，容易修改；实现有效存储，每个事实只存储一次，可以不同方法使用多次；具有灵活性，这是指知识表示方法可以独立于推理方法；这种表示容许显式的、直接的、类似于数学方式的推理。

2）过程性知识表示

在过程性知识表示中，知识是客观存在的一些规律和方法，实现知识表示时，将事实相关的知识与利用这些知识的方法融合在一起。该类方法常用于表示关于系统状态变化、问题求解过程的操作、演算和行为的知识。这种方法的优点是：能自然地表达如何处理问题的过程；易于表达不适合用陈述性方法表达的知识，例如有关缺省推理和概率推理的知识；容易表达有效处理问题的启发式知识；知识与控制相结合，使得知识的相互作用性较好。

目前，知识表示方法主要有逻辑表示法、产生式表示法、语义网络表示法、框架表示法和状态空间图表示法等，下面分别介绍。

2.2 逻辑表示法

逻辑表示法研究的是假设与结论之间的蕴含关系，它以谓词形式来表示动作的主体、客体，是一种陈述性知识表示方法。由于逻辑表示法精确、无二义性，容易被计算机理解和操作，同时又与自然语言相似，因此它可以看成自然语言的一种简化形式。利用逻辑公式，人们能描述对象、性质、状况和关系。逻辑表示法主要用于自动定理的证明。逻辑表示法主要分为命题逻辑和谓词逻辑。

2.2.1 命题逻辑

在现代哲学、数学、逻辑学、语言学中，命题是指一个判断（陈述）的语义（实际表达的概念），这个概念是可以被定义并观察的现象。一般地，在数学中，我们把用语言、符号或式子表达的，可以判断真假的陈述句称为命题。其中判断为真的语句称为真命题，判断为假的语句称为假命题。如"太阳从东方升起"为真命题，而"太阳从西方升起"则为假命题。在一些形如"若 P，则 Q"形式的命题中，我们把"P"称为命题的题设，"Q"称为命题的结论。

人们曾用命题逻辑表达知识，很快发现它有很多局限性。例如："小明是学生"可以表示为"MING STUDENT"，"小刚是学生"可以表示为"GANG STUDENT"，这是一些完全独立的格式，一个命题描述一条事实，但我们无法从这种表示中找出两者的共同特征。然而，如果我们把这些事实表示为如下形式：

STUDENT(MING)，STUDENT(GANG)

则可以很好地表征出不同事物间的共同特性，这种表示方法就是谓词逻辑表示法。

2.2.2 谓词逻辑

谓词逻辑是一种最早应用于人工智能的表示方法，它与人类的自然语言比较接近，能用谓词演算来表示各种自然语言的事实，并通过数学演绎法从旧知识获取新的知识，同时又可方便地存储到计算机中，并被计算机进行精确处理。

谓词逻辑中的基本概念如下：

1）常量

常量表示事物或概念等特指对象，如书、椅子、人名等。

2）变量

变量表示泛指的对象，常用一些符号表示，如 x、y 等。

3）函数

函数主要用来表示对象到对象的映射，用 $f(x_1, x_2, \cdots, x_n)$ 表示，f 是函数，$x_i(i=1, 2, \cdots, n)$ 称为参量。

4）谓词

谓词表示对象的属性和对象之间的关系。用 $P(x_1, x_2, \cdots, x_n)$ 表示一个 n 元谓词，其中 P 是谓词符号，$x_i(i=1, 2, \cdots, n)$ 是谓词的参量，它可以是常量或变量。有几个参量，则称该谓词为几元谓词。

例如：

"小明是学生"可表示为"STUDENT(MING)"，STUDENT 是谓词名，为一元谓词，MING 是常量，作为谓词的参量；

"太阳从东方升起"可表示为"RAISE(SUN, EAST)"，RAISE 为二元谓词；

"x 小于 5"可表示为"LESS(x, 5)"，LESS 是谓词，x 为变量。

谓词的表示并不是唯一的，如"小明是学生"也可以表示为二元谓词的形式"IS(MING, STUDENT)"。

谓词是从个体常项或者谓词常项到真值的函数，函数是从个体常项到个体常项的函数，如"小明的父亲"可表示为"FATHER(MING)"，FATHER() 为函数。谓词的参量也可以是函数，如"小明的父亲是教师"可表示为"TEACHER(FATHER(MING))"。

5）逻辑运算符

逻辑运算符有以下几种：

∧：合取/与（Conjunction）。

∨：析取/或（Disjunction）。

～：否定/非（Not），有些书中也采用"¬"来表示。

⇒：蕴含（Implication），表示如果……，则……。

⇔：等价（Equivalence）。

通过逻辑运算符可以把简单的命题连接起来构成一个复杂的命题。

例如：

"小明喜欢跑步和游泳"可表示为"LIKE（MING，RUNNING）∧ LIKE（MING，SWIMMING）"；

"小明正在跑步或游泳"可表示为"DO（MING，RUNNING）∨ DO（MING，SWIMMING）"；

"小明不是一个学生"可表示为"～STUDENT(MING)"；

"小明学习很努力，小明成绩很好"可表示为"WORKHARD（MING）⇒ STUDY(MING, GOOD)"；

"小明数学成绩是全班最好的，小明数学成绩第一"可表示为"BEST(MING, MATHS) ⇔MATHS(FIRST, MING)"。

谓词逻辑运算的真值表如表 2.1 所示。

表 2.1　谓词逻辑真值表

P	Q	$P \vee Q$	$P \wedge Q$	$P \Rightarrow Q$	$\sim P$
T	T	T	T	T	F
F	T	T	F	T	T
T	F	T	F	F	F
F	F	F	F	T	T

6）量词

为了刻画谓词与参量之间的关系，在谓词逻辑中引入了全称量词和存在量词。

∀(x)：全称量词(Universal Quantifier)，即对于所有的 x。

∃(x)：存在量词(Existential Quantifier)，即存在某个 x。

例如：

"对于所有的学生"可表示为"∀(x) STUDENT(x)"；

"有一个学生"可表示为"∃(x) STUDENT(x)"。

7）分隔符

为了明确量词的限定范围，使用"()""[]""{}"等分隔符。

使用以上基本元素，就可以定义谓词逻辑的构成元素。

（1）项(Term)。常数、变量或函数称为项，它可作为谓词的参数。

（2）原子式(Atom)。原子式是没有子公式的公式，是逻辑系统中"最小"的公式。命题或谓词称为原子式。

(3) 合式公式。合式公式也称谓词公式。

① 原子是合式公式；

② 若 A 是合式公式，则 $(\sim A)$ 也是合式公式；

③ 若 A、B 是合式公式，则 $A \vee B$、$A \wedge B$、$A \Rightarrow B$、$A \Leftrightarrow B$ 也是合式公式；

④ 若 A 是合式公式，x 是 A 中的变量符号，则 $\forall (x)A$、$\exists (x)A$ 也是合式公式；

⑤ 有限次地使用上述运算所生成的符号串是合式公式。

基本的等值式如下：

(1) 双重否定律：
$$A \Leftrightarrow \sim \sim A$$

(2) 幂等律：
$$A \Leftrightarrow A \vee A, \ A \Leftrightarrow A \wedge A$$

(3) 交换律：
$$A \vee B \Leftrightarrow B \vee A, \ A \wedge B \Leftrightarrow B \wedge A$$

(4) 结合律：
$$(A \vee B) \vee C \Leftrightarrow A \vee (B \vee C), \ (A \wedge B) \wedge C \Leftrightarrow A \wedge (B \wedge C)$$

(5) 分配律：
$$A \vee (B \wedge C) \Leftrightarrow (A \vee B) \wedge (A \vee C) \quad (\vee \ \text{对} \ \wedge \ \text{的分配律})$$
$$A \wedge (B \vee C) \Leftrightarrow (A \wedge B) \vee (A \wedge C) \quad (\wedge \ \text{对} \ \vee \ \text{的分配律})$$

(6) 德·摩根律：
$$\sim (A \vee B) \Leftrightarrow \sim A \wedge \sim B, \ \sim (A \wedge B) \Leftrightarrow \sim A \vee \sim B$$

(7) 吸收律：
$$A \vee (A \wedge B) \Leftrightarrow A, \ A \wedge (A \vee B) \Leftrightarrow A$$

(8) 零律：
$$A \vee 1 \Leftrightarrow 1, \ A \wedge 0 \Leftrightarrow 0$$

(9) 同一律：
$$A \vee 0 \Leftrightarrow A, \ A \wedge 1 \Leftrightarrow A$$

(10) 排中律：
$$A \vee \sim A \Leftrightarrow 1$$

(11) 矛盾律：
$$A \wedge \sim A \Leftrightarrow 0$$

(12) 蕴含等值式：
$$A \to B \Leftrightarrow \sim A \vee B$$

(13) 等价等值式：

$$(A{\Leftrightarrow}B){\Leftrightarrow}((A{\Rightarrow}B)\wedge(B{\Rightarrow}A))$$

(14) 假言易位：

$$(A{\Leftrightarrow}B){\Leftrightarrow}(\sim A{\Rightarrow}\sim B)$$

(15) 等价否定等值式：

$$(A{\Leftrightarrow}B){\Leftrightarrow}(\sim A{\Leftrightarrow}\sim B)$$

(16) 归谬论：

$$((A{\Rightarrow}B)\wedge(A{\Rightarrow}\sim B)){\Leftrightarrow}\sim A$$

2.2.3 谓词逻辑表示的特点

谓词逻辑是一种形式语言系统，它具有以下一些特点：

(1) 自然性。谓词逻辑是一种接近于自然语言的形式语言，用它表示知识易于被人理解。

(2) 适用于确定性知识的表示，而不适用于不确定性知识的表示。谓词公式的逻辑值只有"真"和"假"两种结果，而对那些具有不确定性和模糊性的知识则无法表示。

(3) 容易实现。用谓词逻辑法表示的知识可以比较容易地转换为计算机的内部形式，易于模块化，便于对知识的增加、删除和修改。

(4) 在用谓词逻辑对问题进行表示以后，求解问题就是要以此表示为基础进行相应的推理。与谓词逻辑表示法相对应的推理方法称为归结推理方法或消除法。

另一方面，谓词逻辑表示法所能表示的事物过于简单，不能很方便地描述有关领域中的复杂结构，同时也无法表示不确定性知识，以及启发性知识和元知识。此外，使用这种方法的效率低，逻辑推理过程往往太冗长，当用于大型知识库时，可能会发生"组合爆炸"。

2.3 产生式表示法

产生式表示法又称规则表示法或 IF - THEN 表示法，它表示一种"条件—结果"形式的知识。IF 部分描述了规则的先决条件，THEN 部分描述了规则的结论。该方法适合于描述建议、指示及策略等有关知识。

产生式规则有不同的表达形式，依据推理的方向，可分为正向规则（Forward Rule）和逆向规则（Backward Rule）；依据逻辑的确定性，可分为确定性规则和不确定性规则；依据规则对知识内容的概括程度，又可分为一般性规则和特殊规则；依据使用功能，还有元规则（Meta-rule）。

1. 正向规则和逆向规则

正向规则的一般形式如下：

$$IF\ P\ THEN\ Q$$

其中，P 是规则的前提，Q 是规则的结论或操作。其含义是：当条件 P 满足时，结论 Q 成立或执行操作 Q。前提可由一个或多个条件组成，可使用逻辑运算符 $\wedge$ 和 $\vee$ 连接起来。例如：

$$IF\ 体温是\ 39℃\ THEN\ 高烧$$

$$IF\ 交通灯为红灯\ THEN\ 停车等待$$

逆向规则的一般形式如下：

$$Q\ IF\ P$$

它表示如果结论 Q 成立，那么其相应的前提条件成立。例如：

$$你应该乘坐飞机\ IF\ 你旅行的距离大于\ 300\ 公里$$

2. 确定性规则和不确定性规则

对于一些精确的知识，可以通过确定性规则来描述，而对于一些规则是不确定的或不精确的，则需要在规则中加入确定性因子（置信度）来表达知识的不确定性。其表达形式一般为

$$IF\ P\ THEN\ Q（置信度）$$

例如："如果空气湿度为 35％，那么下雨的可能性为 60％"可以表示为

$$IF\ 空气湿度为\ 35％\ THEN\ 下雨（60％）$$

3. 一般性规则和特殊规则

根据规则概括的级别，可以将规则分为一般性规则和特殊规则。例如：

$$规则\ 1：IF\ 动物是哺乳动物\ THEN\ 它的正常体温是恒定的$$

$$规则\ 2：IF\ 动物是猪\ THEN\ 它的正常体温是恒定的$$

$$规则\ 3：IF\ 动物是狗\ THEN\ 它的正常体温是恒定的$$

规则 1 可视为一般性规则，规则 2 和规则 3 则是特殊规则。

4. 元规则

元规则是用来组织和管理知识库中的规则，是规则的规则。如果规则库中的多条规则被同时激活，则需要制定元规则来决定优先适用哪条规则或如何加权输出结论。

产生式表示法格式固定，形式单一，规则间相互较为独立，使知识库的建立较为容易，其推理方式单纯，无复杂计算。知识库与推理机是分离的，方便知识的修改，无须修改程序，对系统的推理路径也容易作出解释。现有的专家系统往往采用产生式表示法。

逻辑表示法和产生式表示法适用于较为简单知识的表示，无法表示结构较为复杂的知识。语义网络表示法和框架表示法是结构表示法，可以表示任何复杂的知识结构。

2.4 语义网络表示法

语义网络是通过概念及其语义关系来表达知识的一种网络图,它利用结点和带标记的边构成有向图,来描述事件、概念、状况、动作及客体之间的关系。带标记的有向图能十分自然地描述客体之间的关系。

语义基元:语义网络中最基本的语义单元,可用三元组表示(结点 A,弧 R,结点 B)。结点代表实体,表示各种事物、概念、情况、属性、状态、动作等。弧代表语义关系,用来描述它所连接的实体间的联系。

基本网元:一个语义基元对应的有向图。

例如:"燕子是一种鸟"可表示为基元(燕子,是一种,鸟),可用如图 2.2 所示的有向图表示。

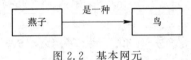

图 2.2 基本网元

较为常用的实体间的关系有以下几种:

(1) 类属关系:具有共同属性的不同事物间的分类关系、成员关系或实例关系,体现的是"具体与抽象""个体与集体"的概念,如"小明是一个学生""燕子是一种鸟"。

(2) 包含关系(也称聚类关系):具有组织或结构特征的"部分与整体"之间的关系。相比于类属关系,包含关系一般不具有属性的继承性,如"心脏是人体的一部分""轮胎是汽车的一部分"。

(3) 属性关系:事物和其属性之间的关系,如"有""能/会"。

(4) 时序关系:不同事件在其发生时间方面的先后次序,如"之前""之后"。

(5) 位置关系:事物在位置方面的关系,如"上面""下面"。

(6) 其他语义相关关系:不同事物在形状、内容等方面相似、接近、相关等。

语义网络从本质上来说,只能表示二元关系。对于多个实体间关系的表达可以通过引入附加结点的方法来实现。如"小明送给小刚一本书"可表示为图 2.3 所示的形式。

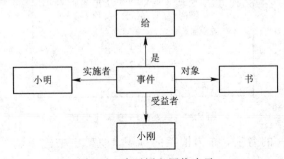

图 2.3 多元语义网络表示

语义网络侧重于语义关系知识的表示，体现了联想思维过程，基于联想记忆模型，相关事实可以从其直接相连的结点中推导出来，而不必遍历整个庞大的知识库，从而避免了"组合爆炸"；利用等级关系可以建立分类层次结构实现继承推理；利用继承特性，可实现信息共享，将结点的公共性质存放于较高层结点中，可被子孙结点继承。

语义网络的缺点是缺乏标准的术语和约定，语义解释取决于操作网络的程序；网络结构复杂，建立和维护知识库较困难；网络搜索、调控的执行效率是难题，需要强有力的原则。

在语义网络表示中，没有形式语义，没有统一的结构模型，根据不同的需要可以构成不同类型的语义网络（如重视联想的、重视推理的、表示词语的等）。在应用过程中，一部分网络用陈述性方法表示知识，从演绎推理的角度来研究，发展成为另一类实用的知识表示方法，如框架表示法。

2.5　框架表示法

框架（Frames）表示法是一种层次的、组合式的知识表示方法，由一组框架结点及其相互关系组成一个结构化的整体，具有面向对象和性质继承等特点。

2.5.1　框架的基本结构

一个框架的基本结构由框架名、槽、槽值及槽的约束条件组成。框架的一般描述形式如图 2.4 所示。

```
<框架名>
    槽名 A
        侧面 a_1 值 a_{11}, 值 a_{12}, 值 a_{13}, …
        侧面 a_2 值 a_{21}, 值 a_{22}, 值 a_{23}, …
    槽名 B
        侧面 b_1 值 b_{11}, 值 b_{12}, 值 b_{13}, …
        侧面 b_2 值 b_{21}, 值 b_{22}, 值 b_{23}, …
    约束条件：
        约束条件 1
        约束条件 2
        …
```

图 2.4　框架的一般描述形式

每个框架都有唯一的名字，作为框架的标识。框架由描述事物的各个属性的槽组成，每个槽可有若干个侧面，每个侧面对应于相应属性的一个方面。槽和侧面所具有的值称为槽值和侧面值。每个槽可包含一组有关的约束条件，用来约束槽值的类型、数量等。

例如，"大学教师"的框架描述见图 2.5。其中："大学教师"为框架名；"姓名""年龄"……"外语"为槽名；"语种""水平"为侧面；括号为槽值/侧面值的约束，限定了填充槽/侧面所允许的取值范围。

```
<大学教师>
    姓名：
    年龄：(数字)
    学位：(学士, 硕士, 博士)
    职称：(助教, 讲师, 副教授, 教授)
    专业：(学科专业)
    外语：
        语种：(英，法，德等)
        水平：(优，良，中等)
```

图 2.5　大学教师的框架描述

一个框架可以表示一个类对象，称为类结点或原型框架，也可以表示一个实体对象，称为实例结点或实例框架。在类框架中填入具体的值，便能表示一个特定的实体，这个过程称为框架的实例化。如图 2.6 所示框架即为"大学教师"的一个实例。

```
<大学教师>
    姓名：张三
    年龄：32
    学位：博士
    职称：副教授
    专业：控制科学与工程
    外语：
        语种：英
        水平：优
```

图 2.6　大学教师实例的框架描述

2.5.2　框架系统

单个框架可以对简单的事物或问题进行描述。当事物或问题较为复杂时，往往需要用多个框架，组成具有一定层次结构的框架系统来对知识进行描述。框架系统中，描述一般知识的框架位于系统中较高的层次，描述特殊知识的框架位于较低的层次，存储在高层次的框架信息也适用于低层次的框架。这种层次关系提供了一种把知识从某一层传递到另一层的途径，从而构成了一种继承树或继承网络，如图 2.7 所示。

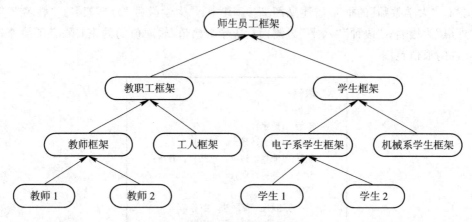

图 2.7　框架系统

框架系统表示法具有面向对象的特点，其存储的知识具有继承性、抽象性、封装、可重用性。框架系统表示法对应着人类思考的方法，容易理解。框架表示法的结构关系较复杂，知识库的维护较为困难，不善于表达过程性知识。

2.6　状态空间图表示法

在人工智能中，试探搜索法是一种最基本的求解方法，它通过在一个可能的解空间搜索得到问题的解。这种基于解空间的问题表示和求解方法被称为状态空间法，其基础是状态和操作符。

状态(State)是用于描述陈述性知识的一组变量或数组，通常表示成如下形式：

$$Q=[q_1, q_2, \cdots, q_n]$$

$q_i(i=1, 2, \cdots, n)$为系统的状态变量。当每一个状态变量的值确定时，就得到一个具体的状态，每一个状态都是一个结点。

操作符(Operator)也称算符，是把问题从一种状态变为另一种状态的手段。操作可以是一个步骤、一个运算、一条规则或一个过程。

状态空间(State Space)是由问题的全部可能状态及一切可用算符(操作)所构成的集合，它由三部分组成：初始状态集合 Q_s、操作符集合 F 和目标状态集合 Q_g，可用三元组表示为(Q_s, F, Q_g)。

状态空间图为状态空间法的图形表示，它将系统的某个状态作为结点，某个操作作为有向弧，并将该操作前后的两个结点用对应的有向弧连接起来。

例如：八数码问题。其初始状态可描述为 $Q_s=[3, 7, 8, 5, 6, 2, 4, 1, 0]$，如图 2.8

所示；目标状态可描述为 $Q_g=[1,2,3,4,0,5,6,7,8]$，如图 2.9 所示；操作符为空格上移、下移、左移、右移。其部分状态如图 2.10 所示。

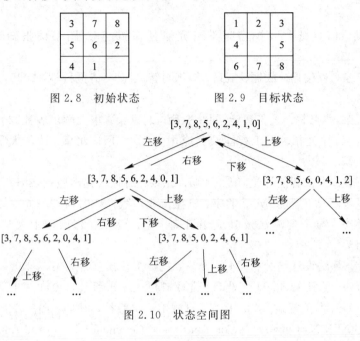

图 2.8　初始状态　　　　图 2.9　目标状态

图 2.10　状态空间图

小　　结

　　本章介绍了知识表示的基本概念和表示方法。知识根据其不同的用途可以分为陈述性知识、过程性知识和策略性知识。针对这些知识，介绍了几种常见的知识表示方法。逻辑表示法可以表示事务的状态、属性、概念等事实性的知识以及事务间确定的因果关系。产生式表示法可以描述经验型及不确定性的知识。语义网络表示法可以表示事实性的知识，也可以表示事实性知识之间复杂的联系。框架表示法可以表示结构性的知识，并能很好地把知识的内容结构关系及知识间的联系表示出来。状态空间图表示法则主要描述系统不同时刻的状态及各状态之间的因果关系。

习　题　2

1. 知识的表示方法有哪些？各自的优缺点是什么？
2. 建立一个家庭的逻辑表示。
3. 建立一个家庭的语义网络。
4. 建立一个家庭的框架表示。

本 章 参 考 文 献

[1]　张勤. 信息链与我国情报学研究路径探析[J]. 图书情报知识，2005，106：23－27.

[2]　荆宁宁，程俊瑜. 数据、信息、知识与智慧[J]. 情报科学，2005，23(12)：1786－1790.

[3]　贾可荣，张彦铎. 人工智能[M]. 2版. 北京：清华大学出版社，2013：126－142.

[4]　蔡自兴，徐光祐. 人工智能及其应用[M]. 4版. 北京：清华大学出版社，2009：69－75.

[5]　王万良. 人工智能导论[M]. 4版. 北京：高等教育出版社，2017：110－121.

[6]　刘凤岐. 人工智能[M]. 北京：机械工业出版社，2011：59－66.

[7]　杨英杰. 粒子群算法及其应用研究[M]. 北京：北京理工大学出版社，2017：6－13.

[8]　黄宇. 算法设计与分析[M]. 北京：机械工业出版社，2017：168－170.

[9]　王万森. 人工智能[M]. 北京：北京邮电大学出版社，2011：79－91.

[10]　史忠植. 人工智能[M]. 北京：机械工业出版社，2016：49－57.

[11]　WIENER N. Cybernetics, or Control and Communication in the Animal and the Machine[M]. Cambridge, Massachusetts：The Technology Press；New York：John Wiley & Sons, Inc. , 1948.

[12]　BORST W. Construction of engineering ontologies for knowledge sharing and reuse[D]. Enschede：University of Twente，1997.

[13]　BRATMAN M E. Intentions, Plants, and Practical Reason[M]. Cambridge：Harvard University Press，1987.

[14]　WENG J. Developmental robotics：Theory and experiments[J]. International Journal of Humanoid Robotics，2004，1(2)：199－236.

第 3 章　搜索的原理与算法

　　人工智能所面对的很多问题都是非结构化或结构不良问题，这样的问题一般没有成熟的解析解法，因此，只能利用经验和已有知识逐步摸索求解。这种依据问题的实际情况，不断利用已有知识构造推理路线，使问题得以解决的过程称为搜索。一般求解这样的问题主要包括三个阶段：问题建模、搜索和执行。在此我们主要讨论搜索。

　　搜索是人工智能领域中一项重要的内容，在许多情况下，人工智能的问题求解过程实质上就是一个搜索过程。搜索可以定义为一种问题求解技术，在给定问题的空间中从某个初始位置出发找到某个目标位置。如何找到目标位置由搜索算法或策略所决定。不同的搜索策略提供了不同的寻找目标位置的方法，而搜索策略的效率与具体的问题有关。最理想的情况下，搜索算法的特点恰好能够适合于当前的问题。

　　由于搜索过程本身就是很多人工智能领域问题的求解过程，因此，当我们有评判或选择问题可行解的标准时，我们就可以在很多可行解中选取最符合评判标准的那个，即最优解。在这种情况下，搜索过程就转化为了一个优化过程。优化是指在满足一定条件下，在众多的方案或可行解中寻找最优的方案或最优可行解。由此可以看出，搜索和优化有很大的重合部分，很多算法在两个领域中都有应用，例如爬山算法、模拟退火算法、遗传算法、粒子群算法等。

　　搜索技术作为人工智能的重要求解工具，在专家系统、自然语言理解、自动程序设计、模式识别、机器人学、信息检索和博弈等领域都有广泛应用。

　　限于篇幅，本章主要介绍搜索原理和当前流行的一些高级搜索算法。

3.1　搜索问题与过程

　　由于搜索是针对问题求解的技术，因此在讨论搜索时也应该考虑与之对应的问题的情况。利用搜索技术求解一个问题时，应着重考虑两个方面：问题的表述和合适的求解方法。搜索问题的表述一般包括两个内容：搜索什么和在哪里搜索。其中，"搜索什么"就是目标或可行解，而"在哪里搜索"就是目标空间或解空间，也称之为搜索空间或状态空间。人工智能中大多数问题的状态空间在问题求解之前不是全部知道的或者可能是非常庞大的。所以，人工智能领域中的搜索首先需要确定状态空间，然后在状态空间中进行搜索，而当状态空间过于庞大时，可以采用逐渐扩展状态空间的策略进行搜索，以提高搜索效率。在搜索实施前，我们还需要考虑一些基本问题，如对搜索进行适当的评估，在搜索空间中是否一定能找到一个解，及搜索的时间和空间复杂度（即搜索的难易程度）等。这样的评估有利于我们确定合适的搜索方法和策略。

搜索的主要过程一般包括以下步骤：

（1）根据问题的描述产生一个初始状态或者在状态空间中随机产生一个初始状态，并将它作为当前状态。

（2）根据问题的需求或随机的改变状态进行搜索。

（3）检查所生成的新状态是否满足结束状态，如果满足，则得到解；否则，将新状态作为当前状态，返回步骤（2）再进行新的搜索。

当我们利用搜索技术进行问题求解时，同样需要对搜索算法进行评价，以便可以采用花费资源最少且最快地获取结果的搜索算法。一般评价问题求解算法的性能指标主要有以下三点：

（1）完备性：当问题有解时，算法是否能保证一定可以找到一个解。

（2）时间复杂度：找到一个可行解需要花费多长时间。

（3）空间复杂度：在执行搜索的过程中需要多少内存（资源）。

在考虑时间和空间复杂度时，还应该考虑到问题的难度。在理论计算机科学中，一个典型的度量问题难度的指标是状态空间的大小，因为状态空间被视为要输入到搜索程序中的显式数据结构，它的复杂度和大小在一定程度上决定了问题的难度。搜索算法的常见复杂度评价如表 3.1 所示。

表 3.1　搜索算法的常见复杂度评价（n 为结点数）

Ω 表示法	复杂度
$\Omega(1)$	常数（与结点数无关）
$\Omega(n)$	线性（与结点数成比例）
$\Omega(\log n)$	对数
$\Omega(n^2)$	平方
$\Omega(c^n)$	几何级数
$\Omega(n!)$	组合数

除了考虑难度以外，搜索过程还有多种不同的分类。根据搜索过程是否使用启发性信息，可将搜索分为盲目搜索和启发式搜索。盲目搜索是在对问题不具信息的情况下，按预定的策略进行搜索，且搜索过程中获得的中间信息并不改变控制策略。启发式搜索是在搜索中加入了与问题有关的启发性信息，用于指导搜索朝着最有希望的方向前进，加速问题的求解过程，并找到最优解。根据问题表示方式的不同，可将搜索分为状态空间搜索和与或图搜索等。状态空间搜索是用状态空间法求解问题时所进行的搜索。与或图搜索是用问题归约法求解问题时所进行的搜索。状态空间法和问题规约法是人工智能领域中最基本的两种问题表示方法。

3.1.1　盲目搜索

如前所述，盲目搜索是在对问题不具信息的情况下，按预定的策略进行搜索，且搜索过程中获得的中间信息并不改变控制策略。由于搜索总是按预先规定的策略进行，不考虑问题本身的特性，因此这种搜索具有盲目性，效率不高，不便于复杂问题的求解。盲目搜索有以下两种简单的通用搜索方法。

（1）生成-测试（Generate and Test）法。该方法中，首先生成一个可能的解，然后对该解进行检验，故称之为生成-测试法。在此搜索过程中，如果找到问题的解，则搜索结束，否则重新生成另一个解并继续检验。需要注意的是，这里并不记录之前已经生成过的解，而只是不断地生成新的可能的解，这是一种真正意义上的盲目搜索，有可能会陷入死循环。

（2）随机搜索（Random Search）法。该方法从当前状态随机地选择下一个状态（通过选择一个给定的参数）。如果到达目标状态，则结束，获得解；否则，再随机地选择另外一个操作（通往一个新的状态）并继续搜索。该方法有可能"迷路"而找不到可行解。

以上两种方法是真正意义上的盲目搜索方法。它们有可能迷路，有可能陷入死循环，还有可能永远都找不到问题的解，即使解在搜索空间中是存在的。

另外，还有一些盲目搜索方法，它们虽然属于盲目搜索方法的范畴，但一定可以找到问题的解（只要问题的解是存在的），尽管可能会花费很长时间。例如，宽度优先搜索和深度优先搜索等。下面我们对这些算法进行适当的讨论。

1. 宽度优先搜索（Breadth-First Search，BFS）算法

宽度优先搜索算法是从根结点开始按照距离根结点的远近距离顺序对图进行搜索的。由于该算法会遍历图的结点，因而其是完备的。宽度优先搜索算法在搜索时并非直接到达图的底部，而是先检查每个离根结点较近的结点，然后进入下一层。它可以很容易地用一个先进先出队列实现。宽度优先搜索算法流程图和顺序图分别如图 3.1 和图 3.2 所示。

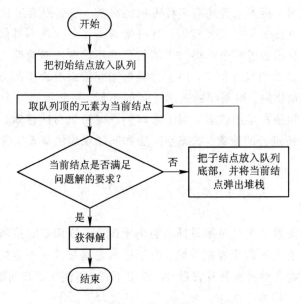

图 3.1　宽度优先搜索算法流程图

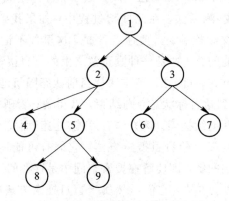

图 3.2　宽度优先搜索算法顺序图

上面给出的宽度优先搜索算法依赖于简单的原理：把队列的前端元素定义为当前结点，如果当前结点不是目标结点或解，则把当前结点的子女以任意次序添加到队列的尾部，并读取队列中下一个结点，将其作为当前结点，如此循环，直到找到解，算法终止。

宽度优先搜索算法的每个结点都需要保存起来，空间复杂度为 $\Omega(b^d)$，其中 b 为分支系数（即每个结点的平均分支数），d 为给定图的深度。由于不一定需要搜索整个树的深度（解可能在最底层的前级层），因此这里的 d 为搜索到的目标结点的深度。宽度优先搜索算法的时间复杂度亦为 $\Omega(b^d)$。

宽度优先搜索算法是一种时间和空间复杂度都比较高的算法，当目标结点距离初始结点较远时(即 d 较大时),会产生许多无用的结点,搜索效率较低。

但是宽度优先搜索算法也有其优点:目标结点如果存在,用宽度优先搜索算法总可以找到该目标结点,而且是 d 最小(即最短路径)的结点。

2. 深度优先搜索(Depth-First Search,DFS)算法

深度优先搜索算法与宽度优先搜索算法不同,它从根结点开始,彻底搜索每一个分支,直到它们的最深处,然后返回到未搜索过的分支进行搜索。其搜索过程用一个后进先出队列实现。深度优先搜索算法流程图和顺序图分别如图 3.3 和图 3.4 所示。

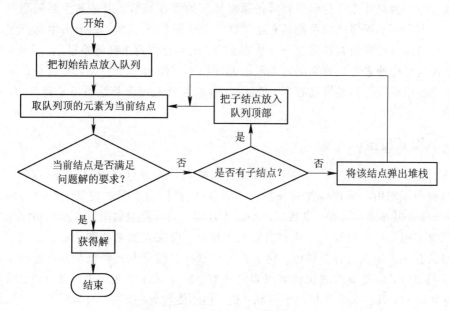

图 3.3　深度优先搜索算法流程图

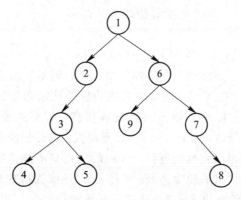

图 3.4　深度优先搜索算法顺序图

在上述算法中，初始结点放到堆栈中，堆栈指针指向堆栈的最上边的元素。为了对该结点进行检测，需要从堆栈中弹出该结点，如果是目标，则该算法结束，否则把其子结点以任何顺序压入堆栈中。该过程运行，直到堆栈变空为止。

深度优先搜索算法的空间复杂度为 $\Omega(b^d)$。由于该算法需要搜索整个树的深度（总是会沿着分支到达最底层的结点），因此这里的 d 为结点深度。时间复杂度亦为 $\Omega(b^d)$。

深度优先搜索算法的优点是比宽度优先搜索算法需要更少的空间，该算法只需保存搜索树的一部分，它由当前正在搜索的路径和该路径上还没有完全展开的结点标志所组成。因此，深度优先搜索算法的存储器要求是深度约束的线性函数。但是其主要问题是可能搜索到了错误的路径。很多问题可能具有很深甚至是无限的搜索树，如果不幸选择了一个错误的路径，则深度优先搜索算法会一直搜索下去，而不会回到正确的路径上。这样，对于这些问题，深度优先搜索算法要么陷入无限的循环而不能给出一个答案，要么最后找到一个答案，但路径很长而且不是最优答案。也就是说，深度优先搜索算法既不是完备的，也不是最优的。

3.1.2 启发式搜索

前面讨论的盲目搜索方法是按事先规定的策略和路线进行搜索的，其效率不高。如果在搜索过程中能利用与问题有关的一些启发信息（包括问题本身的定义之外的与问题相关的特定知识）来引导搜索过程，则可以缩小搜索范围，提高搜索效率。像这样利用问题特定知识的信息来引导搜索过程的方法称为启发式搜索。启发式搜索要利用启发信息，其关键是下一步选择哪个结点进行扩展时，利用了与问题有关的启发式特征信息，做出了能尽快找到目标的估计，以便快速地找到解或者最优解。启发式搜索实际上代表了"大拇指准则(Thumb Rule)"，其在大多数情况下是成功的，但不能保证一定成功的准则。搜索过程中，用来评估结点有希望获得解或最优解的程度的函数称为评估函数。评估函数 $f(x)$ 可以是任意函数，例如，可以定义为 x 结点处于最佳路径的概率，或者 x 结点和目标结点之间的差或距离等。其一般形式为

$$f(x) = g(x) + h(x) \qquad (3.1)$$

其中：$g(x)$ 表示从初始结点到结点 x 的实际代价；$h(x)$ 表示从结点 x 到目标结点的最优路径的评估代价，这种评估来源于对问题解的某些特性的认知和知识，希望依靠这些信息来更快地解决问题，因此，它体现了搜索的启发式信息，其形式要根据问题的特性确定，$h(x)$ 称为启发式函数。一般地，$f(x)$ 中 $g(x)$ 比重越大，则评估函数越倾向于宽度优先搜索方式，而 $h(x)$ 比重越大，则启发性能越强。$g(x)$ 的作用是不能忽视的，它表示了从初始结点到目标结点的路径中已付出的代价部分。保持 $g(x)$ 项就保持搜索的宽度优先成分，这有利于搜索的完备性，但会影响搜索效率。如果只在意找到目标，而不在意代价，则可以忽略 $g(x)$ 项。

一般在给定问题后，根据问题的特性和信息，可以有多种方法定义评估函数，在不同的评估函数指导下进行搜索，其效果可能相差很远。因此，要想获得最好的搜索效果，必须尽可能地选择最能体现问题特性的最好的评估函数。设计评估函数的目标就是利用有限的信息作出一个尽可能精确的评估函数，这将给搜索过程带来极大的好处。

下面以八数码问题为例，来说明评估函数的定义。在八数码问题中，有一个 3×3 的棋盘，其中 8 个格子上放着带数字的卡片，1 个格子空白，每张卡片可以被移到与它相邻的空白格中，我们的目标是将棋盘上卡片的初始状态通过一系列移动操作变换到目标状态（如图 3.5 所示）。

(a) 初始状态　　　　(b) 目标状态

图 3.5　八数码问题

目标函数可以表示为 $f(x)=g(x)+h(x)$。其中：$g(x)$ 为结点在 x 搜索树中的深度；$h(x)$ 为结点 x 不在目标状态中相应位置的数码个数。$h(x)$ 包含了问题的启发信息，$h(x)$ 值越大，表明不在目标位置上的卡片越多，说明 x 状态离目标状态越远，进而认为继续按经过 x 状态的路径搜索下去就相对不重要了。可以尝试其他能使 $h(x)$ 变小的状态路径进行搜索。在图 3.5 中，初始状态下 $g(x)=0$，$h(x)=5$，因此，$f(x)=5$。

我们也可以把 $h(x)$ 定义为"所有卡片到目标位置所需移动次数之和"进行尝试。

这里只是说明了评估函数的含义及如何选择评估函数和计算评估函数值。在搜索过程中除了需要计算初始结点的评估函数外，更多的是需要计算新生成结点的评估函数。

启发式搜索有很多算法，比较通用的是最佳优先搜索算法、A 算法及 A* 算法等。作为示例，下面将进行最佳优先搜索算法讨论。

最佳优先搜索算法通过一个启发评估函数 $f(x)=g(x)+h(x)$ 来进行计算，并用 open 和 closed 两个表记录和储存所有结点的状态，open 表用于保存待计算的结点，closed 表用于保存已经计算过的结点。Open 表由一个优先队列表示，以使那些未被访问过的结点可以按照其评估函数计算值的顺序出列，类似于一个后进先出的堆栈。该类算法每次迭代从 open 表中取出一个根据评估函数计算值评估的较优的结点 x 进行访问，再将 x 的每个子结点根据情况放入 open 表中，算法循环，直到发现目标结点或者 open 表为空。在算法实现中，每个结点带有一个父指针，用于合成路径。最佳优先搜索算法流程描述如下：

BEGIN

根据启发评估函数计算出初始结点的评估值 $f(x_0)$，将 $f(x_0)$ 放入 open 表中；将 closed 表

初始化为空

WHILE open 表不为空 DO

从 open 表中取出 $f(x)$ 值最优(最大或最小)的结点 x，将 x 从 open 表中删除并放入 closed 表

IF x 是目标结点

THEN 根据 x 的父指针指出从初始结点 x_0 到 x 的路径，获得解，算法停止，计算结束

ELSE

IF 结点 x 有子结点

THEN

(1) 生成 x 的子结点集合 $\{z_i\}$，并计算每个子结点 z_i 的评估值 $f(z_i)$

(2) 若 z_i 未曾在 open 和 closed 表中出现，则将它们的父指针指向 x 结点，并将它们配上评估值 $f(z_i)$ 放入 open 表中

(3) 若 z_i 已在 open 表中，这说明 z_i 有多个父结点，则比较已在 open 表中的 z_i 的评估值和未放入表中的评估值。如果已在 open 表中的评估值更优，则不作任何改变；如果未在 open 表中的评估值更优，则将 open 表中的评估值改为更优的评估值，同时将该结点的父指针指向 x 结点(说明找到更优的到达该结点的路径)

(4) 若 z_i 已在 closed 表中，这也说明 z_i 有多个父结点，则比较已在 closed 表中的 z_i 的评估值和未放入表中的评估值。如果已在 closed 表中的评估值不差于未放入表中的评估值，则不作任何改变；如果未放入表中的评估值更优，则将 z_i 从 closed 表中移到 open 表中，同时将该结点的父指针指向 x 结点(说明有更优的路径可替代原路径)

(5) 按 $f(z_i)$ 的优劣顺序对 open 表中的结点进行重新排序

END

END

END

END

通过维护 closed 表，最佳优先搜索算法具有了完备性，但它的解不一定是最优的，因为通过其获得的解可能是通过一个较长的路径获得的(当 $h(x)$ 的值很高，而 $g(x)$ 的值很低的时候)。

当最佳优先搜索算法中的 $f(x)=g(x)+h(x)$ 被实例化时，则称之为 A 算法。如果启发函数 $h(x)$ 满足对于任意结点 x，$h(x)$ 的值都不大于 x 到目标结点的最优代价，则称此类 A 算法为 A* 算法。A* 算法在一些条件下能够保证找到最优解，因此 A* 算法具有最优性。

以上讨论了盲目搜索和启发式搜索，这两种技术都是针对相对简单的搜索图的，但是其思想对后来的搜索技术有一定的影响，尤其是启发式搜索，为人们更有效地搜索求解问

题提供了一条更有效率的方法。接下来,我们将专门讨论一些目前流行的高级人工智能搜索算法。

3.2 搜 索 算 法

3.1 节的搜索算法都是用来探索搜索空间的,它们在内存中保留一条或多条路径并且记录哪些是已经探索过的,哪些是还没有探索过的,当找到目标时,到达目标路径的同时也构成了这个问题的一个解。然而在许多问题中,问题的解与到达目标的路径是无关的。例如,在八皇后问题中,重要的是最终皇后的布局,而不是加入皇后的次序。这一类问题包括了许多重要的应用,例如集成电路设计、工厂场地布局、作业车间调度、自动程序设计、电信网络优化、车辆寻径以及文件夹管理等,解决这类问题,局部搜索算法更加适合。

局部搜索算法从一个当前状态出发,移动到与之相邻的状态,搜索的路径通常是不保留的。其优点是:

(1) 它们只用很少的内存,通常需要的存储量是一个常数。

(2) 它们通常能在不适合系统化算法的很大或无限的(连续的)状态空间中找到合理的解。

除了找到目标,局部搜索算法对于解决纯粹的最优化问题也是很有用的,其目标是根据一个目标函数找到最佳状态。许多最优化问题不适合"标准的"搜索模型。例如,自然界提供了一个目标函数——繁殖适应性——达尔文的进化论可以被视为优化的尝试,但是这个问题没有"目标测试"和"路径耗散"。为了更好地理解局部搜索,类比地考虑一个地形图。地形图既有"位置"(用状态定义),又有"高度"(由启发式耗散函数或目标函数的值定义)。如果高度对应于耗散,那么目标是找到最低谷,即一个全局最小值;如果高度对应于目标函数,那么目标是找到最高峰,即一个全局最大值(当然可以通过插入一个负号使两者相互转换)。局部搜索算法就像对地形图的探索,如果存在解,那么完备的局部搜索算法总能找到解,最优的局部搜索算法总能找到全局最小值/最大值。

这就延伸出了高级搜索,例如遗传算法、粒子群算法、动态规划算法、蚁群算法以及其他搜索算法等,下面我们讨论一些高级搜索算法。

3.2.1 遗传算法

1. 遗传算法概述

遗传算法(Genetic Algorithm,GA)是受生物进化学说和遗传学说启发而发展起来的,基于适者生存思想的一种较通用的问题求解方法。它最早由美国的 J. Holland 教授和他的同事提出,后来逐渐发展成为一种模拟自然进化过程解决最优化问题的计算模型,目前被人们广泛地应用于组合优化、机器学习、信号处理、自适应控制和人工生命等领域，已成为现代智能计算中的关键技术之一。

用遗传算法解最优化问题时，首先要对解空间中的个体进行编码，即将解空间的解数据表示成遗传空间的基因型数据；然后设定群体的大小，并随机选取一些个体组成作为进化起点的第一代群体；接着根据优化问题设定适应度函数，用以评价每一代中每个个体的优劣；再计算每个个体的适应度；最后进行选择、交叉、变异等遗传操作产生新群体。根据适应度函数值的不同，以不同概率从群体挑选个体进入下一代群体，适应度函数值高的个体被选择的概率就高，这种选择机制保证了后代群体的适应度较高；交叉和变异两种算法是以一定的概率对选择后的样本进行杂交和基因突变，交叉算法交换随机挑选的两个个体的某些位，以寻求更好的"基因"，与选择机制类似，适应度高的个体被选择进行交叉操作的概率就高，变异则直接对一个个体进行随机突变以防限于局部最优值。这样通过选择、交叉和变异就产生了新一代群体。重复上述选择、交叉和变异的操作过程，直到结束条件得到满足为止，最终保留下来的最优个体就是遗传算法所找到的原优化问题的最优解。应用遗传算法寻优的过程如图 3.6 所示。

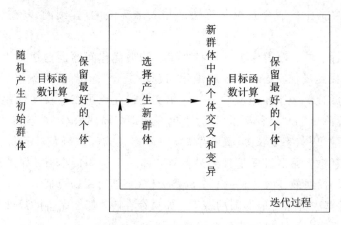

图 3.6　遗传算法寻优流程图

遗传算法的终止条件一般有以下几种：

① 最大进化代数限制；

② 一个个体已经满足寻优的条件，即所需要的优化值已经找到；

③ 适应度已饱和，继续进化不会产生更好的个体；

④ 人为干预。

在实际应用中，前两个条件被更加普遍地接受和应用。

与其他算法相比，遗传算法主要有以下几个方面的特点：

（1）遗传算法所面向的对象是参数集进行了编码的个体，而不是直接作用在变量上。

这使得遗传算法可以直接对结构对象(集合、序列、矩阵、树、图、链和表)进行操作。

（2）遗传算法的搜索是基于群体规模的若干个点的，而不是基于一个点，从一组解迭代到另一组解，采用同时处理群体中多个个体的方法，降低了陷入局部最优解的可能性，并且是并行化的搜索，搜索速度更快。

（3）遗传算法采用概率化的变迁规则来指导搜索方向，而不采用确定性搜索规则。这使其更易于跳出局部最优，而找到全局最优。

（4）遗传算法对搜索空间没有任何特殊要求(如连通性、凸性等)，只利用适应度函数的信息，而不是导数等其他辅助信息，适应范围更广。

作为一种新的全局优化搜索算法，采用概率化的寻优方法，能自动获取和指导优化的搜索空间，自适应地调整搜索方向，不需要确定的规则，遗传算法以其简单通用、鲁棒性强、适于并行处理以及高效、实用等显著特点，在各个领域得到了广泛应用，并取得了良好效果，逐渐成为重要的智能算法之一。

2. 遗传算法的基本操作

遗传算法包括 3 个基本操作：选择、交叉和变异。

1) 选择(Selection)

选择是在产生新一代群体时，用来确定老一代的哪些个体得以保留到新一代中的操作。在产生新一代群体时，一般会选择老一代群体中适应度高的个体保留下来，但也会随机保留一些个体。若老一代个体 i 的适应度为 f_i，老一代群体有 N 个个体，则个体 i 被选择保留到新一代中的概率为

$$p_i = \frac{f_i}{\sum\limits_{i=1}^{N} f_i} \quad (i = 1, 2, \cdots, N)$$

个体适应度越大，则被选择保留下来的机会也越大，反之亦然。

2) 交叉或基因重组(Crossover/Recombination)

交叉是结合来自老一代两个个体的信息产生新的个体。将老一代群体中选出各个个体随机搭配，对每一对个体，以某概率交换它们的部分基因，以获得新一代群体中部分的个体。具体操作步骤如下：首先，以一定的概率从老一代群体中选出两个个体；然后，根据个体的基因长度，随机从中选取一个或多个交叉位置(可由整数表示需交叉位置)；最后，实施交叉，即将两个老一代个体中的某位置基因或多处基因进行交换，为新一代群体产生新的个体。

例如，对于应用较广泛的实数编码的情况，假设我们已经在老一代群体中通过一定概率选择，选出一对个体 x_1 和 x_2 进行交叉，每个个体有 7 个基因，即 x_1 为 $(x_{11}, x_{12}, x_{13}, x_{14}, x_{15}, x_{16}, x_{17})$，$x_2$ 为 $(x_{21}, x_{22}, x_{23}, x_{24}, x_{25}, x_{26}, x_{27})$，选择的交叉位置为 2、3 和 7，则

交叉后的新个体 x_1' 为 $(x_{11}, x_{22}, x_{23}, x_{14}, x_{15}, x_{16}, x_{27})$，新个体 x_2' 为 $(x_{21}, x_{12}, x_{13}, x_{24}, x_{25}, x_{26}, x_{17})$，可见，实现了交叉操作，产生了新一代个体。交叉操作大大提高了遗传算法的搜索效率。

3）变异（Mutation）

变异是对老一代群体中的每个个体，以某一概率（变异概率）将某一个或某一些位置上的基因值改变为允许范围内的随机值。其操作步骤如下：首先，对老一代群体中的所有个体按事先设定的变异概率判定是否进行变异操作；然后，对进行变异操作的个体随机选择变异位置进行变异。变异操作是为了防止群体出现"近亲繁殖"现象而影响进化历程，使问题会过早收敛，只获得局部最优解而非全局最优解。为避免过早收敛，有必要在进化过程中加入新基因的个体，跳出近亲繁殖的圈子。解决办法之一就是变异。

3. 遗传算法的实现步骤

实现遗传算法的一般步骤如下：

第 1 步：随机产生初始种群，个体数目事先设定，每个个体表示为染色体的基因编码，并计算个体的适应度。

第 2 步：依据适应度选择最优个体作为本代解，比较本代解与之前历代保留下来的最优解，并保留优者作为截至本代的最优解。判断是否达到设定的迭代次数。达到，则结束计算，输出最优解，获取搜索结果；未达到，则继续第 3～6 步后返回第 2 步，完成一个循环迭代。

第 3 步：依据适应度选择保留个体。

第 4 步：按照一定的交叉概率和交叉方法交叉生成新的个体。

第 5 步：按照一定的变异概率和变异方法变异生成新的个体。

第 6 步：由选择、交叉和变异产生新一代的种群。

4. 关键参数的设定

在应用遗传算法进行求解时，其关键参数的设定对求解过程和结果有很大影响，我们必须认真考虑。下面对其关键参数进行讨论。

1）群体规模 N

群体规模将影响遗传搜索的最终结果以及遗传算法的执行效率。当群体规模太小时，由于其搜索规模太小，在一定的迭代次数范围内，搜索范围有限，因此搜索效果不会太好。当采用大的群体规模时，可以增加搜索范围，提高搜索效果，但是其计算量明显增加，耗用了较大的资源。因此，应综合考虑设定群体规模。

2）交叉概率 P_c

交叉概率控制着群体中个体交叉的频度。较大的交叉概率可以增加遗传算法开辟新的搜索区域的能力，但同时提高了计算量；较低的交叉概率使遗传算法的搜索能力受到限制。一般交叉概率的取值范围为 0.25～0.9。

3）变异概率 P_{m}

变异在遗传算法中的作用主要是避免近亲繁殖，保持群体的多样性，从而保证遗传算法的搜索能力。如果变异概率过高，会使遗传算法倾向于随机的搜索过程，不利于保持群体中的优秀基因；而变异概率过低，则不利于丰富群体的多样性，限制了搜索效率。在面对具体问题时，应该谨慎设定，并考虑群体规模。一般变异概率的取值范围为 0.01～0.2。

4）遗传算法的最大进化代数 G

遗传算法的最大进化代数就是算法的最大迭代次数，也是判断遗传算法终止的重要参数。它表示遗传算法运行到最大进化代数时就终止，并输出到当前为止的最优个体，作为结果。进化代数的设定会影响最终结果，理论上讲，越大的进化代数越能保证结果的最优性，但是大的进化代数意味着计算量的增加。在具体问题中，应综合考虑群体规模、交叉、变异概率等因素进行设定。一般遗传算法的最大进化代数的取值范围为 50～1000。

5. 遗传算法的改进

遗传算法的本质特征在于群体搜索策略和遗传操作，这使得遗传算法获得了强大的搜索能力，以及信息处理的并行性、应用的鲁棒性和操作的相对简单性等优点，从而成为一种具有良好适应性和可规模化应用的求解算法。但大量实践和研究表明，标准遗传算法存在局部搜索能力差和陷入局部最优解等问题，不能一定保证算法收敛。因此，人们尝试了各种不同的改进方法，并取得了一定效果，如小生境遗传算法等的提出。对遗传算法的改进主要体现在以下几个方面：编码机制，选择、交叉和变异策略的改变，加入特殊算子和不同的参数设计等。此外，遗传算法与差分进化算法、免疫算法等结合起来所构成的各种混合遗传算法，结合了遗传算法与其他算法的优点，提高了运行效率和求解质量。

3.2.2 粒子群算法

粒子群算法（Particle Swarm Optimization，PSO）是一种仿生群体智能算法，1995 年，由 Kennedy 和 Eberhart 提出。其功能与遗传算法相似，但其需要调节的参数少，具有更简单易行的优点，因此越来越多地被应用于不同领域。粒子群算法在适应度函数选取、参数设置、收敛理论等方面还存在许多需要深入研究的问题。本节主要介绍粒子群算法的原理、实施流程及特点等。

1. 粒子群算法的原理及实施流程

粒子群算法的基本概念是源于对鸟群捕食行为的模仿研究，人们从鸟群捕食过程当中得到启示，并将其用于解决优化问题。鸟群在捕食过程中，成员间可以通过个体之间的信息交流与共享获得其他成员的发现与飞行经历。在食物源零星分布且不可预测的条件下，这种协作机制所带来的优势是非常巨大的，远远大于个体在食物竞争中所引起的劣势。粒子群算法为每个粒子制定了与鸟类运动类似的简单行为规则，使整个粒子群的运动表现出与鸟类捕食相似的特性，进而解决复杂的求解问题。

粒子群的信息共享机制可以理解为一种共生合作的行为，每个粒子都在不停地进行搜索，而且其搜索行为在不同程度上受到群体中其他个体的影响。这些粒子同时还具备对所经历的最佳位置的记忆能力，其搜索在受其他个体影响的同时，还跟自己的经历有关。粒子群算法首先生成初始种群，初始种群是在可行空间和速度空间随机初始化个体粒子的位置和速度而生成的，其中粒子的位置表征问题的可行解；然后，通过种群间粒子个体的合作与竞争来搜索问题的最优解。

假设问题的求解是在一个 D 维的空间进行搜索，粒子群算法随机初始化一个规模为 N 的初始粒子群，每个粒子都是一个 D 维向量，其中第 i 个粒子为

$$\boldsymbol{X}_i = (x_{i1}, x_{i2}, x_{i3}, \cdots, x_{iD}) \qquad (i=1, 2, 3, \cdots, N)$$

第 i 个粒子的速度也是一个 D 维向量，即

$$\boldsymbol{V}_i = (v_{i1}, v_{i2}, v_{i3}, \cdots, v_{iD}) \qquad (i=1, 2, 3, \cdots, N)$$

第 i 个粒子迄今为止所经历的路径中最优位置称为个体极值，记为

$$\boldsymbol{P}_{\text{best}} = (p_{i1}, p_{i2}, p_{i3}, \cdots, p_{iD}) \qquad (i=1, 2, 3, \cdots, N)$$

整个粒子群迄今为止搜索到的最优位置称为全局极值，记为

$$\boldsymbol{G}_{\text{best}} = (g_1, g_2, g_3, \cdots, g_D)$$

在找到这两个最优值时，第 i 个粒子将更新自己的速度和位置，更新算法如下：

$$v_{ij}(t+1) = wv_{ij}(t) + c_1 r_1(t)[p_{ij}(t) - x_{ij}(t)] + c_2 r_2(t)[g_j(t) - x_{ij}(t)] \qquad (3.2)$$

$$x_{ij}(t+1) = x_{ij}(t) + v_{ij}(t+1) \qquad (3.3)$$

其中：w 为权重系数，表明新的粒子速度继承原速度的程度；c_1 和 c_2 为学习因子，也称加速常数，是需要人为设定的参数；r_1 和 r_2 为 $[0, 1]$ 范围内的均匀随机数，r_1 和 r_2 增加了粒子前进的随机性；$v_{ij} \in [-v_{\max}, v_{\max}]$，$v_{\max}$ 是常数，需要通过人为设定来限制粒子的速度。式（3.2）等号右侧由三部分组成：第一部分 $wv_{ij}(t)$ 称为惯性或动量部分，主要反映粒子的运动习惯，代表粒子原有的速度趋势；第二部分 $c_1 r_1(t)[p_{ij}(t) - x_{ij}(t)]$ 称为认知部分，反映粒子对自身历史经验的记忆，代表粒子有向自身历史最佳位置逼近的趋势；第三部分 $c_2 r_2(t)[g_j(t) - x_{ij}(t)]$ 称为群体部分，反映粒子间协同合作与知识共享的群体历史经验，代表粒子有向群体或邻域历史最佳位置逼近的趋势。

粒子在解空间内不断跟踪个体极值与全局极值进行搜索，直到达到设定的迭代次数或满足规定的误差标准为止。粒子在每一维飞行的速度不能超过算法设定的最大速度 $v_{\max}$。设置较大的 $v_{\max}$，可以保证粒子种群的全局搜索能力；设置较小的 $v_{\max}$，则可加强粒子种群的局部搜索能力。

粒子群算法实施流程图如图 3.7 所示。

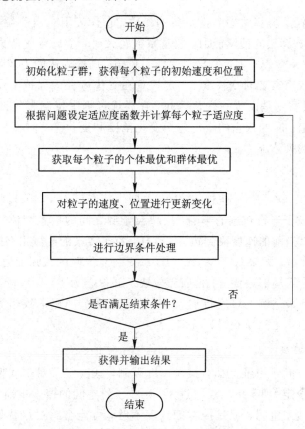

图 3.7　粒子群算法实施流程图

从某种程度上说，粒子群算法与遗传算法有相似之处，其中朝全局极值和局部极值靠近的调整非常类似于遗传算法中的交叉算子，而且此算法还使用了适应度值的概念，且依赖于随机过程，这是所有进化算法所共有的特征。

2. 主要参数的设定

由于粒子群算法的主要控制参数会直接影响算法的效率和结果，因此我们在设定时应该注意。下面讨论粒子群算法的主要参数的设定。

1）粒子群规模 N

粒子群规模越大，算法搜索的空间范围也越大。对于一定的空间，其搜索越细致，也就越容易找到全局最优解；反之，搜索空间小，则不容易找到全局最优解。但是群规模大，所需的计算资源和计算时间也多，因此在设定时应该充分考虑问题的需求。一般设定粒子群规模为 10～50，对于比较复杂的问题或特定类型的问题，也可以取到 100～200。

2）权重系数 w

权重系数 w 是粒子群算法中非常重要的参数，它代表了对当前粒子速度的继承程度。权重系数 w 可以影响算法的搜索能力。权重系数较大时，全局寻优能力较强，局部寻优能力较弱；反之，权重系数较小时，全局寻优能力较弱，局部寻优能力较强。根据需要可以将权重系数设为固定权重或者时变权重。固定权重在寻优过程中保持不变，一般取值范围为 $[0.8, 1.2]$；时变权重则是设定一变化区间，在寻优过程中按照事先设定好的某种方式逐步减小或变化权重值。时变权重的设定包括变化范围和变化率。时变权重可以使算法在不同的阶段拥有不同的搜索能力。

3）加速常数 c_1 和 c_2

加速常数 c_1 和 c_2 分别调节向 $\boldsymbol{P}_{\text{best}}$ 和 $\boldsymbol{G}_{\text{best}}$ 方向飞行的最大步长，它们分别决定粒子个体经验和群体经验对粒子运行轨迹的影响，反映粒子群之间的信息交流。如果两个加速常数都为零，则粒子将以当前的速度飞到边界。这样，粒子搜索的区域很有限，将直接影响优化结果，难以找到最优解。如果 c_1 为零，则粒子缺乏自身经验的认知能力，另一方面，若只有群体经验，其容易陷入局部最优解，但收敛较快。如果 c_2 为零，则粒子只有自身经验，缺乏群体信息，这样找到最优解的难度将加大。一般设置两个加速常数相等，这样有利于平衡个体经验和群体信息，更容易获得最优解。

4）粒子的最大速度 $v_{\max}$

粒子的速度在空间每一维上都有最大速度限制，这决定了对空间搜索的力度，一般由用户根据具体问题设定。如果 $v_{\max}$ 设得过大，则粒子对空间的搜索步幅增大，有利于搜索更大的空间或更快地搜索空间，但是搜索细致度不够，可能会跨过最优解的点。反之，如果 $v_{\max}$ 设得过小，则可能会导致粒子搜索的空间有限，容易陷入局部最优解，而无法移动到足够远的空间搜索，从而跳不出局部最优解。很多研究者通过实践指出，设定 $v_{\max}$ 和调整权重系数的作用是等效的，所以 $v_{\max}$ 一般用于粒子群的初始化设定，即将 $v_{\max}$ 设定为变化范围，而不是对最大速度进行细致的调节。

5）边界条件处理

当某一维或若干维的位置超过设定区间时，采用边界条件处理策略可将粒子的位置限制在可行搜索空间内，这样能够避免粒子群超限膨胀，从而提高粒子群算法的效率。具体方法有多种，例如，通过设置最大位置限制，当粒子超过最大位置限制时，在范围内随机生成一个数值代替之，或将其设定为最大值，即边界吸收。

6）停止准则

最大迭代次数和搜索结果满足的条件设置等都可以成为停止准则。一般地，根据具体的优化问题，停止准则的设定需要同时兼顾算法的求解时间、结果质量和效率。

3. 粒子群算法的特点

粒子群算法是一种新兴的智能优化技术,是群体智能中一个新的分支,它也是对简单社会系统的模拟。该算法本质上是一种随机搜索算法,并能以较大的概率收敛于全局最优解。实践证明,粒子群算法适合在动态、多目标优化环境中寻优,与传统的优化算法相比,具有更快的计算速度和更好的全局搜索能力。粒子群算法具有如下特点:

(1)具有良好的机制来有效地平衡搜索过程的多样性和方向性。

(2)具有记忆性,使其可以动态地跟踪当前的搜索情况并调整其搜索策略。

(3)由于每个粒子在算法迭代结束时仍然保持其个体极值,因此,该算法用于调度和决策问题时可以给出多种有意义的选择方案。

(4)粒子群算法中同时采用连续变量和离散变量,并对位移和速度同时采用连续和离散的坐标轴,在搜索过程中也并不冲突。因此,该算法能很自然、很容易地处理混合整数非线性规划问题。

(5)研究表明,粒子群算法对种群大小不是十分敏感,即种群数目下降时,性能下降不是很大。

(6)粒子群算法在收敛的情况下,所有的粒子都向最优解的方向飞去,所以粒子趋向同一化(失去了多样性),使得后期收敛速度明显变慢,以致算法收敛到一定精度时无法继续优化。因此,很多学者都致力于提高粒子群算法的性能。

3.2.3　蚁群算法

蚁群算法是一种模拟自然界蚁群行为的进化算法,由意大利学者 M. Dorigo 等人于 20 世纪 90 年代初首先提出。蚂蚁在觅食或运动过程中,在其经过的路径上留下"信息素"以进行信息传递和共享,其他蚂蚁在行进过程中可以感受到这种"信息素",并以此作为参照来判断自己的行进路径。某一路径上走过的蚂蚁越多,则留下的"信息素"也就越多,后来的蚂蚁选择走该路径的概率也就越大。蚁群算法模拟了这个蚂蚁的机制,采用分布式并行计算,实现搜索过程。蚁群算法具有鲁棒性、正反馈等特点,被广泛应用于求解各类优化问题中。

1. 蚁群算法的原理

为了理解蚁群算法的原理,这里首先介绍蚁群搜寻食物的具体过程。蚁群在找食物时总能找到从食物到巢穴间的最短路径。蚂蚁在寻找食物的路径上会释放出"信息素",其他蚂蚁在行进过程中能够感知"信息素"的存在和强度,并据此做出路径方向的选择和判断。在开始阶段,蚂蚁还没有搜寻食物,因此,环境中没有"信息素"。当蚂蚁开始寻找食物时,完全是随机选择路径,然后在不同的路径上留下"信息素"。后来的蚂蚁在寻找食物源的过程中就会受到先前蚂蚁所留"信息素"的影响,其结果为,后来的蚂蚁趋向于选择"信息素"

浓度高的路径。另一方面，"信息素"会随着时间的推移而慢慢地消逝。若每只蚂蚁在单位距离留下相同量的"信息素"，那么，短的路径上残留的"信息素"浓度就会相对高些，所以，短路径被后来的蚂蚁选择的概率就大，从而进一步导致短路径上走的蚂蚁更多。经过的蚂蚁多，则该路径上留下的"信息素"也就更多，这样就使得整个蚁群的行为构成了"信息素"的正反馈过程，最终找出最短路径。

下面以蚂蚁从蚁穴出发觅食的具体过程说明"信息素"是如何起作用的。如图 3.8 所示，蚂蚁从蚁穴以相同的速度出发，去获取食物，在初始状态下，它会随机选择路径 1 或 2。如果在初始时，分别有一只蚂蚁选择了路径 1 和 2，则每单位时间走一步。假设路径 2 的长度是路径 1 的两倍，则经过 n 个单位时间后，走路径 1 的蚂蚁到达食物点，而走路径 2 的蚂蚁则刚好走到 2 点，走过了路程的一半。

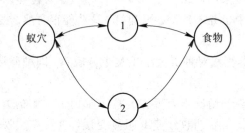

图 3.8　蚁群觅食路径图

若蚂蚁在所经之处留下的"信息素"为 1 个单位，则经过 $4n$ 个单位时间后，开始一起出发的蚂蚁都经过不同路径从食物点取得了食物并返回蚁穴。此时，走路径 1 的蚂蚁往返了 2 趟，取得 2 次食物，在每一处留下的"信息素"为 4 个单位；而走路径 2 的蚂蚁往返了 1 趟，取得 1 次食物，在每一处留下的"信息素"为 2 个单位。在经过 $4n$ 个单位时间后，路径 1 上"信息素"浓度与路径 2 上"信息素"浓度的比值为 2∶1。

如果让获取食物的过程继续，那么按"信息素"的指引，蚁群中选择路径 1 的蚂蚁将增加，这就会进一步增加路径 1 上的"信息素"浓度。若继续这样进行，则按"信息素"浓度的指引，最终所有的蚂蚁都会选择路径 1。这就是前面提到的正反馈效应。

2. 蚁群算法

下面以具有代表性的 TSP 问题为例介绍蚁群算法。TSP 问题可以描述如下：

设 $M = \{m_1, m_2, \cdots, m_n\}$ 为 n 个城市的集合，$D = \{d_{ij} \mid c_i, c_j \in M\}$ 是 M 中元素两两连接的城市，$T = (M, D)$ 是这 n 个城市的图，各个城市间的距离已知，TSP 问题的目标是从 T 中找出距离最短的汉密尔顿回路，即寻找一条遍历所有城市，且每个城市仅访问一次，最后返回到出发城市的最短路径。

当我们用蚁群算法来搜索问题时，需要模拟真实蚂蚁的行为，设定人工蚁群。人工蚁群是利用简单功能的工作单元模拟蚂蚁，人工蚂蚁也会优先选择"信息素"浓度大的路径。

如前所述，因为短路径的"信息素"浓度会高，所以最终能够被所有蚂蚁选择，也即最终能搜索到最优结果。另外，人工蚂蚁还可以有一定的记忆能力，记住已经访问过的结点。同时，人工蚂蚁在选择路径的时候可以按一定算法规律有意识地寻找最短路径。在人工蚁群情况下，"信息素"的更新有两种方式：一是蒸发，路径上的"信息素"随着时间的推移以一定的比例减少，这也是模拟真实蚁群的"信息素"随着时间而蒸发减少的过程；二是增强，人工蚂蚁释放的"信息素"的数量是其生成解的质量的函数。另外，人工蚂蚁更新"信息素"的时机与问题的特性有关。例如，大部分人工蚂蚁在找到一个解之后才更新路径上的"信息素"。

在 TSP 问题中，蚂蚁向下一个城市的运动是通过一个随机原则实现的，即运用当前所在结点存储的信息，计算出下一步可达结点的概率，并按此概率实现一步移动，如此循环，逐渐靠近最优解。

设 $w_i(t)$ 表示 t 时刻位于城市 i 的蚂蚁数目，$\tau_{ij}(t)$ 为 t 时刻在城市 i 与城市 j 的路径上的"信息素"量，n 表示 TSP 的规模，b 为蚁群中蚂蚁的数目，则 $\Gamma=\{\tau_{ij}(t)\,|\,m_i,m_j\in M\}$ 是 t 时刻集合 M 中城市 i 与城市 j 连线 d_{ij} 上残留"信息素"量的集合。初始时，$\tau_{ij}(0)=\tau_0$，其中 τ_0 为一较小常数，其后，蚂蚁根据路径上"信息素"的量和启发式信息（两城市间的距离）独立地选择下一步去哪个城市，在时刻 t，蚂蚁 k 从城市 i 转移到城市 j 的概率 p_{ij}^k 为

$$p_{ij}^k=\begin{cases}\dfrac{[\tau_{ij}(t)]^\alpha\cdot[\eta_{ij}(t)]^\beta}{\displaystyle\sum_{s\in J_k(i)}[\tau_{is}(t)]^\alpha\cdot[\eta_{is}(t)]^\beta} & (s\in J_k(i))\\[6pt] 0 & (s\notin J_k(i))\end{cases} \tag{3.4}$$

其中：η_{ij} 为启发式信息函数，一般取城市 i 与城市 j 之间距离的倒数；α 和 β 分别表示"信息素"和启发式信息函数的相对重要程度，其值越大表示相应的部分越重要；$J_k(i)$ 为蚂蚁 k 待访问城市的集合。

当所有蚂蚁完成一次周游后，各路径上的"信息素"需要更新，更新公式如下：

$$\begin{cases}\tau_{ij}(t+1)=(1-\rho)\tau_{ij}(t)+\Delta\tau_{ij} & (0<\rho<1)\\[6pt]\Delta\tau_{ij}=\displaystyle\sum_{k=1}^{b}\Delta\tau_{ij}^k\end{cases} \tag{3.5}$$

其中：$\Delta\tau_{ij}^k$ 为蚂蚁 k 在城市 i 与城市 j 之间路径上释放的"信息素"浓度；$\Delta\tau_{ij}$ 为蚁群所有蚂蚁在城市 i 与城市 j 之间路径上释放的"信息素"浓度之和。

针对蚂蚁释放"信息素"的计算可以有很多定义，比较著名的是 M. Dorigo 提出的三种模型：

（1）ant-cycle 模型。在 ant-cycle 模型中，计算 $\Delta\tau_{ij}^k$ 时用如下公式：

$$\Delta\tau_{ij}^k=\begin{cases}Q/L_k & (\text{第 }k\text{ 只蚂蚁从城市 }i\text{ 到城市 }j)\\ 0 & (\text{其他})\end{cases}$$

其中，Q 为正常数，L_k 表示第 k 只蚂蚁在本次周游中已经走过的路径长度之和。

（2）ant-quantity 模型。在 ant-quantity 模型中，计算 $\Delta\tau_{ij}^k$ 时用如下公式：

$$\Delta\tau_{ij}^k = \begin{cases} Q/d_{ij} & （第 k 只蚂蚁从城市 i 到城市 j） \\ 0 & （其他） \end{cases}$$

其中，d_{ij} 为城市 i 与城市 j 之间的距离。

（3）anti-density 模型。在 ant-density 模型中，计算 $\Delta\tau_{ij}^k$ 时用如下公式：

$$\Delta\tau_{ij}^k = \begin{cases} Q & （第 k 只蚂蚁从城市 i 到城市 j） \\ 0 & （其他） \end{cases}$$

上述"信息素"更新计算的三个模型中：ant-cycle 模型利用了蚂蚁经过所有路径的整体信息（经过路径的总长度）；ant-quantity 模型利用了蚂蚁经过路径的局部信息（两个城市间的距离）；anti-density 模型则简单地将"信息素"更新取为恒值。实验结果表明，ant-cycle 模型比 ant-quantity 和 ant-density 模型有更好的性能。有兴趣的读者可以尝试定义新的不同的"信息素"更新算式，也许会取得更好的结果。

另外，在用蚁群算法求解 TSP 问题时，蚂蚁在完成一次遍历所有城市之前，不允许其访问已被访问过的城市，这个功能由禁忌表实现。设 T_k 表示第 k 只蚂蚁的禁忌表，蚂蚁 k 经过城市 i 后，就将城市 i 加入禁忌表 T_k 中，表示完成本次遍历前不能再选择城市 i 访问。$T_k(s)$ 为禁忌表中的第 s 个元素。

蚁群算法解决 TSP 问题的基本步骤如下：

（1）参数初始化。设置参数：最大循环次数 $i_{\max}$，蚁群规模 m，"信息素"重要程度因子 α 及启发式信息函数重要程度因子 β，"信息素"蒸发因子 ρ，"信息素"释放总量因子 Q。

（2）构建解析空间。将各蚂蚁随机地置于不同城市，对每个蚂蚁根据式(3.4)计算其下一个访问城市，直到蚂蚁走完所有城市。

（3）更新"信息素"。"信息素"按式(3.5)更新，其中 $\Delta\tau_{ij}^k$ 可选择不同模型进行计算（比如 ant-cycle 模型），对各个城市间的路径上的"信息素"的量进行更新。

（4）判断是否终止。判断迭代次数是否达到设定的最大迭代次数，如果已达到最大迭代次数，则循环结束并输出结果，否则清空禁忌表并返回到第(2)步。

一些学者对蚁群算法尝试了不同的改进，主要是从局部搜索策略、蚂蚁内部状态、"信息素"更新策略及选择策略等四个方面进行的，并取得了较好的效果。蚁群算法还可以与其他优化算法相融合，取长补短，改善算法的性能。

3. 参数的设定

与遗传算法、粒子群算法类似，蚁群算法中很多参数对算法的结果和效率有很大影响，下面进行说明。

1) 蚁群规模 m

蚁群算法中，蚂蚁数量增多则可以提高蚁群算法的全局搜索能力以及算法的稳定性；但是蚁群规模增大后，会使很多的被搜索过的路径上的"信息素"的变化趋于平均，正反馈的作用被减弱，收敛速度减慢；反之，如果蚁群规模小，当要处理的问题规模比较大时，搜索的随机性减弱，虽然收敛速度加快了，但会使算法的全局性能降低，容易出现过早停滞。蚁群规模 m 的取值范围一般为 10～50。

2) "信息素"重要程度因子 α

"信息素"重要程度因子 α 表示"信息素"对是否选择当前路径的影响程度。α 值越大，蚂蚁选择以前走过的路径的可能性就越大，搜索的随机性减弱；而当 α 值减小时，则可能使蚁群的搜索过早陷于局部最优解。α 的取值范围一般为 [1，4]。

3) 启发式信息函数重要程度因子 β

启发式信息函数重要程度因子 β 反映了蚁群在搜索路径过程中启发式信息（包括先验性因素和确定性因素）的作用强弱。β 值大，蚂蚁在某个局部点上选择局部最短路径的可能性就越大，但蚁群搜索最优路径的随机性减弱，易于陷入局部最优解；β 值小，则可能会弱化启发式信息的作用。β 的取值为 [3，5] 时，蚁群算法的综合求解性能较好。

4) "信息素"蒸发因子 ρ

"信息素"蒸发因子 ρ 大小的选择会影响到蚁群算法的收敛速度和全局搜索性能。ρ 值小，则意味着以前搜索过的路径被再次选择的可能性大，影响算法的随机性和全局搜索能力；ρ 值大，则意味着路径上的"信息素"蒸发变多，虽可提高算法的随机性和全局搜索能力，但会降低算法的收敛速度。

5) 最大循环次数 i_{max}

最大循环次数 i_{max} 大则可能找到更优或最优的解，反之，则可能只找到次优解。一般 i_{max} 取 100～500，同时考虑蚁群规模。

3.3　应　用　实　例

3.2 节主要介绍了当前流行的搜索算法，本节将以遗传算法为例介绍搜索算法在工程中的应用。本节介绍的工程应用实例是本书编者在科研实践中的真实工程应用实例，其以锅炉燃烧优化为背景。

锅炉燃烧的作用是实现能量转换，将煤炭中的化学能转换为热能，用来发电和供热。评价锅炉燃烧状态的好坏主要从三个方面进行考察：燃烧效率；污染物排放；安全状况。对于给定的锅炉和燃煤来说，直接影响锅炉燃烧状态的是操作参数。锅炉燃烧的操作参数包括：各层一次风速(大型锅炉有多层一次风,一般正常用4层左右)、各层二次风速(对应于一次风层数,二次风也有多层)、燃尽风速、氧量、给煤量等。其中,一次风是煤粉和空气的混合物,主要作用是携带煤粉入炉并进行初步着火燃烧(挥发分的燃烧);二次风是空气,主要作用是向燃烧的煤粉提供氧气。煤粉在刚入炉后,经过着火和挥发分燃烧后,剩余的固定炭进一步燃烧需要大量氧气,而此时一次风所携带的氧气已基本耗尽,所以需要二次风向煤粉提供进一步燃烧的氧气。在设计有燃尽风的锅炉结构中,二次风所提供的氧气也是不足的,目的是让煤粉在贫氧环境中燃烧,以降低炉膛温度,减少氮氧化物的生成量。在贫氧环境中燃烧的煤粉是无法充分完全燃烧的,还有很多未燃尽的炭,因此在炉膛顶部设计燃尽风,让未燃尽的炭在此处充分燃尽,此处燃烧温度比炉膛中燃烧的温度大为降低,因此不会造成氮氧化物的大量生成,并可以提高燃烧效率。设计燃尽风是一种空气分级的燃烧策略,其主要目的就是降低氮氧化物的生成量。以上这些操作参数的不同对应了不同的燃烧状态,不同的燃烧状态进一步对应了不同的燃烧效率、氮氧化物的排放量和燃烧的安全状态。大量的理论和实验研究表明,最佳燃烧状态比一般实际运行中的燃烧状态可以降低氮氧化物排放量约 $15\% \sim 35\%$,提高锅炉燃烧效率约 $0.5\% \sim 1.5\%$,同时可以减少大量可吸入颗粒(PM_{10}、$PM_{2.5}$)的产生,因此,为锅炉燃烧搜索到最佳的操作参数以提高锅炉燃烧的状态具有巨大的实际意义。本节中以遗传算法为例,以降低锅炉燃烧产生的氮氧化物量为目标,进行锅炉燃烧操作参数的搜索演示(以降低氮氧化物为目标的锅炉燃烧优化)。

下面对某电厂锅炉进行基于遗传算法的低氮氧化物锅炉燃烧最优参数组合搜索。研究对象为 330 MW 双炉膛四角切圆燃烧锅炉,四层一次风,四台磨煤机,五层二次风,两层燃尽风。锅炉燃烧操作参数及参数允许范围如表 3.2 所示。共有 11 个可调的操作参数,这些参数的允许区间构成了一个大的参数组合的可行空间,我们的目标是在可行空间中找到一个点,使得锅炉氮氧化物排放量最低。在此过程中,我们需要一个非常重要的连接操作参数组合与氮氧化物排放量之间的关系。由于锅炉燃烧是一个极其复杂的物理化学过程,目前还无法获得操作参数与氮氧化物排放量间的解析关系,因此需要通过数据建模的方法获得参数组合与氮氧化物排放量间的关系(此部分在第 5 章中会详细描述),利用这个关系可以对不同的操作参数组合进行比较评价,以获得更低氮氧化物排放量的参数组合。另外,值得一提的是,通过数据建模方法获得模型的准确性将直接影响优化的结果。如果模型不够精确,则优化结果误差较大,可能不是最优解;如果模型足够精确,则优化结果可信,实施后会获得预期结果。

表 3.2　锅炉燃烧操作参数

操作参数	一次风速/(m/s)				二次风速/(m/s)					燃尽风速/(m/s)	氧量/%
	甲	乙	丙	丁	A	B	C	D	E		
允许区间	25～30	25～30	25～30	25～30	25～45	25～45	25～45	25～45	25～45	0～25	2～5

　　根据前面讲到的遗传算法的步骤，针对某实际人工操作燃烧工况，进行锅炉低氮氧化物燃烧优化，具体步骤如下：

　　(1) 根据搜索问题的特性及作者经验，设定遗传算法参数如下：群体规模设为 50，变异概率设为 0.2，交叉概率设为 0.8，最大迭代次数设为 1000，目标为获取最小值。

　　(2) 随机产生初始种群，即在各参数允许区间随机产生 50 个各参数的值，在解空间中产生 50 个点构成初始群体，每一个点由一组操作参数构成，根据参数组合与氮氧化物排放量间的关系模型，计算各个体（操作参数组合）的适应度（氮氧化物排放量）。

　　(3) 依据适应度选择最优个体（氮氧化物排放量最低）作为本代解，比较本代解与之前历代保留下来的最优解，并保留优者作为截至本代的最优解。继续第(4)~(7)步后返回本步，完成一个循环迭代，直至达到最大迭代次数。

　　(4) 依据适应度选择保留个体。

　　(5) 按照一定的交叉概率和交叉方法交叉生成新的个体。

　　(6) 按照一定的变异概率和变异方法变异生成新的个体。

　　(7) 由选择、交叉和变异产生新一代的种群。

　　依据以上步骤对某 300MW 工况进行了参数优化，并根据优化结果对锅炉燃烧参数进行了调整，优化结果及实施结果如表 3.3 所示。

表 3.3　搜索结果及实施情况

工况	氮氧化物浓度/(mg/m³)	一次风速/(m/s)				二次风速/(m/s)					燃尽风速 OFA/(m/s)	氧量/%
		甲	乙	丙	丁	A	B	C	D	E		
1	708.5	28.6	26.8	27.9	26.0	35.0	29.8	32.6	31.4	31.7	2.9	3.4
2	580.2	26.6	29.2	27.6	26.7	29.4	28.9	26.3	29.2	33.0	6.9	2.8
3	576.1	27	25.9	27.7	26.5	28.6	28	26	29	33.4	6.9	2.7

　　从表 3.3 可以看出，人工实际操作工况（工况 1）的氮氧化物排放量为 708.5 mg/m³，通过以降低 NO_x 为目标的搜索迭代后，遗传算法找到了优化工况（工况 2），其氮氧化物排放量为 580.2 mg/m³。运行人员根据优化工况进行参数调整后的实际实施工况（工况 3）的氮氧化物排放量为 576.1 mg/m³，氮氧化物排放量与预测排放量相对误差为 0.71%。考虑到实际设备的操作误差和仪表的测量误差，可以认为实现了对调整后的工况精确的预测（这主要与参数组合和氮氧化物排放量间的关系模型有关）。与人工实际操作工况氮氧化物排放量相比，优化后的实际工况氮氧化物排放量降低了 18.8%，减排效果比较明显，达到了降低氮氧化物排放量的目的。

　　对于锅炉燃烧的其他目标也可以通过类似方法实现，并可以实现多目标优化。在流程工业中，很多类似的过程可以通过采用遗传算法、粒子群算法及蚁群算法等对其进行优化，以达到节能、减排、提高产品品质及确保安全等目标。在很多实际的工业过程中，也采用了类似的方法进行搜索优化，并取得了良好的效果。

小 结

本章介绍了搜索问题的原理与算法。首先介绍了搜索问题的描述方法及盲目搜索算法，并分析了盲目搜索的复杂性。当状态空间比较大的时候，由于宽度优先搜索需要很大的存储空间，因此宽度优先搜索是不合适的。在很多典型的人工智能问题中，深度优先搜索有着很多的应用。但是深度优先搜索不是一种完备的方法，而且，人们常常也不是要沿着某一分支不断地扩展下去。启发式搜索利用了启发式信息，可以有效地提高搜索效率。目前很多流行的搜索算法都受到启发式搜索的影响。

接下来介绍的是几种高级搜索算法：随机剪枝搜索的变化形式的遗传算法；一种仿生算法还不够完善的粒子群算法；具有无中心控制和分布式个体之间间接通信特征的蚁群算法。

其实运用于搜索的算法远远不止这些，而且人类的聪明才智也会发现更多的算法，这就需要我们深入地探索搜索算法。

习 题 3

1. 评判搜索算法的指标有哪些？
2. 盲目搜索与启发式搜索的区别是什么？
3. 启发式搜索如何利用启发式信息？
4. 遗传算法的主要操作有哪些？
5. 粒子群算法的主要步骤有哪些？
6. 蚁群算法中"信息素"和启发式信息的作用分别是什么？

本章参考文献

[1] 贲可荣，张彦铎. 人工智能[M]. 2版. 北京：清华大学出版社，2013：126-142.
[2] 蔡自兴，徐光祐. 人工智能及其应用[M]. 4版. 北京：清华大学出版社，2009：69-75.
[3] 王万良. 人工智能导论[M]. 4版. 北京：高等教育出版社，2017：110-121.
[4] 刘凤岐. 人工智能[M]. 北京：机械工业出版社，2011：59-66.

[5]　杨英杰. 粒子群算法及其应用研究[M]. 北京：北京理工大学出版社，2017：6-13.

[6]　黄宇. 算法设计与分析[M]. 北京：机械工业出版社，2017：168-170.

[7]　屈婉婷，刘田，张立昂，等. 算法设计与分析[M]. 北京：清华大学出版社，2010：52-60.

[8]　王万森. 人工智能[M]. 北京：北京邮电大学出版社，2011：79-91.

[9]　史忠植. 人工智能[M]. 北京：机械工业出版社，2016：49-57.

[10]　WIENER N. Cybernetics, or Control and Communication in the Animal and the Machine[M]. Cambridge, Massachusetts：The Technology Press; New York：John Wiley & Sons, Inc. , 1948.

[11]　BORST W. Construction of engineering ontologies for knowledge sharing and reuse[D]. Enschede：University of Twente, 1997.

[12]　BRATMAN M E. Intentions, Plants, and Practical Reason[M]. Cambridge：Harvard University Press, 1987.

[13]　WENG J. Developmental robotics：Theory and experiments[J]. International Journal of Humanoid Robotics, 2004, 1(2)：199-236.

[14]　米凯利维茨 Z. 演化程序[M]. 周家驹，何险峰，译. 北京：科学出版社，2000.

第4章 推理技术

推理是我们如何使用知识进行思考的行为，它是一个过程，即人们从已有知识和事实推出结论的过程。人们在对事物进行分析及做决策时，一般是从已知的事实和知识出发，推出其中蕴含的事实或归纳出新的事实。这一过程通常称为推理，即这种从初始证据出发，按某种策略不断运用知识库中的已知知识逐步推出结论的过程称为推理。

人工智能中，推理是由程序实现的，人们把用于控制计算机实现推理的程序称为推理机。推理机是计算机科学和数理逻辑的一个交叉领域，致力于了解理智的方方面面。推理机的核心是自动逻辑。自动逻辑的研究帮助了利用计算机自动进行完全或几乎完全的推理，其内容一般可分为演绎推理和非演绎推理。在自动逻辑的基础上，计算机可以实现自动推理。自动推理被认为是人工智能的一个分支，还和理论计算机科学甚至哲学相关联。自动推理的研究内容包括定理机器证明、证明自动检查、不确定性推理、非单调逻辑以及类比归纳和外展推理。自动推理的技术和工具包括经典逻辑、微积分学、模糊逻辑、贝叶斯推断、推理与最大熵和大量的非正式特别技术等。

对于推理来讲，已知事实和知识是构成推理的两个基本要素。已知事实又称为证据，用以指出推理的起点及推理时应该使用的知识。知识是使推理过程得以向前推进的保证，并使推理逐步达到最终目标。例如，在医疗诊断专家系统中，专家的经验和医学知识存储于知识库中。病人治病时，推理机首先从病人症状及化验结果等初始事实出发，在知识库中搜索可与之相关的知识，并由此推出某些结论，如果这些结论是病人的病因和治疗方案，则结束；否则，再以这些结论为事实，在知识库中搜索与之相关的知识，进一步推出结论。如此反复，直至推出最终结论，即病人的病因与治疗方案。

本章主要介绍了推理的分类、策略、消解原理，以及产生式规则推理、演绎推理、定性推理、不确定性推理及默认推理等的推理思想和方法。

4.1 推理的分类与策略

4.1.1 推理的分类

人类的智能活动有多种不同的思维方式。人工智能作为对人类智能的模拟，相应的也有多种不同的推理方式。下面分别从不同的角度对它们进行分类。

1. 按推出结论的途径划分

按推出结论的途径的不同，推理可分为演绎推理、归纳推理和默认推理。

(1) 演绎推理(Deductive Reasoning)：由一般性知识推出适合某一具体情况的结论。这是从一般到个别的推理方式，其核心是三段论。常用的三段论由大前提、小前提和结论三部分组成。其中，大前提是已知的一般性知识或推理过程得到的判断；小前提是关于某种具体情况或某个具体实例的判断；结论是由大前提推出并且适合小前提的判断。

(2) 归纳推理(Inductive Reasoning)：从足够多的事例中总结归纳出一般性结论的推理过程。这是从个别到一般的推理方式。归纳推理的基本思想是：先从已知事实中假设出一个结论，然后对这个结论的正确性加以证明。归纳推理的典型分类方法有两种：一种是按照所选实例的广泛性将其分为完全归纳推理(实例可完全覆盖实例空间)和不完全归纳推理(实例不完全覆盖实例空间)；另一种是按照推理所使用的方法将其分为枚举归纳推理和类比归纳推理。

(3) 默认推理(Default Reasoning，又称缺省推理)：在知识不完全的情况下假设某些条件已经具备所进行的推理过程。由于这种推理是基于假设某些条件是成立的，因此在知识不完全的情况下也能进行推理。在默认推理的过程中，如果到某一时刻发现原先所做的默认不正确，则要撤销所做的默认以及由此默认推出的所有结论，重新按新情况进行推理。

2. 按所用知识的确定性划分

按所用知识的确定性的不同，推理可分为确定性推理、不确定性推理。

(1) 确定性推理：推理所用的知识与论据都是确定的，结论也是确定的，其值为真或为假，没有第三种情况出现。

(2) 不确定性推理：推理所用的知识与论据不都是确定的，推出的结论也是不确定的。世界上的事物和现象大部分是不确定的、模糊的，难以用精确的数学模型来描述和处理。因此，不确定性推理在现实世界中有较多的应用范围。不确定性推理又可分为似然推理与近似推理或模糊推理。似然推理基于概率论，近似推理基于模糊逻辑。人们在很多时候不得不在知识不完全或不精确的情况下进行推理，因此，计算机要模拟人类的思维活动进行推理，就必须具有不确定性推理的能力。

3. 按推理过程中的结论是否越来越接近最终目标划分

按推理过程中的结论是否越来越接近最终目标，推理可分为单调推理和非单调推理。

（1）单调推理：在推理过程中随着推理前进及新知识的加入，所推出的结论越来越接近最终目标。单调推理的过程中不会出现由于新知识的加入而否定了前面结论的情况，从而使推理又退回到前面的某一步。

（2）非单调推理：在推理过程中由于新知识的加入，有可能否定了前面的结论，使推理退回到前面的某一步，然后重新开始。非单调推理大都是在知识不完全的情况下发生的。由于知识的不完全，为了使推理继续进行下去，需要做某些假设，然后在假设的基础上继续进行推理。所以当新知识加入后，发现原先的假设不正确或不成立时，就需要推翻该假设以及由此假设推出的所有结论，再从那个结点重新进行推理。由以上非单调推理可知，默认推理也是一种非单调推理。

4. 按推理中是否运用启发性知识划分

按推理中是否运用启发性知识，推理可分为启发性推理和非启发性推理。

（1）启发性推理：在推理过程中运用与推理有关的启发性知识。

（2）非启发性推理：在推理过程中未运用与推理有关的启发性知识。

4.1.2 推理的策略

1. 推理的方向策略

推理方向分为正向、逆向和双向，对应的推理为正向推理、逆向推理和双向推理（也称混合推理）。其中最基本的推理方向策略是正向推理和逆向推理。

1）正向推理

正向推理是以已知的事实作为出发点的一种推理。从条件提供的初始已知事实出发，在知识库中找出当前可适用的知识，构成可适用知识集，然后按某种冲突消解策略从可适用知识集中选出一条知识进行应用推理，并将推出的新事实加入事实数据库中作为下一步推理的已知事实，此后再在知识库中选取可适用的知识集进行推理，如此重复这一过程，直到求得了问题的解，或者知识库中再无可适用的知识为止。

正向推理的推理过程可用如下算法描述：

① 将初始已知事实送入数据库。

② 检查数据库是否已经包含了问题的解。若已包含，则求解结束，并成功退出；否则，执行下一步。

③ 根据数据库中的已知事实，扫描知识库中的可适用知识，检查知识库中是否有可与已知事实相匹配的知识，若有，则转向④，否则转向⑥。

④ 把知识库中所有的可适用知识都选出来，构成可适用知识集。

⑤ 若可适用知识集不空，则按照某种冲突消解策略从中选出一条知识进行推理，将推出的新事实加入数据库中，然后转向②；若可适用知识集为空，则转向⑥。

⑥ 询问用户是否进一步补充新的事实。若补充，则将补充的新事实加入数据库中，然后转向③；否则表示求不出解，失败退出。

2）逆向推理

逆向推理以某个假设目标为出发点，首先设定一个假设目标，然后寻找支持该假设的证据。若需要的证据都能找到，则说明假设成立；若找不到所需的证据，则说明假设不成立，为此需要另作新的假设。

逆向推理过程可用如下算法描述：

① 提出要求证的目标（假设）。

② 检查该目标是否已在数据库中。若在，则该目标成立，退出推理或者对下一个假设目标进行验证；否则，转下一步。

③ 判断该目标是不是证据，即它是否为应由用户证实的原始事实。若是，则询问用户；否则，转下一步。

④ 在知识库中找出所有能导出该目标的知识，形成可适用知识集，然后转下一步。

⑤ 从可适用知识集中选出一条知识，并将该知识的运用条件作为新的假设目标，然后转向②。

3）双向推理

正向推理具有盲目、效率低等缺点，推理过程中可能会推出许多与问题无关的子结果。逆向推理中，若提出的假设目标不符合实际，也会降低效率。如果把正向推理与逆向推理结合起来，则可以使两者优势互补。这种既有正向推理又有逆向推理的推理称为双向推理。

双向推理是指正向推理与逆向推理同时进行，且在推理过程中的某一步骤上"碰头"的一种推理。双向推理的基本思想：一方面，根据已知事实进行正向推理，但并不推到最终目标；另一方面，从某假设目标出发进行逆向推理，但不推至原始事实，而是让它们在中途相遇，即由正向推理所得到的中间结论恰好是逆向推理此时所需的证据，这时推理就可以结束，逆向推理时所做的假设就是推理的最终结论。

2. 冲突消解策略

在推理过程中，系统要不断地用当前已知的事实与知识库中的知识进行匹配。此时，可能发生如下情况：

① 已知事实恰好只与知识库中的一个知识匹配成功。

② 已知事实不能与知识库中的任何知识匹配成功。

③ 已知事实可与知识库中的多个知识匹配成功。

对于情况①，由于匹配成功的知识只有一个，因此可以直接把它应用于当前的推理。

对于情况②，由于找不到可与当前已知事实匹配成功的知识，因此推理无法继续进行下去，只能无解退出或根据当前的实际情况作相应的处理。

对于情况③，推理过程中不仅有知识匹配成功，而且有不止一个知识匹配成功，这种情况称为发生了冲突。按一定的策略从匹配成功的多个知识中挑出一个知识用于当前推理的过程称为冲突消解(Conflict Resolution)。解决冲突时所用的策略称为冲突消解策略。

目前已有多种冲突消解策略，其基本思想都是对知识进行排序，常用的有以下几种：

(1) 按已知事实的新鲜性排序：后生成的事实具有较大的新鲜性，与后生成事实匹配的知识排序靠前。

(2) 按匹配度排序：在不确定性推理中，需要计算已知事实与知识的匹配度。

(3) 按条件个数排序：优先应用条件少的产生式规则。

(4) 按针对性排序：优先选择针对性强的知识，即要求条件多的规则。

4.2 消解原理

消解原理是一种定理证明方法，1965 年由 Robinson 提出，它从理论上解决了定理证明问题。消解是对谓词演算公式进行分解和化简，以求得导出子句。消解原理可用于谓词逻辑知识表示的问题求解，也是一种可用于一定的子句公式的重要推理规则。一个原子语句是由单个命题词组成的，每个命题词代表一个为真或为假的命题。一个原子公式(没有子公式的公式)和原子公式的否定称为文字，子句为由文字的析取组成的公式。消解时，消解过程被应用于母体子句对，以产生一个导出子句。例如，如果存在某个公理 $E_1 \vee E_2$ 和另一公理 $\sim E_2 \vee E_3$，那么 $E_1 \vee E_3$ 在逻辑上成立。这就是消解，而称 $E_1 \vee E_3$ 为 $E_1 \vee E_2$ 和 $\sim E_2 \vee E_3$ 的消解式(Resolvent)。

4.2.1 子句集的求取

在说明消解过程之前，首先说明任一谓词演算公式可以化成一个子句集。变换过程由下列步骤组成：

(1) 消去蕴含符号($\rightarrow$)。

只应用或($\vee$)和非($\sim$)符号，以 $\sim A \vee B$ 替换 $A \rightarrow B$。

$$[(A \rightarrow B) \rightarrow B] \vee C \Rightarrow [\sim(A \rightarrow B) \vee B] \vee C$$
$$\Rightarrow [\sim(\sim A \vee B) \vee B] \vee C$$
$$\Rightarrow [(A \wedge \sim B) \vee B] \vee C$$
$$\Rightarrow [(A \vee B) \wedge (\sim B \vee B)] \vee C$$
$$\Rightarrow [(A \vee B)] \vee C$$

（2）减少否定符号的辖域。

每个否定符号（～）最多只用到一个谓词符号上，并反复应用德·摩根定律。例如：以 $\sim A \vee \sim B$ 代替 $\sim(A \wedge B)$，以 $\sim A \wedge \sim B$ 代替 $\sim(A \vee B)$，以 A 代替 $\sim(\sim A)$，以 $(\exists x)\{\sim A\}$ 代替 $\sim(\forall x)A$，以 $(\forall x)\{\sim A\}$ 代替 $\sim(\exists x)A$。

（3）对变量标准化。

在任一量词辖域内，受该量词约束的变量为一哑元（虚构变量），它可以在该辖域内处处统一地被另一个没有出现过的任意变量所代替，而不改变公式的真值。公式中变量的标准化意味着对哑元改名以保证每个量词有其自己唯一的哑元。

例如，对

$$(\forall x)\{P(x) \rightarrow (\exists x)Q(x)\}$$

标准化可得

$$(\forall x)\{P(x) \rightarrow (\exists y)Q(y)\}$$

（4）消去存在量词。

在公式 $(\forall y)[(\exists x)P(x,y)]$ 中，存在量词是在全称量词的辖域内，允许所存在的 x 可能依赖于 y 值。令这种依赖关系明显地由函数 $g(y)$ 所定义，它把每个 y 值映射到存在的那个 x，这种函数称为 Skolem 函数。如果用 Skolem 函数代替存在的 x，就可以消去全部存在量词，并写成

$$(\forall y)P[g(y),y]$$

从一个公式消去一个存在量词的一般规则是以一个 Skolem 函数代替每个出现的存在量词的量化变量，而这个 Skolem 函数的变量就是由那些全称量词所约束的全称量词量化变量，这些全称量词的辖域包括要被消去的存在量词的辖域在内。Skolem 函数所使用的函数符号必须是新的，即不允许是公式中已经出现过的函数符号。

如果要消去的存在量词不在任何一个全称量词的辖域内，则用不含变量的 Skolem 函数即常量。例如，$(\exists x)P(x)$ 化为 $P(A)$，其中常量符号 A 用来表示人们知道的存在实体。A 必须是新的常量符号，它未曾在公式中其他地方使用过。

（5）化为前束形。

把所有全称量词移到公式的左边，并使每个量词的辖域包括这个量词后面公式的整个部分。所得公式称为前束形，即

$$前束形 = （前\quad缀）\quad（母\quad式）$$
$$全称量词串\qquad无量词公式$$

（6）把母式化为合取范式。

任何母式都可写成由一些谓词公式和（或）谓词公式的否定的析取的有限集组成的合取。这种母式称为合取范式。

例如，$A \vee \{B \wedge C\}$化为$\{A \vee B\} \wedge \{B \vee C\}$。

（7）消去全称量词。

消去明显出现的全称量词。

（8）消去连词符号$\wedge$。

用$\{A，B\}$代替$(A \wedge B)$，以消去明显的符号$\wedge$。反复代替的结果是最后得到一个有限集，其中每个公式是文字的析取。任一个只由文字的析取构成的合适公式称为一个子句。

（9）更换变量名称。

可以更换变量符号的名称，使一个变量符号不出现在一个以上的子句中。

4.2.2 消解推理规则

设L_1为任一原子公式，L_2为另一原子公式；L_1和L_2具有相同的谓词符号，但一般具有不同的变量。已知两个子句$L_1 \vee \alpha$和$\sim L_2 \vee \beta$，如果L_1和L_2具有最一般合一者σ，那么通过消解可以从这两个父辈子句推导出一个新子句$(\alpha \vee \beta)\sigma$。这个新子句称为消解式。它是由取这两个子句的析取，然后消去互补对而得到的。

常用消解规则如下：

（1）假言推理。

父辈子句：　　P 和$\sim P \vee Q$(即 $P \rightarrow Q$)

消解式：　　　Q

（2）合并。

父辈子句：　　$P \vee Q$ 和$\sim P \vee Q$

消解式：　　　$Q \vee Q = Q$

（3）重言式。

父辈子句：　　$P \vee Q$ 和$\sim P \vee \sim Q$

消解式：　　　$Q \vee \sim Q$

父辈子句：　　$P \vee Q$ 和$\sim P \vee \sim Q$

消解式：　　　$P \vee \sim P$

（4）空子句(矛盾)。

父辈子句：　　$\sim P$ 和P

消解式：　　　NIL

（5）链式(三段论)。

父辈子句：　　$\sim P \vee Q$ 和$\sim Q \vee R$

消解式：　　　$\sim P \vee R$

为了对含有变量的子句使用消解规则，必须找到一个置换作用于父辈子句，使其含有互补文字。

消解两个子句时，可能有一个以上的消解式，因为有多种选择父辈子句的方法。不过在任何情况下，它们最多具有有限个消解式。

例如，有两个子句：

$$P[x, f(t)] \lor P[x, f(z)] \lor Q(z) \text{和} \sim P[m, f(t)] \lor \sim Q(m)$$

如果取

$$\{W\} = \{P[x, f(t)]\}, \{B\} = \{\sim P[m, f(t)]\}$$

则消解式为

$$P[m, f(z)] \lor \sim Q(m) \lor Q(z)$$

若取

$$\{W\} = \{Q(Z)\}, \{B\} = \{\sim Q(m)\}$$

则消解式为

$$P[x, f(t)] \lor P[x, f(z)] \lor \sim P[z, f(t)]$$

进一步消解得

$$P[z, f(z)]$$

由以上两个子句可得 4 个不同的消解式，其中 3 个是消解 P 得到的，1 个是消解 Q 得到的。

4.2.3　消解反演求解过程

1. 基本思想

把要解决的问题作为一个要证明的命题，其目标公式被否定并化成子句形，然后添加到命题公式集中去，把消解反演系统应用于联合集，并推导出一个空子句(NIL)，产生一个矛盾，这说明目标公式的否定式不成立，即有目标公式成立，定理得证，问题得到解决，与数学中反证法的思想十分相似。

2. 消解反演

1) 反演求解的步骤

给出一个公式集 S 和目标公式 L，通过反证或反演来求证目标公式 L，其证明步骤如下：

(1) 否定 L，得 $\sim L$；

(2) 把 $\sim L$ 添加到 S 中去；

(3) 把新产生的集合 $\{\sim L, S\}$ 化成子句集；

(4) 应用消解原理，力图推导出一个表示矛盾的空子句 NIL。

2）反演求解的正确性

设公式 L 在逻辑上遵循公式集 S，那么按照定义满足 S 的每个解释也满足 L。绝不会有满足 S 的解释能够满足 $\sim L$ 的，所以不存在能够满足并集 $S\cup\{\sim B\}$ 的解释。如果一个公式集不能被任一解释所满足，那么这个公式是不可满足的。因此，如果 L 在逻辑上遵循 S，那么 $S\cup\{\sim L\}$ 是不可满足的。可以证明，如果消解反演反复应用到不可满足的子句集，那么最终将要产生空子句 NIL。因此，如果 L 在逻辑上遵循 S，那么由并集 $S\cup\{\sim L\}$ 消解得到的子句，最后将产生空子句；反之，可以证明，如果从 $S\cup\{\sim L\}$ 的子句消解得到空子句，那么 L 在逻辑上遵循 S。

3. 反演求解过程

从反演树求取对某个问题的答案，其过程如下：

（1）把由目标公式的否定产生的每个子句添加到目标公式否定之否定的子句中去。

（2）按照反演树，执行和以前相同的消解，直至在根部得到某个子句为止。

（3）用根部的子句作为一个回答语句。

求取答案涉及把一棵根部有 NIL 的反演树变换为在根部带有可用作答案的某个语句的一棵证明树。由于变换关系涉及把由目标公式的否定产生的每个子句变换为一个重言式，因此被变换的证明树就是一棵消解的证明树，其在根部的语句在逻辑上遵循公理加上重言式，因而也单独地遵循公理。所以被变换的证明树本身就证明了求取方法是正确的。

4.3 规则演绎系统

规则演绎系统（Rule-based Deduction System）也称基于规则的演绎系统，它是一种采用直接证明法思想求解问题、证明定理的计算机系统。

基于规则的问题求解系统运用下述规则来建立：

$$\text{IF} \rightarrow \text{THEN}$$

其中，IF 部分可能由几个 IF 组成，而 THEN 部分可能由一个或几个 THEN 组成。在所有基于规则的系统中，每个 IF 可能与某断言（Assertion）集中的一个或多个断言匹配。有时把该断言集称为工作内存。在许多基于规则的系统中，THEN 部分用于规定放入工作内存的新断言。这种基于规则的系统称为规则演绎系统。在这种系统中，通常称每个 IF 部分为前件（Antecedent），称每个 THEN 部分为后件（Consequent）。

在规则演绎系统中有两种推理方式，即正向推理和逆向推理。从 IF 部分向 THEN 部分推理的过程称为正向推理。正向推理是从事实或状态向目标或动作进行操作的。相反，从 THEN 部分向 IF 部分推理的过程称为逆向推理。逆向推理是从目标或动作向事实或状态进行操作的。

规则演绎系统分为规则正向演绎系统、规则逆向演绎系统以及规则双向演绎系统三种。在规则演绎系统中，将被求解的问题描述为事实、规则和目标。

1. 规则正向演绎系统

规则正向演绎系统从事实出发，通过使用规则，试图推导出所需目标。其求解过程如下：

1）事实表达式的与或形变换

在基于规则的正向演绎系统中，把事实表示为非形式的与或形，作为系统的总数据库。不把这些事实化为子句形，而是把它们表示为谓词演算公式，并把这些公式变换为叫作与或形的非蕴含形式。

2）事实表达式的与或图表示

与或形的事实表达式可用与或图来表示。如图 4.1 所示，每个结点表示该事实表达式的一个子表达式。表示某个实事表达式的与或图的叶结点均由表达式中的文字来标记。

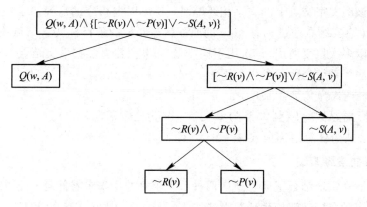

图 4.1　事实表达式的与或图表示

3）与或图的 F 规则（即正向推理规则）变换

这些规则是建立在某个问题辖域中普通陈述性知识的蕴含公式基础上的。单文字前项的任何蕴含式，不管其量化情况如何，都可以化为某种量化辖域为整个蕴含式的形式。这个变换过程首先把这些变量的量词局部地调换到前项，然后把全部存在量词 Skolem 化。

规则正向演绎系统的使用条件如下：

（1）事实表达式为任意谓词公式。

（2）规则形式为 $L \rightarrow W$（其中 L 为单文字，W 为任意谓词公式）。

（3）目标公式为文字析取式。

2. 规则逆向演绎系统

规则逆向演绎系统从目标出发，通过使用规则，试图推证出所需事实都存在。其求解过程如下：

1）目标表达式的与或形式

规则逆向演绎系统能够处理任意形式的目标表达式。首先，采用与变换事实表达式同样的过程，把目标公式化成与或形，即消去蕴含符号（→），把否定符号移进括号内，对全称量词 Skolem 化并删去存在量词。留在目标表达式与或形中的变量假定都已存在量词量化。

2）与或图的 B 规则（即逆向推理规则）变换

B 规则是建立在确定的蕴含式基础上的，正如正向系统的 F 规则一样，只不过把这些 B 规则限制为 $W \Rightarrow L$ 形式的表达式。

3）作为终止条件的事实结点的一致解图

逆向系统中的事实表达式均限制为文字合取形，它可以表示为一个文字集。当一个事实文字和标在该图文字结点上的文字相匹配时，就可以把相应的后裔事实结点添加到该与或图中去。这个事实结点通过标有 mgu 的匹配弧与匹配的子目标文字结点连接起来。同一个事实文字可以多次重复使用（每次用不同变量），以便建立多重事实结点。

规则逆向演绎系统的使用条件如下：

(1) 事实表达式为文字合取式。

(2) 规则形式为 $W \rightarrow L$（其中 L 为单文字，W 为任意谓词公式）。

(3) 目标公式为任意谓词公式。

3. 规则双向演绎系统

规则双向演绎系统结合正向与逆向两种系统求解技术来求解问题、证明定理。

规则正向演绎系统能够处理任意形式的 IF 表达式，但被限制在 THEN 表达式为文字析取组成的一些表达式中。规则逆向演绎系统能够处理任意形式的 THEN 表达式，但被限制在 IF 表达式为文字合取组成的一些表达式中。规则双向（正向和逆向）演绎系统具有正向和逆向两个系统的优点，克服了各自的缺点。

规则双向演绎系统是建立在正向和逆向两个系统相结合的基础上的，其总数据库由表示目标和表示事实的两个与或图结构组成，并分别用 F 规则和 B 规则来修正。

规则双向演绎系统的主要复杂之处在于其终止条件，终止涉及两个图结构之间的适当交接处。当用 F 规则和 B 规则对图进行扩展之后，匹配就可以出现在任何文字结点上。

在完成两个图间的所有可能匹配之后，目标图中根结点上的表达式是否已经根据事实图中根结点上的表达式和规则得到证明的问题仍然需要判定。只有当求得这样的一个证明时，证明过程才算成功地终止。若能够断定在给定方法限度内找不到证明，则证明过程以失败告终。

4.4 产生式系统

产生式系统（Production System）由波斯特（Post）于 1943 年提出的产生式规则（Production Rule）而得名。人们用这种规则对符号串进行置换运算。1965 年美国的纽厄尔和西蒙利用这个原理建立了一个人类的认知模型。同时，斯坦福大学利用产生式系统结构设计出第一个专家系统 DENDRAL。

产生式系统用来描述若干个不同的以一个基本概念为基础的系统。这个基本概念就是产生式规则或产生式条件。在产生式系统中，论域的知识分为两部分：用事实表示静态知识，如事务、事件和它们之间的关系；用产生式规则表示推理过程和行为。由于这类系统的知识库主要用于存储规则，因此又把此类系统称为基于规则的系统（Rule-based System）。在基于规则的系统中，每个 IF 可能与某断言集中的一个或多个断言匹配，THEN 部分用于规定放入工作内存的新断言。

产生式系统不仅表达自然直观，便于推理，可进行模块化处理，而且格式清晰，设计和监测方便，表示灵活，因而曾得到广泛应用。不过，因为产生式系统的求解效率低且无法表示结构性知识，故其不适用于求解复杂系统。

4.4.1 产生式系统的结构

产生式系统由总数据库（或全局数据库）、产生式规则和控制策略三部分组成，如图 4.2 所示

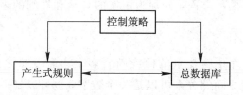

图 4.2 产生式系统的结构图

总数据库（或全局数据库）又称综合数据库、上下文、黑板等，用于存放求解过程中各种当前信息的数据结构，如问题的初始状态、事实或数据、中间推理结论和最后结论等。当产生式规则中某条规则的前提与总数据库中的某些事实相匹配时，该规则就被激活，并把结论作为新的事实存入总数据库。

产生式规则的 IF 部分表示启用这一规则之前总数据库内必须准备好的条件。例如，在得出"该动物是食肉动物"的结论之前，必须在总数据库中存有"该动物是哺乳动物"和"该动物吃肉"这两个事实。执行产生式规则的操作会引起总数据库的变化，这就使其他产生式

规则的条件可能被满足。

产生式规则是一个规则库，用于存放与求解问题有关的某个领域知识的规则之集合及其交换规则。规则库知识的完整性、一致性、准确性、灵活性和知识组织的合理性，对产生式系统的运行效率和工作性能产生重要影响。

控制策略为一推理机构，由一组程序组成，用来控制产生式系统的运行，决定问题求解过程的推理线路，实现对问题的求解。产生式系统的控制策略随搜索方式的不同可分为可撤回策略、回溯策略、图搜索策略等。

控制策略的作用是说明下一步应该选用什么规则，也就是如何应用规则。通常从选择规则到执行操作分三步：匹配、冲突解决和操作。

（1）匹配。在这一步，把当前数据库与规则的条件部分相匹配。如果两者完全匹配，则把这条规则称为触发规则。当按规则的操作部分去执行时，称这条规则为启用规则。被触发的规则不一定总是启用规则，因为可能同时有几条规则的条件部分被满足，这就要在解决冲突步骤中来解决这个问题。在复杂的情况下，在数据库和规则的条件部分之间可能要进行近似匹配。

（2）冲突解决。当有一条以上规则的条件部分和当前数据库相匹配时，就需要决定首先使用哪一条规则，这称为冲突解决。

（3）操作。操作就是执行规则的操作部分。经过操作以后，当前数据库将被修改，其他的规则有可能被使用。

4.4.2　产生式系统的表示

产生式系统的表示有两个方面，分别为事实的表示和规则的表示。

1. 事实的表示

事实可看成是断言一个语言变量的值或断言多个语言变量之间关系的陈述句。其中，语言变量的值或语言变量之间的关系可以是一个数字，也可以是一个词。

（1）对于确定性知识，单个事实的表示可用三元组，即

$$（对象，属性，值）或（关系，对象 1，对象 2）$$

其中，对象就是语言变量。这种表示方式在机器内部可用一个表来实现。例如，"火的颜色是红色"，其中"火"是语言变量，"红色"是语言变量的值，可表示为

$$（fire，color，red）或（火，颜色，红色）$$

（2）对于不确定性知识，单个事实的表示可用四元组，即

$$（对象，属性，值，可信度因子）$$

其中，"可信度因子"是指该事实为真的相信程度，可用一个 0～1 之间的数来表示。

2. 规则的表示

规则描述的是事物之间的因果关系,其含义是"如果……,则……"。规则的产生式表示形式常称为产生式规则,简称产生式或者规则。一个规则由前件和后件两部分组成,其基本形式为

$$IF \langle 前件 \rangle \ THEN \ \langle 后件 \rangle$$

或

$$\langle 前件 \rangle \rightarrow \langle 后件 \rangle$$

其中:前件给出的是该规则可否使用的先决条件,它由单个事物或多个事物逻辑组合构成;后件是一组结论或操作,即当前件满足时,应该推出的结论或执行的动作。

4.4.3 产生式系统的推理

产生式系统的问题求解过程即对解空间的搜索过程,也就是推理过程。按照搜索方向的不同,可把产生式系统的推理分为正向推理、逆向推理和双向推理。正向推理又称事实(或数据)驱动推理、前向链接推理;逆向推理又称目标驱动推理、逆向链接推理。

1. 产生式系统的正向推理

产生式系统的正向推理是从一组表示事实的谓词或命题出发,使用一组产生式规则,用以证明该谓词公式或命题是否成立。

一般策略:先提供一批事实(数据)到总数据库中,系统利用这些事实与规则的前提相匹配,触发匹配成功的规则,把其结论作为新的事实添加到总数据库中;继续上述过程,用更新过的总数据库的所有事实再与规则库中另一条规则匹配,用其结论再次修改总数据库的内容,直到没有可匹配的新规则,不再有新的事实加到总数据库为止。

例如:

① 解放军都是应该受到尊重的,边防战士都是解放军,所以,边防战士都是应该受到尊重的。

② 如果一个数的末位是 5,那么这个数能被 5 整除;这个数的末位是 5,所以这个数能被 5 整除。

③ 如果一个图形是等边三角形,那么它的三条边相等;这个图形的三条边不相等,所以它不是等边三角形。

2. 产生式系统的逆向推理

产生式系统的逆向推理是从表示目标的谓词或命题出发,使用一组产生式规则证明事实谓词或命题成立与否,即首先提出一批假设目标,然后逐一验证这些假设。

一般策略:首先假设一个可能的目标,然后由产生式系统试图证明此假设目标是否在总数据库中。若在总数据库中,则该假设目标成立;否则,若该假设为终叶(证据)结点,则

询问用户。若不是，则再假定另一个目标，即寻找结论部分包含该假设的那些规则，把它们的前提作为新的假设，并力图证明其成立。这样反复进行推理，直到所有目标均获证明或者所有路径都得到测试为止。

例如：一个人早上醒来，看到窗外的行人都只穿了轻薄的外衣，有的人还直接穿了短袖，由此推测出外面的温度很高，所以这个人在出门前也只穿了一件短袖，并带了一件轻薄的外衣。

3. 产生式系统的双向推理

产生式系统的双向推理的推理策略是同时从目标向事实推理和从事实向目标推理，并在推理过程中的某个步骤实现事实与目标的匹配。

4.5 定 性 推 理

4.5.1 定性推理概述

定性推理(Qualitative Reasoning)是从物理系统、生命系统的结构描述出发，导出系统的行为描述，以便预测系统的行为并给出原因解释。定性推理采用系统部件间的局部结构规则来解释系统行为，即部件状态的变化行为只与直接相邻的部件有关。此方法为人工智能理论研究与应用的重要方法。

1. 定性推理的动因

不是任何问题都可以用精确的数学或符号化方法对其建模的，而且建模代价高，有时效果也不理想。人们对物理系统求解时，大都是通过定性分析方法完成的。

2. 定性推理的优势

(1) 符合人类的常识推理，可实现对不完备、不一致、不精确知识的推理，如常识推理。

(2) 降低了问题求解的代价，提高了求解效率。定性推理时，不需要问题的精确解，只需了解问题的定性结果。

4.5.2 定性推理方法

人类对物理世界的描述、解释，常是以某种直观的定性方法进行的，很少使用微分方程及具体的数值描述。例如，人们在骑自行车时，为了避免摔倒和撞车，并不需要使用书本上的运动方程，而是针对几个主要参量的变化趋势给予粗略的、直观的，但大体上准确的描述。

一般分析运动系统行为的标准过程可分为三个步骤：

（1）决定描述对象系统特征的量。

（2）用方程式表示量之间的相互关系。

（3）分析方程式，得到数值解。

这类运动系统行为的问题用计算机进行求解时，将面临如下三个问题：

（1）步骤（1）（2）需要相当多的知识，并且要有相应的算法。

（2）有的场合对象系统的性质很难用数学式子表示。

（3）步骤（3）得到了数值解，但是对象系统的行为并不直观明了。

为了解决第二、第三个问题，定性推理一般采用下列分析步骤：

（1）结构认识：将对象系统分解成部件的组合。

（2）因果分析：当输入值变化时，分析对象系统中怎样传播。

（3）行为推理：输入值随着时间变化，分析对象系统的内部状态怎样变化。

（4）功能说明：行为推理的结果表明对象系统的行为，由此可以说明对象系统的功能。

定性推理的观点大体上可这样来理解：

（1）忽略被描述对象的次要因素，掌握主要因素，简化问题的描述。例如，分析烧杯内水的加热过程时，我们关心的是水温不断上升，沸点水成蒸汽，水烧干，烧杯劈裂，而不必去考虑加热量为多少水温上升 1℃。

（2）将随时间 t 连续变化的参量 $x(t)$ 的值域离散化为定性值集合，通常变量 x 的定性值 $[x]$ 定义为

$$[x]=\begin{cases} - & (t<0) \\ 0 & (t=0) \\ + & (t>0) \end{cases}$$

相应地，参量值 $x(t)$ 也离散化为一些标定值以及对应的导数符号值。即仅关心参量的一些特殊值而不必考虑每一时刻参量的值，且时刻本身也粗化了。

（3）依物理规律将微分方程转换成定性（代数）方程，或直接依物理规律建立定性模拟或给出定性进程描述。

（4）给出定性解释。

4.6　不确定性推理

不确定性推理是指那种建立在不确定性知识和证据的基础上的推理。它实际上是一种从不确定的初始证据出发，通过运用不确定性知识，最终推出既保持一定程度的不确定性，又是合理或基本合理的结论的推理过程，目的是使计算机对人类思维的模拟更接近于人类的真实思维过程。

一个人工智能系统，由于知识本身的不精确和不完全，采用标准逻辑意义下的推理方

法难以达到解决问题的目的。对于一个智能系统来说，知识库是其核心。在这个知识库中，往往大量包含模糊性、随机性、不可靠性或不知道等不确定性因素的知识。为了解决这种条件下的推理计算问题，不确定性推理方法应运而生。在领域专家给出的规则强度和用户给出的原始证据的不确定性的基础上，定义一组函数，求出结论的不确定性度量。它包括三个方面：不确定性的传递算法；在每一步推理中，如何把证据及知识的不确定性传递给结论；在多步推理中，如何把初始证据的不确定性传递给结论。不确定性推理有两条研究路线：模型方法，即在推理一级上扩展确定性推理，将不确定证据和知识与某种度量标准对应，给出更新结论不确定性的算法，构成相应的不确定性推理模型；控制方法，即在控制策略一级上处理不确定性，无统一的不确定性处理模型，其效果依赖于控制策略。

4.6.1 不确定性的表示

不确定性推理中存在三种不确定性，即关于知识的不确定性、关于证据的不确定性和关于结论的不确定性。

1. 知识不确定性的表示

知识的表示与推理是密切相关的，不同的推理方法要求有相应的知识表示模式与之对应。在不确定性推理中，由于知识都具有不确定性，因此必须采用适当的方法把知识的不确定性及不确定的程度表示出来。

在确立不确定性的表示方法时，有两个直接相关的因素需要考虑：一是要能根据领域问题特征把其不确定性比较准确地描述出来，以满足问题求解的需要；二是要便于在推理过程中推算不确定性。只有把这两个因素结合起来统筹考虑问题的表示方法才是实用的。

目前，在专家系统中知识的不确定性一般是由领域专家给出的，通常是一个或多个数值，它表示相应知识的不确定性程度，称之为知识的静态强度。

静态强度可以是相应知识在应用中成功的概率，也可以是该条知识的可信程度或其他，其值的大小范围因其意义与使用方法的不同而不同。

2. 证据不确定性的表示

在推理中，有两种来源不同的证据：一种是用户在求解问题时提供的原始数据，如病人的症状、化验结果等；另一种是在推理中用前面推出的结论作为当前推理的证据（即中间结论）。对于前一种情况，即用户提供的原始证据，由于这种证据多来源于观察，因而通常是不精确、不完全的，即具有不确定性。对于后一种情况，由于所使用的知识及证据都具有不确定性，因而推出的结论当然也具有不确定性，当把它用作后面推理的证据时，它亦是不确定性的证据。

一般来说，证据不确定性的表示方法应与知识不确定性的表示方法保持一致，以便于推理过程中对不确定性进行统一的处理。

证据的不确定性通常也用一个数值来表示，它代表相应证据的不确定性程度，称之为动态强度。对于原始证据，其值由用户给出；对于用前面推理所得结论作为当前推理的证据，其值由推理中不确定性的传递算法通过计算得到。

3. 结论不确定性的表示

由于上述所使用的知识和证据具有不确定性，因此得出的结论也具有不确定性。这种结论的不确定性也称规则的不确定性，它表示当规则的条件被完全满足时，产生某种结论的不确定程度。

4.6.2 概率推理

人们在日常生活中经常会遇到许多不确定的信息，即具有概率性质的信息，若据以推理，便是概率推理。如天阴并不一定意味着要下雨，肚子痛并不一定是得了胃病。概率论为人们处理概率信息提供了理论模型。假设给定证据集合 E 为变量集合 Y 的子集，其中变量取值用 e 表示，即 $E=e$，此时若希望计算条件概率 $P(Y_i=y_i|E=e)$ 的值，即在给定证据变量取值后求变量 $Y_i=y_i$ 的概率，则这个过程称为概率推理。

对概率推理起着支撑作用的是贝叶斯公式。

设 A_1，A_2，…，A_n 是不相交事件，即

$$P(A_i \bigcap A_j) = 0 \quad (i \neq j)$$

并且

$$P(A_1 \bigcup A_2 \cdots \bigcup A_m) = 1$$

设必然事件

$$\sigma = A_1 \bigcup A_2 \cdots \bigcup A_m$$
$$P(\sigma) = 1$$

于是有

$$P(B) = P(B \mid \sigma) = \sum_{j=1}^{m} P(B \mid A_i) P(A_i)$$

这样，必然事件 σ 被分为 m 个不相交的子事件，事件 B 的条件概率即为给定每一个子事件 $A_j(j=1,2,…,m)$ 下事件 B 的条件概率之和。于是，给定事件 $B(P(B)>0)$，事件 A_k 的条件概率可以写为

$$P(A_k \mid B) = \frac{P(A_k \bigcap B)}{P(B)} = \frac{P(A_k \bigcap B)}{\sum_{j=1}^{m} P(B \mid A_j)} = \frac{P(B \mid A_k)P(A_k)}{\sum_{j=1}^{m} P(B \mid A_j)P(A_j)} \quad (k=1,2,…,m)$$

贝叶斯分析(Bayesian Analysis)方法提供了一种计算假设概率的方法，这种方法是基于假设的先验概率、给定假设下观察到不同数据的概率以及观察到的数据本身而得出的。

贝叶斯推断的基本方法是将关于未知参数的先验信息与样本信息综合，再根据贝叶斯

定理得出后验信息，然后根据后验信息去推断未知参数。

例 4.1 一座别墅在过去的 20 年里一共被盗过 3 次，别墅的主人有一条狗，狗平均每周晚上叫 4 次，假设在盗贼入侵时狗叫的概率被估计为 0.9，求在狗叫的时候发生入侵的概率。

解 我们假设事件 A 为"狗在晚上叫"，事件 B 为"盗贼入侵"，则以天为单位统计，有

$$P(A)=4/7$$

$$P(B)=\frac{3}{20\times365}=\frac{3}{7300}$$

$$P(A|B)=0.9$$

按照公式很容易得出结果：

$$P(B|A)=\frac{0.9\times\frac{3}{7300}}{\frac{4}{7}}=0.000\,65$$

例 4.2 现有 A、B 两个容器，容器 A 里有 6 个红球和 4 个白球，容器 B 里有 2 个红球和 8 个白球，已知从这两个容器里任意抽出了 1 个红球，问这个球来自容器 A 的概率是多少？

解 假设事件 B 为"已经抽出红球"，事件 A 为"选中容器 A"，则有

$$P(B)-\frac{8}{20}$$

$$P(A)=\frac{1}{2},\ P(B|A)=\frac{6}{10}$$

按照公式，则有

$$P(A|B)=\frac{\frac{6}{10}\times\frac{1}{2}}{\frac{8}{20}}=\frac{3}{4}$$

4.6.3 模糊逻辑推理

模糊推理所处理的事物自身是模糊的，概念本身没有明确的外延，一个对象是否符合这个概念难以明确地确定。模糊推理是对这种不确定性（即模糊性）的表示与处理。

在人的思维中，推理过程常常是近似的。例如，人们根据条件语句（假言）"若锅里的螃蟹是红的"，则"螃蟹煮熟了"和前提（直言）"螃蟹壳变红了"，立即可得出结论"螃蟹煮熟了"。这种不精确的推理不可能用经典的二值逻辑或来完成。L.A.扎德于 1975 年首先提出了模糊推理的合成规则和把条件语句"若 x 为 A，则 y 为 B"转换为模糊关系的规则。此后，J.F.鲍德温和 R.R.耶格尔等人又各自采用带有模糊真值的模糊逻辑而提出了不同于扎德

的方法。在此仅介绍扎德的方法。

1. 几个基本概念

首先介绍几个基本概念。

（1）论域：讨论的全体对象。

（2）模糊集合（Fuzzy Set）：用来表达模糊概念的集合，又称模糊集。

给定一个论域 U，那么从 U 到单位区间 $[0,1]$ 的一个映射 $\mu_A: U \mapsto [0,1]$，称为 U 上的一个模糊集，或 U 的一个模糊子集。

模糊集可以记为 A。映射（函数）$\mu_A(\cdot)$（或简记为 $A(\cdot)$）称为模糊集 A 的隶属函数。对于每个 $x \in U$，$\mu_A(x)$ 称为元素 x 对模糊集 A 的隶属度。

（3）语言变量：一个语言变量可定义为多元组 $(x, T(x), U, G, M)$。其中：x 为语言变量名；$T(x)$ 为 x 的词集，即语言变量名的集合；U 为论域；G 为产生语言值名称的语法规则；M 为与各语言值含义有关的语法规则。语言变量的每个语言值对应一个定义在论域 U 中的模糊数。语言变量基本词集把模糊概念与精确值联系起来，实现对定性概念的定量化以及定量数据的定性模糊化。

例如：

$$A = \frac{1}{x_1} + \frac{0.5}{x_2} + \frac{0.72}{x_3} + \frac{0}{x_4}$$

分母是论域中的元素，分子是该元素对应的隶属度。有时，若隶属度为 0，则该项可以忽略不写。

（4）模糊集的运算：Zadeh 算子包括 max（即为并）和 min（即为交）。

a 与 b 的并（逻辑或）记为 $a \vee b = \max\{a, b\}$；

a 与 b 的交（逻辑与）记为 $a \wedge b = \min\{a, b\}$；

a 的补（逻辑非）记为 $\sim a = 1 - a$。

2. 模糊逻辑推理

模糊逻辑推理是建立在模糊逻辑基础上的，它是一种不确定性推理方法，是在二值逻辑三段论基础上发展起来的。这种推理方法以模糊判断为前提，利用模糊语言规则，推导出一个近似的模糊判断结论。模糊推理方法尚在继续研究与发展中。

人类思维判断的基本形式：

如果（条件）→则（结论）

例如，对于规则"如果炉温低，则应施加高电压"，可设

x："炉温"，A："低炉温"，y："电压"，B："高电压"

则上述规则可表示为"如果 x 是 A，则 y 是 B"，记为 $A \to B$。

在模糊逻辑和近似推理中，有两种重要的逻辑推理规则，即广泛取式（肯定前提）假言

推理法(GMP)和广义拒式(否定结论)假言推理法(GTM),分别简称为广义向前推理法和广义向后推理法。

GMP 推理规则可表示为

前提 1:x 为 A'

前提 2:若 x 为 A,则 y 为 B

结论:y 为 B'

GMT 推理规则可表示为

前提 1:y 为 B'

前提 2:若 x 为 A,则 y 为 B

结论:x 为 A'

上述两式中的 A、A'、B 和 B' 为模糊集合,x 和 y 为语言变量。

当 $A = A'$ 且 $B = B'$ 时,GMP 就退化为"肯定前提的假言推理",它与正向数据驱动推理有密切关系,在模糊逻辑控制中非常有用。当 $B = \sim B$ 且 $A = \sim A$ 时,GMT 退化为"否定结论的假言推理",它与反向数据驱动推理有密切关系,在专家系统(尤其是医疗诊断)中非常有用。

目前已有数十种具有模糊变量的隐含函数,它们基本可以分为三类,即模糊合取、模糊析取和模糊蕴含。以合取、析取、蕴含等定义为基础,利用三角范式和三角协和范式,能够产生模糊推理中常用的模糊蕴含关系。

4.7 非单调推理

一般来说,经典逻辑主要是指形式逻辑或演绎逻辑。经典逻辑的推理形式是演绎的和单调的。演绎性和单调性表现在,推理以已有知识为前提必然能得到新的知识,或者说在保证已有知识为真的前提下,由推理所得的新知识必定也是真的。

然而,在日常语境下,这种情况并不总是出现。经常出现的是新知识与已有知识之间发生冲突。在必要的时候人们会修改已有知识,以适应对新情况的解释。这就体现出单调推理的局限性。为解决这一难题,满足常识推理的要求,非单调推理应运而生。

非单调推理于 19 世纪 70 年代被提出,是人工智能中的一种重要的推理方式。所谓非单调推理,指的是一个正确的公理加到理论 T 中,反而会使预先所得到的一些结论变得无效了。寻求失效的结论是单调逻辑中不存在的问题。从这个意义上说,非单调推理就明显地比单调推理来得复杂。

非单调推理的基本出发点是古典的完备性。对一个理论来说,任一公式 P,或是 P 可证明或是 P 的非可证明。这样,为保证一个理论是完备的,可增加命题 P,如果 P 的非不能由该理论推演出来,则将这样的命题 P 假设是成立的,并将其加到理论中参与推理,这就是非单调推理方式。

非单调推理不同于单调推理，它不仅表现在形式上和功用上，也表现在推理有效性的标准上。单调推理的有效性是指语义上的保真性，而非单调推理的有效性主要是指符合实际情况的合理性。换句话说，单调推理只要满足前提真，那么结论一定为真。与之不同，非单调推理需要满足对现实情况的合理解释。

4.7.1　表现形式

经典逻辑的推理形式是演绎的、单调的。从某种意义上讲，演绎和单调表达了相同的内涵，在本质上是一样的。演绎与单调都呈现出线性的特征。可用下式表示单调推理：

$$(\Gamma \rightarrow X) \wedge (\Gamma \subseteq \Gamma') \rightarrow (\Gamma' \rightarrow X)$$

上式表示：如果从已知信息 Γ 能得到结论 X，并且已知信息 Γ 的内涵包含于新信息 Γ' 的内涵，那么我们就可以得出新信息 Γ' 能推出结论 X。也就是说，随着前提中条件的增加，所得结论也必然增加，至少不会减少结论或者修改结论。然而，在现实生活中，人们所遇到的推理问题往往面临着复杂的或者不可测的情况，并不是简单的线性推理问题。

非单调推理的推理形式不具有单调性，呈现非单调性的特征。非单调性即非演绎性。归纳推理、模糊推理和概率推理都具有非单调性的特征。非单调推理具有一定的灵活性，所得结论具有暂时性。随着新信息的出现，可以不断修正结论。这满足了常识推理的要求。非单调推理可以处理日常情景中所遇到的复杂推理问题。

非单调推理把由单调推理所得结论标上了一个问号。随着对前提集中所包含的已知信息和未知信息的确定，结论的问号会暂时消除，或者修改结论。把前面提到的表示单调推理的式子变为非单调推理的式子就是：

$$?(\Gamma \rightarrow X) \wedge (\Gamma \rightarrow \Gamma') \rightarrow ?(\Gamma' \rightarrow X)$$

或者

$$?(\Gamma \wedge X) \wedge (\Gamma \subseteq \Gamma') \rightarrow ?(\Gamma' \rightarrow X)$$

其中，Γ 表示已知信息，Γ' 表示新信息，？表示不确知。

上式表示：在已知前提中，新信息 Γ' 属于已知信息 Γ，但是已知信息 Γ 与结论 X 的关系是不确知的。因此，新信息 Γ' 所得出的结论 X 只是暂时成立。如果出现新信息与结论相悖的情况，就需要修改结论。由此可见，非单调推理所得结论是在前提条件不确知的情况下得出的。这不同于经典逻辑，经典逻辑要求推理的前提条件必须是已知的。另外，三段论推理规则中有一条要求：前提中的命题之一必须是全称命题，而不能出现前提都是特称的情况。由此所得的结论才是成立的。然而，前提中的全称命题要求对命题内容的每一种情形都做考察。这对于考察理论内容是可行的，但对于日常情形却不一定行得通。毕竟无法掌握所有对得出结论有用的信息。实际情况是，前提中的命题都存在特称的可能性，或者是有的前提还处于未知状态。由此所得的结论肯定是暂时性成立的。

非单调推理的最终目标是实现推理的合理性。这里的合理性主要是指合乎常识的一般情况，或者能合乎情理地解释现实状况等。这不同于单调推理所要求的有效性。推理的合理性往往带有时效性和主观性。这种时效性与主观性体现出模态的特征。

时效性体现在相信的事实是暂时为真，而非永久为真。随着时间的推移，有用信息的扩大，所相信的事实可能为假，或者在某段时间内为假。比如，30 年前，人们相信中国的经济实力很弱，而 30 年后，这种观点就过时了。

主观性体现在相信某事实为真的主体之间，对于判断事实真的标准可能不一。比如，对于中国人而言，买房子是人生存的必需条件之一；对于欧美人而言，买房子不如租房子，买房子不是人生存的必需条件之一。这种"相信"的直觉可能出自不同原因，当然，这种"相信"意义下的事实也可能为假。

非单调推理与单调推理的共同点是：它们本质上都是一种推理模式，在功能上都是为了能从前提中得出相应的结论。

非单调推理与单调推理的不同点是：

（1）在推理的形式上，单调推理呈现线性特征，而非单调推理与之相反；

（2）在推理有效性方面，单调推理要强于非单调推理，只不过单调推理在常识推理中的应用范围要远远小于非单调推理；

（3）在常识推理中，非单调推理比单调推理更加灵活。

具体来说，单调推理是非单调推理的基础。这就类似于演绎推理是归纳推理、模糊推理和概率推理的基础。我们可以在归纳推理的过程中，在假设的意义下，通过不完全归纳来得到一个或然的结论。

归纳推理是以演绎推理为基础的。从某种程度上说，归纳推理是近似的演绎推理。它是在演绎推理的基础上，解决现实复杂问题的一种尝试，力图在有限的条件下，能够达到与演绎推理那样强的有效性。那么，同样可以认为，非单调推理是以单调推理为基础的，是在日常语境之下处理复杂推理问题的一种努力尝试。非单调推理的合理性试图逼近单调推理所具有的有效性，使得犯错误的风险尽可能地小，以获得更多可靠的结论。

下面举一个实例："宋江刺配江州，路过揭阳镇时正遇病大虫薛永在使枪棒卖艺，眼见无人赏他银两，薛永惶恐。宋江仗义赠他白银五两。宋江此时自以为做了一件扶危济贫的事，必然会得到众人支持。谁知没遮拦穆弘、小遮拦穆春兄弟二人出言不逊，横加阻拦，弄得宋江一行在镇上连饭也吃不成。晚上好不容易找到投宿处，以为摆脱了是非纠缠，没想到却已经一头扎进穆家，险些束手就擒，他们逃出穆家后在芦苇丛中奔走，前有大江，后有穆弘、穆春兄弟二人带人追赶，自以为今番插翅难飞，必落魔掌。此时，居然在芦花丛中出现一叶扁舟，载着他们脱离险境，并且艄公不理会岸上穆家兄弟的威胁，摇着他们直奔江心，使宋江长舒一口气，以为否极泰来，逃命有望。正在惊魂稍定之际，忽然，艄公抽出尖刀，喝令他们交出钱财，并问宋江是要吃板刀面还是馄饨。真是'月黑杀人夜，风高放火天'。宋江此时自谓必死，和押送他们的公差一起准备跳江。危急时刻，上流驶下一条船，他的朋友李俊、童威、童猛赶到，终于使宋江转危为安。"其中："穆弘的干涉"推翻了宋江"好有好报"；"一叶扁舟的出现"推翻了"必落魔掌"；"刀板面和馄饨"推翻了"逃命有望"；"李俊等人赶到"推翻了"自谓必死"。

4.7.2 默认推理

默认推理又称缺省推理（Default Reasoning），它是在知识不完全的情况下作出的推理，通常的形式为：如果没有足够的证据证明结论不成立，则认为结论是正确的。

例如，在条件 A 已成立的情况下，如果没有足够的证据能证明条件 B 不成立，则默认 B 是成立的，并在此默认的前提下进行推理，推导出某个结论。由于这种推理允许默认某些条件是成立的，从而摆脱了需要知道全部有关事实才能进行推理的要求，使得在知识不完全的情况下也能进行推理。在默认推理过程中，如果到某一时刻发现原先所做的默认不正确，就要撤销所做的默认以及由此默认推出的所有结论，重新按新情况进行推理。

当缺乏信息时，只要不出现相反的证据，就可以做一些有益的猜想。构造这种猜想称为缺省推理。

缺省推理的定义 1：如果 X 不知道，那么得结论 Y。

缺省推理的定义 2：如果 X 不能被证明，那么得结论 Y。

缺省推理的定义 3：如果 X 不能在某个给定的时间内被证明，那么得结论 Y。

小　　结

本章介绍了推理技术的概念、分类、算法与应用实例。首先介绍了推理技术的概念，对推理技术的定义及目标进行了阐述，分析了推理技术解决的问题。在推理技术分类中主要介绍了按推出结论的途径的分类方法、按所用知识的确定性的分类方法及结论是否越来越接近最终目标的分类方法。本章主要介绍了目前流行的推理方法，如消解原理、规则演绎、产生式系统、定性推理、不确定性推理、非单调推理等方法。

随着技术的进步，人们会发现更多更有效率的推理方法，这就需要我们不断深入地探索推理技术。

习　题　4

1. 求下列谓词公式的子句集。

(1) $\exists x \exists y (P(x, y) \wedge Q(x, y))$

(2) $\forall x \forall y(P(X, Y) \rightarrow Q(x, y))$

(3) $\forall x \exists y((P(x, y) \lor Q(x, y)) \rightarrow R(x, y))$

(4) $\forall x(P(x) \rightarrow \exists y(P(y) \land R(x, y)))$

2. 证明 G 是否可肯定是 F_1, F_2, … 的逻辑结论。

(1) $F: \forall x(P(x) \land Q(x))$

      $G: \exists x(P(x) \land Q(x))$

(2) $F_1: \forall x(P(x) \rightarrow \forall y(Q(y) \rightarrow \sim L(x, y)))$

      $F_2: \exists x(P(x) \land \forall y(R(y) \rightarrow L(x, y)))$

      $G: \forall x(R(x) \rightarrow \sim Q(x))$

3. 已知:

(1) 凡是清洁的东西都有人喜欢;

(2) 人们不喜欢蟑螂。

用消解原理证明:蟑螂是不清洁的。

4. 张某被盗,公安局派出五个侦探去调查。研究案情时,侦察员 A 说"赵与钱中至少有一人做案";侦察员 B 说"钱与孙中至少有一人做案";侦察员 C 说"孙与李中至少有一人做案";侦察员 D 说"赵与孙中至少有一个与此案无关";侦察员 E 说"钱与李中至少有一人与此案无关"。如果这五个侦察员的话都是可信的,请用消解原理求出谁是盗窃犯。

本章参考文献

[1] 王万森. 人工智能[M]. 北京:北京邮电大学出版社,2011.

[2] 王万良. 人工智能导论[M]. 4 版. 北京:高等教育出版社,2017.

[3] 蔡自兴,徐光祐. 人工智能及其应用[M]. 4 版. 北京:清华大学出版社,2009.

[4] 王宏生,孟国艳. 人工智能及其应用[M]. 北京:国防工业出版社,2009.

第 5 章　机器学习

机器学习是人工智能研究的核心内容，其应用已遍及人工智能的各个领域，如专家系统、自动推理、自然语言处理、模式识别、计算机视觉、智能机器人等领域。机器学习主要研究计算机怎样模拟或实现人类的学习行为，是使计算机具有智能的基本途径。本章主要探讨机器学习的概念、分类、主要算法及一些应用实例。

5.1　机器学习概述

机器学习是人工智能的一个重要分支，也是实现人工智能的非常重要的途径，即以机器学习为手段解决智能问题。机器学习理论主要是设计和分析一些让计算机可以自动"学习"的算法。机器学习算法是一类从数据中自动分析获得规律，并利用规律对未知数据进行预测的算法。因为学习算法中涉及了大量的统计学理论，所以机器学习与推断统计学联系尤为密切，有时也被称为统计学习理论。机器学习理论关注可以实现的、行之有效的学习算法。很多推论问题属于无程序可循，所以部分的机器学习研究是开发容易处理的近似算法。机器学习在近 30 多年已发展为一门多领域交叉学科，涉及概率论、统计学、逼近论、凸分析、计算复杂性理论等多门学科，并已被广泛应用于数据挖掘、计算机视觉、自然语言处理、生物特征识别、搜索引擎、医学诊断、检测信用卡欺诈、证券市场分析、DNA 序列测序、语音和手写识别、战略游戏和机器人等领域。

1993 年，美国政府在其推出的国家信息基础设施（National Information Infrastructure，NII）中提出了：不分时间与地域，可以有效地利用信息的目标。有效利用信息的本质是根据用户的特定需求从海量数据中建立模型或发现有用的知识，对计算机科学来说就是机器学习。这里所说的"机器"，指的就是计算机。

机器学习是研究如何使用机器来模拟人类学习活动的一门学科。历史上有很多学者对机器学习进行了定义，例如，1996 年，Langley 提出"机器学习是一门人工智能的科学，该领域的主要研究对象是人工智能，特别是如何在经验学习中改善具体算法的性能"；1997 年，Tom Mitchell 提出"机器学习是对能通过经验自动改进的计算机算法的研究"；2004 年，Alpaydin 提出"机器学习是用数据或以往的经验，以此优化计算机程序的性能标准"等。

由于机器学习中的机器已经明确,因此对机器学习进行定义主要就是定义学习。人工智能的研究者们一般公认西蒙(Simon)对学习的论述:如果一个系统能够通过执行某个过程改进它的性能,这就是学习。这个论述是一个相当广泛的说明,其中"系统"涵盖了计算系统、控制系统以及其他系统等,对这些不同系统的学习,显然涉及不同的科学领域。即使是计算系统,由于目标不同,也分为了"从有限观察概括特定问题模型的机器学习""发现观测数据中暗含的各种关系的数据分析"以及"从观测数据挖掘有用知识的数据挖掘"等不同分支。由于这些分支发展的各种方法的共同目标是"从海量的数据信息到简洁有序的规律或知识",因此它们都可以理解为西蒙论述意义下的"过程",也就是"学习"。

在本章中,我们可以尝试描述机器学习如下:设 v 是给定问题的有限或无限观测集合,由于我们观测能力的限制,我们只能获得给定问题的一个有限的子集 $u \in v$,称为样本集。机器学习的目标就是根据这个样本集,推算这个给定问题的模型,使它对这个给定问题(尽可能地)为真。

以上的这个机器学习描述中隐含了三个问题:

(1) 一致性假设:给定问题 v 与样本集 u 有相同的性质或分布。

(2) 划分:将样本集放到 n 维空间,寻找一个定义在这个空间上的决策分界面(等价关系),使得问题决定的不同对象分在不相交的区域。

(3) 泛化:泛化能力是这个模型对世界为真程度的指标。从有限样本集合计算一个模型,使得这个指标最大(最小)。

这三个问题对观测数据提出了相当严格的条件,首先需要人们根据一致性假设采集数据,由此构成机器学习算法所需要的样本集;其次,需要寻找一个空间,表示这个问题;最后,模型的泛化指标需要满足一致性假设,并能够指导算法设计。这些条件在很大程度上限制了机器学习的应用范围。

本章将着重讨论"从有限观察概括特定问题模型的机器学习"与"发现观测数据中暗含的各种关系的数据分析"的机器学习方法。

5.2 机器学习的分类

机器学习的分类方法有多种,按学习策略,可分为机械学习、演绎学习、类比学习和归纳学习等;按所获知识的表示形式可分为决策树、产生式文法、神经网络和产生式规则等;按学习的形式可分为监督学习、非监督学习、半监督学习和强化学习。本节主要介绍按学习形式的分类。

1. 监督学习(Supervised Learning)

监督学习是从给定的训练数据集中学习出一个函数(或参数),当新的数据到来时,可以根据这个函数预测结果。监督学习的训练集要求包括输入和输出，即特征和目标，而且这个目标是由人标记的。常见的监督学习算法包括回归和分类。回归问题和分类问题都要根据训练样本找到一个实值函数 $g(x)$。算法利用训练样本集进行训练(训练样本集是已知的对应好的输出的输入数据)，并通过对比实际输出和正确输出进行学习，以找出错误；然后相应地进行模型修改，最终获得一个最优模型(这个模型属于某个函数的集合，最优表示某个评价准则下是最佳的)；再利用这个模型将所有的输入映射为相应的输出，预测额外的未标记数据的标签的值。监督学习被普遍应用于用历史数据预测未来可能发生的事件。监督学习的目标往往是让计算机去学习我们已经创建好的分类系统(模型)。

属于监督学习的算法有回归模型、决策树、随机森林、K 邻近算法、逻辑回归等。

2. 非监督学习(Unsupervised Learning)

非监督学习又称归纳性学习，它利用 K 方式(K-means)算法建立中心(Centriole)，通过循环(Iteration)和递减(Descent)运算来减小误差，达到分类的目的。

在监督学习中，数据都是被分类的，而在非监督学习中，数据之间没有区别。非监督学习旨在通过计算机本身将数据进行聚类，利用聚类结果提取数据集中的隐藏信息，对未来数据进行分类和预测。非监督学习使用无历史标签的数据，系统不会被告知"正确答案"，算法必须搞明白被呈现的是什么。其目标是探索数据并找到一些内部结构。

非监督学习的方法分为两大类：

(1) 基于概率密度函数估计的直接方法：设法找到各类别在特征空间的分布参数，再进行分类。

(2) 基于样本间相似性度量的简洁聚类方法：设法定出不同类别的核心或初始内核，然后依据样本与核心之间的相似性度量将样本聚集成不同的类别。

非监督学习可以应用于数据挖掘、模式识别、图像处理等，它对事务性数据的处理效果很好。例如，它可以识别有相同属性的顾客群(可以在市场营销中被一样对待)，或者它可以找到主要属性将客户群彼此区分开。比较流行的非监督学习算法包括自组织映射(Self-organizing Maps)、最近邻映射(Nearest-neighbor Mapping)、K-均值聚类(K-means Clustering)和奇异值分解(Singular Value Decomposition)等。

3. 半监督学习

半监督学习的输入数据部分被标记，部分没有被标记，通常情况下是少量的标记的数据与大量的未标记的数据并存(因为未标记的数据只需较少的努力就可获得)。这种类型的学习所获得的模型可以用来进行分类、回归和预测。当一个完全标记的培训过程，其相关标签的成本太高时，就可以用半监督学习方法来降低成本。

半监督学习方法包括一些对常用监督学习算法的延伸，这些算法首先试图对未标记的数据进行建模，在此基础上再对标记的数据进行预测，如图论推理算法(Graph Inference)、拉普拉斯支持向量机(Laplacian SVM)等。

4. 强化学习

强化学习是从动物学习、参数扰动自适应控制等理论发展而来的。其本质是对环境变化的适应,主要针对智能体(Agent)的行为。如果智能体的某个行为策略导致环境正的奖赏(强化信号),那么智能体以后产生这个行为策略的趋势便会加强。智能体的目标是在每个离散状态发现最优策略以使期望的奖赏和最大。这是一个试探评价过程,智能体选择一个动作用于环境,环境接受该动作后状态发生变化,同时产生一个强化信号(奖或惩)反馈给智能体,智能体根据强化信号和环境的当前状态再选择下一个动作,选择的原则是使受到正强化(奖)的概率增大。选择的动作不仅影响立即强化值,而且影响环境下一时刻的状态及最终的强化值。

强化学习不同于监督学习,强化学习的目标是学习最好的策略。监督学习时,输入数据仅仅是作为一个检查模型对错的方式;而强化学习时,输入数据直接反馈到模型,模型必须对此立刻作出(参数)调整。由于外部环境提供了很少的信息,因此智能体必须靠自身的经历进行学习。通过这种方式,智能体在行动-评价的环境中获得知识,改进行动方案以适应环境。强化学习经常被用于机器人、游戏、导航及动态系统控制等。常见算法包括Q-Learning以及时间差学习(Temporal Difference Learning)等。

5.3 机器学习的主要算法

随着机器学习的发展,根据不同的启发和不同的应用场景,产生了很多不同策略的机器学习算法,并且这些算法在机器学习中也取得了不同的成就。本节主要介绍人工神经网络、支持向量机、集成学习及深度学习等目前比较流行的学习算法。

5.3.1 人工神经网络

神经网络有多种网络结构,如 Hamming 网络、Grossberg 网络、RBF 网络和 Hopfield 网络等,每种网络都有各自的优势和劣势。典型的 BP 神经网络通常采用误差反向传播算法。对于大规模数据和困难模式分类问题,BP 神经网络能提供有效解。在进行分类之前,可以采用主成分分析降维方法对数据进行特征降维,以减少数据的冗余信息和噪声。本节以 BP 神经网络为例,对人工神经网络作简单介绍。

1. BP 神经网络

BP 神经网络是一种通常被称为误差反向传播算法的前馈神经网络,它是基于误差修正学习规则的算法。1986 年,Rumelhart 和 McClelland 在 *Parallel Distributed Processing* 一书中阐述了反向传播算法,之后得到广泛应用,成功解决了许多不同复杂而困难的问题。

BP 神经网络由正向和反向两个阶段组成。正向阶段中，输入信息作用于神经元权值固定的网络中，一层一层输出，最后产生一个输出作为网络的响应。反向阶段中，网络的实际输出与期望输出产生一个误差信号，通过网络一层一层反向传输，神经元根据误差信息不断地调整突触权值直到得到网络输出最优。BP 神经网络中感知器的两个基本信号流的方向见图 5.1。

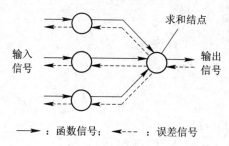

图 5.1 BP 神经网络中感知器的两个基本信号流的方向

如今，BP 神经网络已被广泛应用于模式识别、模式分类、函数逼近和预测等领域。

2. BP 算法推导过程

BP 算法属于监督学习算法，该算法是基于梯度下降进行学习的，其算法推导过程如下：

设神经网络输入层为 P，即遥感影像有 P 个特征矢量，训练样本集为 $\boldsymbol{X} = (x_1, x_2, \cdots, x_p)^{\mathrm{T}}$，隐含层神经元为 I，即有 I 层隐含层数，i 表示任意一个隐含神经元，输出层数为 T，t 表示任意一个输出神经元。网络输入层与输出层之间的突触权值用 w_{pi} 表示，隐含层与输出层之间的突触权值用 w_{it} 表示。对于任意一个训练样本集 $\boldsymbol{X}_d = (x_{d1}, x_{d2}, \cdots, x_{dp})^{\mathrm{T}} (d=1, 2, \cdots, N)$，实际输出为 $\boldsymbol{T}_d = (t_{d1}, t_{d2}, \cdots, t_{dT})^{\mathrm{T}} (d=1, 2, \cdots, N)$，期望输出为 $\boldsymbol{Z}_d = (z_{d1}, z_{d2}, \cdots, z_{dT})^{\mathrm{T}}$。设网络的输入为 $\boldsymbol{X}_d$，则神经网络经过 n 次迭代后网络的输出为

$$v_{dt} = \sum_{i=1}^{I} w_{it} f\left(\sum_{p=1}^{P} w_{pi} x_{dp} \right) \tag{5.1}$$

$$T_{dt} = f(v_{dt}) \tag{5.2}$$

式中：v_{dt} 为输出神经元的输入；f 为神经元激活函数。输出层第 t 个神经元的误差信号为

$$e_{dt}(n) = Z_{dt}(n) - T_{dt}(n) \tag{5.3}$$

将神经元 t 的误差能量瞬间值定义为

$$E_t = \frac{1}{2} e_{dt}^2(n) \tag{5.4}$$

则所有输出层神经元的误差能量总和为

$$E(n) = \frac{1}{2} \sum_{t=1}^{T} e_{dt}^2(n) \tag{5.5}$$

误差信号反向传递，通过反向学习过程，逐层调整神经元突触权值。根据微分链式规则，定义学习梯度为

$$\frac{\partial E(n)}{w_{it}} = \frac{\partial E(n)}{e_{dt}(n)} \frac{e_{dt}(n)}{T_{dt}(n)} \frac{T_{dt}(n)}{v_{dt}} \frac{v_{dt}}{w_{it}} \tag{5.6}$$

在式(5.5)两边对 $e_{dt}(n)$ 取微分，得

$$\frac{\partial E(n)}{e_{dt}(n)} = e_{dt}(n) \tag{5.7}$$

在式(5.3)两边对 $T_{dt}(n)$ 取微分，得

$$\frac{e_{dt}(n)}{T_{dt}(n)} = -1 \tag{5.8}$$

在式(5.2)两边对 v_{dt} 取微分，得

$$\frac{T_{dt}(n)}{v_{dt}} = f'(v_{dt}) \tag{5.9}$$

在式(5.1)两边对 w_{it} 取微分，得

$$\frac{v_{dt}}{w_{it}} = f\left(\sum_{p=1}^{P} w_{pi} x_{dp}\right) \tag{5.10}$$

将式(5.7)~式(5.10)代入式(5.6)，得

$$\frac{\partial E(n)}{w_{it}} = -e_{dt}(n) f'(v_{dt}) f\left(\sum_{p=1}^{P} w_{pi} x_{dp}\right) \tag{5.11}$$

这里定义梯度为

$$\delta_{dt} = -\frac{\partial E(n)}{v_{dt}} = -\frac{\partial E(n)}{e_{dt}(n)} \frac{e_{dt}(n)}{T_{dt}(n)} \frac{T_{dt}(n)}{v_{dt}} = e_{dt}(n) f'(v_{dt}) \tag{5.12}$$

它表示突触权值的变化程度。由 Delta 法则得校正值 $\Delta w_{it}(n)$ 为

$$\Delta w_{it}(n) = -\eta \frac{\partial E(n)}{w_{it}} = \eta \delta_{dt} f\left(\sum_{p=1}^{P} w_{pi} x_{dp}\right) \tag{5.13}$$

式中：η 表示误差反向传播算法的学习步长；δ_{dt} 和 $f\left(\sum_{p=1}^{P} w_{pi} x_{dp}\right)$ 都由正向传播过程求得。因此在下次迭代时，隐含层 I 任意一神经元与输出神经元之间的连接权值为

$$w_{it}(n+1) = w_{it}(n) + \Delta w_{it}(n) \tag{5.14}$$

这样循环往复，通过多次迭代，直至网络输出达到最优或者达到迭代次数。

3. BP 算法的优点和局限性

BP 算法具有实现非常复杂的非线性映射的功能，数学理论证明了三层神经网络能够任意逼近任何非线性函数；BP 算法具有很强的学习能力和泛化能力，这使得 BP 算法在模式分类领域具有很大的优势；BP 算法还具有一定的容错能力，系统在局部受到破坏时，其训练结果对于全局而言不会造成很大的影响。鉴于以上优点，BP 神经网络算法广泛用于分

类识别中。

　　但是 BP 算法也存在着一定的局限性，例如网络训练局部极小问题。BP 算法是一种局部搜索优化方法，沿着局部方向调整权值时，网络极易陷入局部极小。其次，BP 算法在处理海量级别数据时，收敛速度比较慢，需要较长的时间，网络才能收敛。最后，BP 算法对训练样本的数据依赖性很强，从数据中选取典型的样本组成训练集随机性比较大。

5.3.2　支持向量机

1. 统计学习理论

　　作为支持向量机的理论基础，统计学习理论的研究最先开始于 20 世纪 60 年代末。统计学习理论主要由 VC 维（Vapnik-Chervonenkis Dimension）、推广性的界、结构风险最小化（Structural Risk Minimazation）等基本理论构成，它给出了 ERM 原则成立的条件及有限样本情况下经验风险与期望风险的关系。苏联研究者 Vapnik 教授和 Chervonenkis 教授做了许多开创性的工作，为支持向量机理论体系奠定了基础。虽然统计学习理论在提出后的二十多年里没有得到足够的重视，但是从 20 世纪 90 年代中期开始，基于统计学习理论而设计的支持向量机的方法在许多实际问题中得到了运用，并取得了理想的效果，因此开始得到人们广泛的关注。

　　传统的机器学习方法是基于经验风险最小化原则来设计的，其应用的前提是需要足量的样本数目，一般数目较大，但是在实际情况下往往样本数量是有限的，这成为传统机器学习的瓶颈。而 20 世纪 90 年代渐渐成熟起来的统计学习理论恰恰解决了小样本学习问题。基于此理论发展起来的支持向量机成为一种新的模式识别方法，其在有限的样本信息中的模型复杂性和学习能力之间寻找到平衡。特别是在非线性问题、小样本学习问题以及高维数据问题中，支持向量机展现出其在解决此类模式识别问题中的独到的优势。

2. 优化技术

　　优化技术是采用数学的方法对各种实际的工程问题进行建模并求得在限制条件下的最优解的技术。它是一门重要的分支科学。优化技术由于能够解决工程领域中的诸多问题而受到研究者们的青睐，其发展和应用也越来越广泛。通俗地说，所谓最优化问题，就是求一个多元函数在某个给定集合上的极值。

　　支持向量机的训练涉及求解两个凸二次规划的问题，需要以两个规划之间解的关系建立相关算法。因此，关于凸规划问题的优化理论是构造和分析支持向量机的必备理论基础。下面对相关优化理论基础进行简单介绍。

1）Fermat 定理

　　Fermat 定理为求解无约束条件下函数稳定点给出了一种方法，它是求解无约束函数的局部极大值或者极小值的方法。

定理 5.1 设 $f(x)$ 为一元函数，且在点 x^* 处可微。若 x^* 为局部极值点，则有
$$f'(x^*)=0 \tag{5.15}$$
使得上式所有成立的点 x^* 称为稳定点。

Fermat 定理也可以从一元函数的一维空间推广到多元函数的多维空间。

推论 设 $f(x)$ 为一个 n 元函数 $x\in\mathbf{R}^n$，且在点 x^* 处可微。若 x^* 为局部极值点，则 $f'(x^*)=\mathbf{0}$，即 $x^*=(x_1^*,x_2^*,\cdots,x_n^*)^{\mathrm{T}}$ 的所有 n 个分量的偏导数都为零，亦即
$$f'_{x_1}(x^*)=f'_{x_2}(x^*)=\cdots=f'_{x_n}(x^*)=0 \tag{5.16}$$

2）Lagrange 乘子法则

设 x^* 为 n 维空间 $\mathbf{R}^n$ 约束最优化问题中满足约束条件的点，使得 $f(x^*)$ 为局部极小值
$$\begin{cases} \min_x f(x) \\ \mathrm{s.\,t.}\ g_i(x)=0,\ i=1,2,\cdots,l \end{cases} \tag{5.17}$$

设函数 $f(x)$ 与约束条件 $g_i(x)(i=1,2,\cdots,l)$ 以及它们的偏导数都在 n 维空间 $\mathbf{R}^n$ 上连续，然后构造 Lagrange 函数：
$$L(x,\boldsymbol{\lambda})=f(x)+\sum_{i=1}^{l}\lambda_i g_i(x) \tag{5.18}$$
其中 $\lambda_i(i=1,2,\cdots,l)$ 为 Lagrange 乘子系数。

定理 5.2 设 $f(x)$ 和 $g_i(x)(i=1,2,\cdots,l)$ 为 n 维空间 $\mathbf{R}^n$ 中的函数，其在点 x^* 的某个邻域内连续可微。若 x^* 为某个局部极值点，则一定存在某个 Lagrange 乘子 $\boldsymbol{\lambda}^*=(\lambda_1^*,\lambda_2^*,\cdots,\lambda_l^*)^{\mathrm{T}}$ 使得以下条件（即稳定性条件）
$$L'_x(x^*,\boldsymbol{\lambda}^*)=\mathbf{0} \tag{5.19}$$
成立，也即
$$L'_{x_i}(x^*,\boldsymbol{\lambda}^*)=0 \qquad (i=1,2,\cdots,n) \tag{5.20}$$
由 Fermat 定理以及对应的约束条件可得
$$\begin{cases} \dfrac{\partial}{\partial x_j^*}L(x^*,\boldsymbol{\lambda}^*)=0 & (j=1,2,\cdots,n) \\ \dfrac{\partial}{\partial \lambda_i^*}L(x^*,\boldsymbol{\lambda}^*)=g_i(x^*)=0 & (i=1,2,\cdots,l) \end{cases} \tag{5.21}$$

以上 $n+l$ 个方程包含了 $n+l$ 个未知数，这组方程的解为包含最优解的一组稳定点。

3）Kuhn-Tucker 定理

定义 5.1 设 f 是定义在非空凸集上的函数，若对定义域内的任意两点 x_1 和 x_2，f 都满足下面不等式：
$$f(\lambda x_1+(1-\lambda)x_2)\leqslant \lambda f(x_1)+(1-\lambda)f(x_2) \tag{5.22}$$

其中 $\lambda \in (0, 1)$，则函数 f 称为其在定义域上的凸函数。

定义 5.2　满足以下条件的约束优化问题称为凸规划问题：

$$\begin{cases} \min_{\boldsymbol{x}} f(\boldsymbol{x}) \\ \text{s. t. } g_i(\boldsymbol{x}) \leqslant 0, \ i=1, 2, \cdots, l \end{cases} \tag{5.23}$$

其中 $f(\boldsymbol{x})$ 和 $g_i(\boldsymbol{x})(i=1, 2, \cdots, l)$ 两者都是定义 5.1 中所称的凸函数，而且 $P=\{\boldsymbol{x} | g_i(\boldsymbol{x}) \leqslant 0, i=1, 2, \cdots, l\}$ 是凸集合。

利用 Lagrange 乘子法则设计 Lagrange 函数，可求解上述凸规划问题：

$$\begin{cases} L(\boldsymbol{x}, \boldsymbol{\lambda}) = f(\boldsymbol{x}) + \sum_{k=1}^{m} \lambda_k g_k(\boldsymbol{x}) \\ \boldsymbol{\lambda} = (\lambda_1, \lambda_2, \cdots, \lambda_m) \end{cases} \tag{5.24}$$

定义 5.3　若函数 $f(\boldsymbol{x})$ 与 $g_i(\boldsymbol{x})$ 为可微凸函数，则凸规划问题的 Wolfe 对偶问题为

$$\begin{cases} \max_{\boldsymbol{x}} L(\boldsymbol{x}, \lambda) \\ \text{s. t. } L'_{\lambda}(\boldsymbol{x}, \lambda) = 0, \ \lambda \geqslant 0 \end{cases} \tag{5.25}$$

定理 5.3　若 $\boldsymbol{x}^* \in \mathbf{R}^n$ 是 n 维空间中的约束规划问题的最优解，则存在一个 Lagrange 乘子 $\boldsymbol{\lambda}^* = (\lambda_1^*, \lambda_2^*, \cdots, \lambda_l^*)^{\mathrm{T}}$，使得下列条件成立：

(1) 最小值原理：

$$\min_{\boldsymbol{x} \in \mathbf{R}^n} L(\boldsymbol{x}, \boldsymbol{\lambda}^*) = L(\boldsymbol{x}^*, \boldsymbol{\lambda}^*) \tag{5.26}$$

(2) 非负性条件：

$$\lambda_k^* \geqslant 0 \qquad (k=1, 2, \cdots, m) \tag{5.27}$$

(3) Kuhn-Tucker 条件：

$$\lambda_k^* g_k(\boldsymbol{x}^*) = 0 \qquad (k=1, 2, \cdots, m) \tag{5.28}$$

此即 Kuhn-Tucker 定理。

3. 支持向量机模型

支持向量机是一种二分类模型。它的基本模型是定义在特征空间上的间隔最大的线性分类器，间隔最大使它有别于感知机。支持向量机还包括核技巧，这使它成为实质上的非线性分类器。支持向量机的学习策略就是间隔最大化，可形式化为一个求解凸二次规划的问题，也等价于正则化的合页损失函数的最小化问题。支持向量机的学习算法是求解凸二次规划的最优化算法。

支持向量机作为一种新型机器学习方法，以统计学习理论为基础，相比传统学习方法，在解决"局部极小陷阱""维数灾难""小样本学习"等问题上有突破性的贡献，具有精度高、运算速度快、泛化能力强等优点。

1）线性支持向量机

支持向量机中最基本的模型就是最大间隔分类器，一般可以称为硬间隔支持向量机。虽然在现实生活中的线性可分的情况并不多，硬间隔支持向量机的应用领域并不广泛，但是线性可分情况下的讨论有助于之后对线性不可分情况的研究。

（1）线性可分的情况。

设训练样本集 $G_0 = \{(\boldsymbol{x}_i, y_i): \boldsymbol{x}_i \in \mathbf{R}^n, y_i \in \{-1, 1\}, i = 1, 2, \cdots, l\}$，线性可分就是指存在 $(\boldsymbol{w}, b)$ 满足：

$$\begin{cases} (\boldsymbol{w} \cdot \boldsymbol{x}_i) + b \geqslant 0 & (y_i = 1) \\ (\boldsymbol{w} \cdot \boldsymbol{x}_i) + b \leqslant 0 & (y_i = -1) \end{cases} \tag{5.29}$$

线性分类问题的实质就是在众多 $(\boldsymbol{w}, b)$ 对中寻找最合适的能够分离出两类数据的某个 $(\boldsymbol{w}, b)$。为了寻找这个参数对，可采用极大间隔分类超平面的方法。首先要了解分类间隔和最优分类超平面的概念。

定义 5.4 两类样本点可以由超平面 $(\boldsymbol{w} \cdot \boldsymbol{x}) + b = 0$ 完全无误地分离，满足 $(\boldsymbol{w} \cdot \boldsymbol{x}_i) + b \geqslant 0$ 的样本点称为正类样本，满足 $(\boldsymbol{w} \cdot \boldsymbol{x}_i) + b \leqslant 0$ 的样本点称为负类样本，而超平面 $(\boldsymbol{w} \cdot \boldsymbol{x}) + b = 1$ 与 $(\boldsymbol{w} \cdot \boldsymbol{x}) + b = -1$ 之间的距离为 2Δ，Δ 称为分类间隔，亦称几何间隔。

分类间隔 Δ 也可以解读为超平面 $(\boldsymbol{w} \cdot \boldsymbol{x}) + b = 0$ 上的一点 $\tilde{x}$ 到超平面 $(\boldsymbol{w} \cdot \boldsymbol{x}) + b = 1$ 的距离，可表示为

$$\Delta = \frac{|(\boldsymbol{w} \cdot \boldsymbol{x}) + b - 1|}{\|\boldsymbol{w}\|} = \frac{1}{\|\boldsymbol{w}\|} \tag{5.30}$$

定义 5.5 若超平面 $(\boldsymbol{w} \cdot \boldsymbol{x}) + b = 0$ 可以将两类样本点完全正确地分开，并且使得分类间隔 Δ 最大，那么超平面 $(\boldsymbol{w} \cdot \boldsymbol{x}) + b = 0$ 就称为最大分类间隔超平面，也称最优分类超平面。

如图 5.2 所示，2Δ 为分类间隔，$H_0 \sim H_4$ 为分类超平面，其中 H_0 为最优分类超平面。

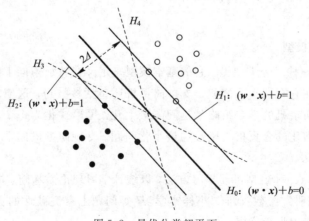

图 5.2 最优分类超平面

式(5.30)给出了分类间隔的表达式,定义 5.5 给出了最优分类超平面的表达,依据结构风险最小化原则,最优化问题可以相应地表述成如下二次规划问题:

$$
\begin{cases}
\min \left(\dfrac{1}{2} \parallel \boldsymbol{w} \parallel^2 \right) \\
\text{s. t.} \quad y_i((\boldsymbol{w} \cdot \boldsymbol{x}_i) + b) \geqslant 1, \ i = 1, 2, \cdots, l
\end{cases}
\tag{5.31}
$$

构造 Lagrange 函数:

$$
L(\boldsymbol{w}, b, \boldsymbol{\alpha}) = \frac{1}{2} \parallel \boldsymbol{w} \parallel^2 - \sum_{i=1}^{l} \alpha_i (y_i((\boldsymbol{w} \cdot \boldsymbol{x}_i) + b) - 1)
\tag{5.32}
$$

其中,$\alpha_i \geqslant 0$ 是每个样本点相应的 Lagrange 乘子。对变量 w 和 b 求偏导数,有

$$
\frac{\partial}{\partial w} L(\boldsymbol{w}, b, \boldsymbol{\alpha}) = w - \sum_{i=1}^{l} \alpha_i y_i \boldsymbol{x}_i = 0
\tag{5.33}
$$

$$
\frac{\partial}{\partial b} L(\boldsymbol{w}, b, \boldsymbol{\alpha}) = \sum_{i=1}^{l} \alpha_i y_i = 0
\tag{5.34}
$$

将其代入之前构造的 Lagrange 函数(即式(5.32)),易得

$$
\begin{aligned}
L(\boldsymbol{w}, b, \boldsymbol{\alpha}) &= \frac{1}{2} \parallel \boldsymbol{w} \parallel^2 - \sum_{i=1}^{l} \alpha_i (y_i((\boldsymbol{w} \cdot \boldsymbol{x}_i) + b) - 1) \\
&= \frac{1}{2} \sum_{i=1}^{l} \sum_{j=1}^{l} y_i y_j \alpha_i \alpha_j (\boldsymbol{x}_i \cdot \boldsymbol{x}_j) - \sum_{i=1}^{l} \sum_{j=1}^{l} y_i y_j \alpha_i \alpha_j (\boldsymbol{x}_i \cdot \boldsymbol{x}_j) + \sum_{i=1}^{l} \alpha_i \\
&= \sum_{i=1}^{l} \alpha_i - \frac{1}{2} \sum_{i=1}^{l} \sum_{j=1}^{l} y_i y_j \alpha_i \alpha_j (\boldsymbol{x}_i \cdot \boldsymbol{x}_j)
\end{aligned}
\tag{5.35}
$$

优化问题式(5.26)的 Wolfe 对偶问题可表述如下:

$$
\begin{cases}
\max \sum_{i=1}^{l} \alpha_i - \dfrac{1}{2} \sum_{i=1}^{l} \sum_{j=1}^{l} y_i y_j \alpha_i \alpha_j (\boldsymbol{x}_i \cdot \boldsymbol{x}_j) \\
\text{s. t.} \quad \sum_{i=1}^{l} \alpha_i y_i = 0, \ \alpha_i \geqslant 0, \ i = 1, 2, \cdots, l
\end{cases}
\tag{5.36}
$$

易知,上述对偶问题也为凸二次规划问题,对其进行求解,可得唯一最优解 $\boldsymbol{\alpha}^* = (\alpha_1^*, \alpha_2^*, \cdots, \alpha_l^*)^{\mathrm{T}}$。由 Kuhn-Tucker 条件知,$\boldsymbol{\alpha}^*$ 与 $(\boldsymbol{w}^*, b^*)$ 要满足:

$$
\alpha_i^* (y_i(\boldsymbol{w}^* \cdot \boldsymbol{x}_i) + b^*) - 1) = 0 \qquad (i = 1, 2, \cdots, l)
\tag{5.37}
$$

　　一般只有少部分的样本 $\boldsymbol{x}_i$ 对应的 α_i^* 是非零的,它们是最靠近最优分类超平面的点,这些使得 α_i^* 为非零的样本点 $\boldsymbol{x}_i$ 称为支持向量(Support Vector),如图 5.2 中超平面 H_1 和 H_2 上的点。相应地,大多数的样本对应的 α_i^* 均为零,这也证明了 Wolfe 对偶问题的解具有稀疏特性。显然,规划问题需要求得的最优超平面仅仅依赖于那些使得 α_i^* 不为零的训练样本点,而与使得 α_i^* 为零的点无关,也即支持向量能影响分类超平面的法向量 $\boldsymbol{w}^*$ 的确定。

　　由于

$$w^* = \sum_{i=1}^{l} y_i \alpha_i^* x_i \qquad (5.38)$$

由非负性条件，支持向量对应的 Lagrange 乘子有 $\alpha_i^* \geqslant 0$ 的性质，故任意选择一个支持向量（即 $\boldsymbol{\alpha}^*$ 中的一个分量 $\alpha_i^* \geqslant 0$ 的对应点），可以计算

$$b^* = y_i - \sum_{i=1}^{l} y_i \alpha_i^* (x_i \cdot x_j) \qquad (5.39)$$

最后，分类判别函数为

$$f(x) = \operatorname{sgn}(w^* \cdot x + b^*) = \operatorname{sgn}\left(\sum_{i=1}^{l} y_i \alpha_i^* (x_i \cdot x) + b^* \right) \qquad (5.40)$$

其中，$\operatorname{sgn}(\cdot)$ 为符号函数。式(5.40)中的求和运算实际上只需对支持向量进行运算，此为 SVM 分类最一般的表述形式。

（2）近似线性可分的情况。

上述的线性可分情况下通过最大化分类间隔的方法，保证了训练样本能够被全部正确分类（即经验风险为零），同时又满足了分类器最好的推广性能。而当训练样本点不能被最优分类超平面完全分开时，为了使经验风险和推广性能得到平衡，Cortes 和 Vapnik 提出了"软间隔"的概念，即通过引入松弛因子 ξ 允许错分样本一定程度内的存在，这就是近似线性可分的分类问题，如图 5.3 所示。

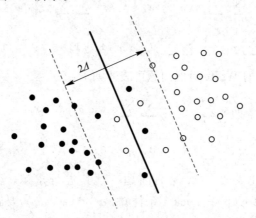

图 5.3　近似线性可分的分类问题

对于这类问题，仍然可以用线性可分情况下的思想，但是需要进行适当的改变。设所求分类面 $w \cdot x + b = 0$ 满足：

$$y_i((w \cdot x_i) + b) \geqslant 1 - \xi_i \qquad (i = 1, 2, \cdots, l) \qquad (5.41)$$

其中，ξ_i 为非负松弛因子。当松弛因子满足 $0 < \xi_i < 1$ 时，样本 x_i 可以被无误分类；当松弛因子满足 $\xi_i \geqslant 1$ 时，样本 x_i 被错误分类。引入惩罚项 $C \sum_{i=1}^{l} \xi_i$ 后，原来的最小化约束规划问

题就变为

$$\begin{cases} \min \dfrac{1}{2}\parallel \boldsymbol{w}\parallel^2 + C\displaystyle\sum_{i=1}^{l}\xi_i \\ \text{s. t. } y_i((\boldsymbol{w}\cdot\boldsymbol{x}_i)+b)\geqslant 1-\xi_i \\ \qquad C>0,\ \xi_i\geqslant 0,\ i=1,2,\cdots,l \end{cases} \qquad (5.42)$$

其中，C 为一个正常数，称为惩罚因子。与线性可分情况时的求解类似，式(5.42)可以转化为其对偶问题：

$$\begin{cases} \max \displaystyle\sum_{i=1}^{l}\alpha_i - \dfrac{1}{2}\sum_{i=1}^{l}\sum_{j=1}^{l}y_iy_j\alpha_i\alpha_j(\boldsymbol{x}_i\cdot\boldsymbol{x}_j) \\ \text{s. t. } \displaystyle\sum_{i=1}^{l}\alpha_iy_i=0,\ 0\leqslant\alpha_i\leqslant C,\ i=1,2,\cdots,l \end{cases} \qquad (5.43)$$

求解上述对偶问题时，α_i 有以下几种情形：

① 如果 $\alpha_i=0$，则 $\xi_i=0$。此时，样本 $\boldsymbol{x}_i$ 可被正确分类，其处于软间隔超平面之外。

② 如果 $0<\alpha_i<C$，则 $\xi_i=0$，且 $y_i((\boldsymbol{w}\cdot\boldsymbol{x}_i)+b)\geqslant 1$。此时，样本 $\boldsymbol{x}_i$ 处于对应的软间隔超平面上，样本点也即标准的支持向量。

③ 如果 $\alpha_i=C$，由于 $\xi_i\geqslant 0$，则有 $y_i((\boldsymbol{w}\cdot\boldsymbol{x}_i)+b)=1-\xi_i\leqslant 1$。此时，分以下两种情况：

（ⅰ）若 $\alpha_i=C$ 且 $0\leqslant\xi_i\leqslant 1$，则 $0<y_i((\boldsymbol{w}\cdot\boldsymbol{x}_i)+b)<1$。此时，样本 $\boldsymbol{x}_i$ 处于分类超平面和软间隔超平面之间。

（ⅱ）若 $\alpha_i=C$ 且 $\xi_i>1$，则 $y_i((\boldsymbol{w}\cdot\boldsymbol{x}_i)+b)\leqslant 0$。此时，样本 $\boldsymbol{x}_i$ 处于分类超平面的另一侧，就被误分类。而当 $\alpha_i=C$ 时，对应的样本点 $\boldsymbol{x}_i$ 称为边界支持向量。

2）非线性支持向量机

对于如图 5.4 所示的情况，若还是选用近似线性分类超平面的方法进行分类，会产生较大的误差，此时的问题就是典型的非线性分类问题。

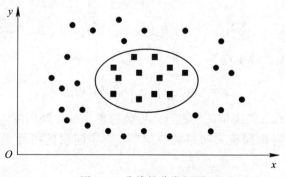

图 5.4　非线性分类问题

为了解决在原始空间中最优分类超平面无法得到满意的分类结果的问题，将输入向量通过某种非线性映射变换到某个特征空间中，继而可以将原始空间中的非线性分类问题转换为特征空间中的线性可分问题，从而在特征空间中求解最优分类面。

由于特征空间的变换较为复杂，加之映射使得特征空间的维数非常高，甚是无穷，因此计算复杂度显著增加，使得在多数情况下采用传统的分类方法无法直接求解最优超平面。然而，通过核函数变换的方法可以巧妙地解决上述问题。

定义 5.6 设 X 是输入空间（欧氏空间 $\mathbf{R}^n$ 的子集或离散集合），若存在一个特征空间（或 Hilbert 空间）H 以及映射

$$\phi(\boldsymbol{x}): X \rightarrow H \tag{5.44}$$

使得对所有 $\boldsymbol{x}, \boldsymbol{z} \in X$，函数 $K(\boldsymbol{x}, \boldsymbol{z})$ 满足：

$$K(\boldsymbol{x}, \boldsymbol{z}) = \phi(\boldsymbol{x}) \cdot \phi(\boldsymbol{z}) \tag{5.45}$$

则称 $K(\boldsymbol{x}, \boldsymbol{z})$ 为核函数，$\phi(\boldsymbol{x})$ 为映射函数，其中 $\phi(\boldsymbol{x}) \cdot \phi(\boldsymbol{z})$ 为 $\phi(\boldsymbol{x})$ 与 $\phi(\boldsymbol{z})$ 的内积。

通过非线性映射 $\phi(\boldsymbol{x})$ 后，在特征空间中求解最优分类面时，最优化算法中没有单独的 $\phi(\boldsymbol{x})$ 运算，而是一种内积运算 $\phi(\boldsymbol{x}) \cdot \phi(\boldsymbol{z})$，而核函数可以实现这种内积表达。由泛函分析中的相关理论可知，Mercer 条件下的核函数实际上对应了某一变换空间中的内积。如此，在非线性问题的最优分类面求解中，通过核函数的应用可以在不增加计算复杂度的前提下实现高维特征空间的线性分类，同时也避免了维数灾难。

非线性可分情况下，引入非线性映射后，优化问题变为以下凸二次规划问题：

$$\begin{cases} \min \dfrac{1}{2} \parallel \boldsymbol{w} \parallel^2 + C \sum_{i=1}^{l} \xi_i \\ \text{s.t. } y_i \big[(\boldsymbol{w} \cdot \phi(\boldsymbol{x}_i)) + b \big] \geqslant 1 - \xi_i \\ \qquad C > 0, \xi_i \geqslant 0, i = 1, 2, \cdots, l \end{cases} \tag{5.46}$$

引入核函数后，其对偶问题为

$$\begin{cases} \max \sum_{i=1}^{l} \alpha_i - \dfrac{1}{2} \sum_{i=1}^{l} \sum_{j=1}^{l} y_i y_j \alpha_i \alpha_j K(\boldsymbol{x}_i, \boldsymbol{x}_j) \\ \text{s.t. } \sum_{i=1}^{l} \alpha_i y_i = 0, 0 \leqslant \alpha_i \leqslant C, i = 1, 2, \cdots, l \end{cases} \tag{5.47}$$

相应地，分类决策函数也变为

$$f(\boldsymbol{x}) = \mathrm{sgn}\Big(\sum_{i=1}^{l} y_i \alpha_i^* K(\boldsymbol{x}_i, \boldsymbol{x}) + b^* \Big) \tag{5.48}$$

上述的支持向量机分类决策函数在形式上类似于一个神经网络，输入样本与各个支持向量在特征空间中的内积构成了网络的中间层，而中间层的线性组合形成了输出，如图 5.5 所示。

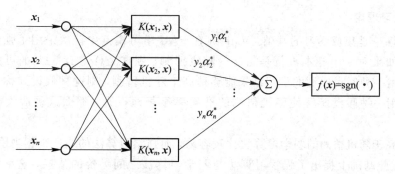

图 5.5　非线性支持向量机分类示意图

最终分类判别函数中非支持向量的项都为零，所以事实上只对支持向量进行求解。决策函数中只包含支持向量的求和与内积运算，故分类时支持向量的数目决定了模型的复杂度，而与特征空间维数无关。

常用的核函数包括以下几种：

（1）多项式核函数：

$$K(\boldsymbol{x}, \boldsymbol{z}) = (\boldsymbol{x} \cdot \boldsymbol{z} + c)^d \qquad (c \geqslant 0, d \in \mathbf{Z}^+) \tag{5.49}$$

当 $d=1$，$c=0$ 时，$K(\boldsymbol{x}, \boldsymbol{z}) = \langle \boldsymbol{x} \cdot \boldsymbol{z} \rangle$，称为线性核；当 $c=0$ 时，$K(\boldsymbol{x}, \boldsymbol{z}) = \langle \boldsymbol{x} \cdot \boldsymbol{z} \rangle^d$，称为齐次多项式核；其他情况下，称为非齐次多项式核。

（2）高斯核函数：

$$K(\boldsymbol{x}, \boldsymbol{z}) = \exp(-\gamma \parallel \boldsymbol{x} - \boldsymbol{z} \parallel^2) \qquad (\gamma > 0) \tag{5.50}$$

高斯核函数是支持向量机中最为常用的一种核函数，也称为径向基核函数（RBF 核函数）。

（3）多层感知器（Sigmoid）核函数：

$$K(\boldsymbol{x}, \boldsymbol{z}) = \tanh(\rho \langle \boldsymbol{x} \cdot \boldsymbol{z} \rangle + \lambda) \qquad (\rho > 0, \lambda > 0) \tag{5.51}$$

5.3.3　集成学习

传统模式分类方法的分类结果是建立在单个分类判决的基础上的，一般包括模式训练以及模式测试两个阶段，通过模式训练使得到的单个分类器能够近似地反映实际类别分布情况，然后运用这类分类器完成地物识别任务。由于单个分类器模型只对应单个分类判决，其分类结果往往具有一定的片面性，泛化能力较差。集成学习是对传统模式分类方法的一种延展，与数据融合的理念类似，通过集成学习能够融合多组分类器的判决结果，最终得到一个联合判决。

与单个分类器模型相比，集成学习表达能力更强，泛化能力更好，并且其多分类算法的构造比较简单。目前，集成学习在车牌识别、人脸识别领域已经得到了广泛应用。集成学习的理论基础为弱学习理论，下面对弱学习理论进行分析。

1. 弱学习理论

弱学习理论是集成学习的基础，Valiant 在 PAC 学习模型中首次采用了强学习与弱学习的概念。如果对一个样本进行是与非的随机猜测，则这个样本有 50% 的可能性被猜正确；如果使用一种假设模型的学习结果能够稍高于随机猜测，则这种假设即称为弱学习算法；如果使用一种假设能够使随机猜测的准确率显著地提升，那么这种假设称为强学习算法。

获取稍高于随机猜测的弱学习算法比较容易，而强学习算法的构造则相当困难。Valiant 于 1989 年在此基础上提出了强学习算法与弱学习算法之间等价的猜想，这一猜想试图找到一种方法，使得较容易获取的弱学习算法能够提升为强学习算法。1990 年，Schapire 通过一个结构性方法证明了这个猜想的正确性，这个构造性方法就是提升（Boosting）算法，从此建立了集成学习的理论基础。Boosting 算法在数据挖掘、建模、模式分类等领域已取得了简单而有效的运用。在此基础上，Schapire 等人于 1996 年提出了更为成熟的 AdaBoost（Adaptive Boosting）算法，该算法不再要求事先知道弱分类器泛化误差的下界，在机器学习领域得到了极大的关注。

2. AdaBoost 算法原理

AdaBoost 算法是 Boosting 算法家族的一种代表算法。它的基本原理是：每个训练样本都被初始化赋值一个权重，权重用来代表对应样本的重要性。如果某些样本分类正确，则相应的样本权重变小；如果某些样本分类错误，则相应的样本权重增大。经过多轮这样的迭代，学习算法将集中在那些分类困难的目标上，最后根据加权投票的结果，得到强分类器。

AdaBoost 算法的具体流程如下：

（1）给定一个训练样本集 $s=\{(\boldsymbol{x}_1, y_1), \cdots, (\boldsymbol{x}_N, y_N)\}$，其中 $\boldsymbol{x}_i$ 表示样本矢量，$y_i \in y$，$y=\{-1, +1\}$，y_i 表示样本标签，用来标记相应样本的类别；设置算法迭代次数 T。

（2）初始化样本权重 $\{D_n\}$：对于 $i=1, 2, \cdots, N$，$D_1(i)=1/N$。

（3）对于 $m=1, 2, \cdots, T$：

① 模式样本集 s 训练得到一个弱分类器 $f_m(\boldsymbol{x})$，使它满足加权误差函数最小，即

$$J_m = \sum_{n=1}^{N} w_n^{(m)} I(f_m(\boldsymbol{x}_n) \neq y_n) \tag{5.52}$$

其中 $I(f_m(\boldsymbol{x}_n) \neq y_n)$ 是一个指示函数，当 $f_m(\boldsymbol{x})_n \neq y_n$ 时指示为 1，否则为 0。

② 计算弱分类器 $f_m(\boldsymbol{x})$ 的分类误差：

$$\varepsilon_m = \frac{\sum_{n=1}^{N} w_n^{(m)} I(f_m(\boldsymbol{x}_n) \neq y_n)}{\sum_{n=1}^{N} w_n^{(m)}} \tag{5.53}$$

③ 计算弱分类器的权重：

$$\alpha_m = \ln\frac{(1-\varepsilon_m)}{\varepsilon_m} \tag{5.54}$$

④ 更新模式样本集 s 的权重：

$$w_n^{(m+1)} = w_n^{(m)} \exp\left[\alpha_m I(f_m(\boldsymbol{x}_n) \neq y_n)\right] \tag{5.55}$$

（4）计算强分类器判别式：

$$F_M(\boldsymbol{x}) = \mathrm{sgn}\left(\sum_{m=1}^{M}\alpha_m f_m(\boldsymbol{x})\right) \tag{5.56}$$

以上算法流程中，每一轮迭代之后都会更新模式样本权重 $w_n^{(m)}$，可以发现，如果某些模式样本分类结果正确，则相应的模式样本权重变小；如果某些模式样本分类错误，则相应的模式样本权重增大。上述分析表明，所有的弱分类器的权重（ε_m）由被错分模式样本的权重决定。AdaBoost 算法实现了弱分类器 $f_m(\boldsymbol{x})$ 向强分类器 $F_M(\boldsymbol{x})$ 的转换，解决了强分类器较难获取的问题。图 5.6 为 AdaBoost 算法流程图。

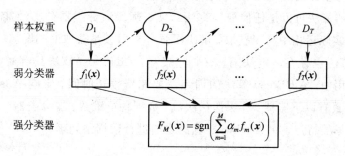

图 5.6　AdaBoost 算法流程图

3. 弱分类器选择

弱分类器算法可以是任何分类器，只要确保其分类性能大于 50%，就能通过 AdaBoost 算法提升为强分类器。有研究表明，稳定性相对较差的分类算法适合作为弱分类器，比如决策树、神经网络。其中，决策树也可作为 AdaBoost 算法的弱分类器。DS 是一种特殊决策树算法，采用单一特征对模式进行分类判决，其判决函数可以表示成

$$f(\boldsymbol{x}, \boldsymbol{\phi}, \theta, a, b) = a\delta[\phi_j > \theta] + b \tag{5.57}$$

式中：δ 为一个指示函数；a 与 b 表示回归参数；ϕ_j 表示样本 $\boldsymbol{x}$ 第 j 维特征值。在 AdaBoost 算法的每次迭代中，计算得到使 $f(\boldsymbol{x}, \boldsymbol{\phi}, \theta, a, b)$ 分类错误率最小的特征，即可确定参数 $\{\boldsymbol{\phi}, \theta, a, b\}$。

4. 多分类构造

AdaBoost 是针对二分类模型提出的分类方法，然而实际目标分类问题往往是多目标分

类问题，因此有必要将 AdaBoost 算法向多目标分类问题推广。已经有很多学者对 Boosting 的多分类算法进行了研究，其中一对一算法以及一对多算法是解决多目标分类问题的常用方法。

可以采用一对一算法构造 AdaBoost 算法多目标分类器。假设场景中共有 k 类样本，将构造所有不同的 $k(k-1)/2$ 组二分类器来训练相应样本，每个分类器都会有相应的判决结果，最后根据多数投票的方式，得到最终的多分类类别标签。

5. AdaBoost 算法优化

AdaBoost 算法是目前模式分类领域最实用的算法之一，其优势体现在：

（1）算法原理非常简单，易于计算机编程实现。

（2）整个分类流程无需复杂的参数设置，在确定弱分类器后，只需给定弱分类器数量 T。

（3）算法具有很强的泛化能力，即推广能力强。

（4）弱分类器算法可以是任何分类算法，只要确保该分类器分类性能大于 50% 即可，这类弱分类器在实际运用中易于获取，解决了强分类器较难获取的问题。

AdaBoost 算法也存在一定缺陷。有研究表明，AdaBoost 算法具有对噪声数据敏感的缺点。在实际运用中，AdaBoost 算法的训练需要花费很长时间。影响 AdaBoost 算法的训练时间的因素大致有以下三种：算法迭代次数、数据特征维数、弱分类器复杂度。因此在应用中，应结合数据的特点，在 AdaBoost 算法之前进行数据预处理。

5.3.4 深度学习

1. 深度学习理论研究

深度学习已在工业界取得了巨大成功，例如语音识别、自动驾驶、医疗影像等方面，现在深度学习在智能安防方面已经得到了应用，是目前非常热的一个研究主题。

作为机器学习的一个重要的子类，深度学习的建立基于对人类大脑工作的模仿。20 世纪 70 年代生理学家 David Hubel 和 Torsten Wiese 发现了人类的视觉系统在处理信息时是有步骤的、分层次的。如图 5.7 所示，视觉系统所获得的信息首先从视网膜出发，传递给 V_1 区域，经过提取图像中大部分边缘信息特征，再到 V_2 的局部区域，更高层的 V_4 区域获取整个目标特征，最后在前额叶皮层上进行判断。由此可以看出，最后层获取的整个目标特征是在前面逐级组合所得的。随着视觉系统的层数的增多，视觉系统提取的特征表现得越来越抽象，物体本身最为突出的部分更被显现出来。David Hubel 和 Torsten Wiese 的这个发现在获得诺贝尔奖的同时，激发了研究人员的热情。

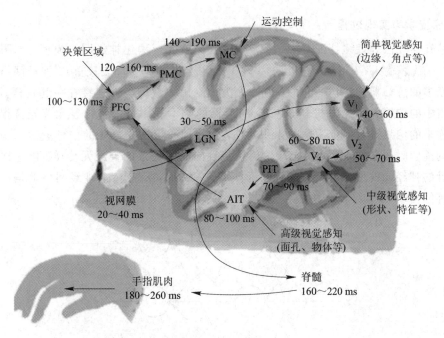

图 5.7 视觉系统

模仿人类神经元工作逻辑的感知器如图 5.8 所示。作为最简单的神经网络结构，感知器最大的作用就是对输入样本进行分类，因此被作为分类器使用。感知器的表达式为

$$y = f\Big(\sum_{i=1}^{n} w_i x_i + b\Big) \tag{5.58}$$

其中：x_1，x_2，$\cdots$，x_n 分别代表来自神经元的输入；w_1，w_2，$\cdots$，w_n 分别表示某两个神经元之间的连接强度，也称为权重；$f(\cdot)$ 为阈值函数。

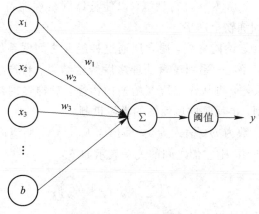

图 5.8 感知器模型

2. 深度学习实现过程

当感知器无法处理多特征的回归模型时，我们就需要构建神经网络模型，如图 5.9 所示（其中 x_i 代表输入，y_i 代表输出，z_k 代表网络结点，v 和 w 代表权重）。神经网络可以看作是由众多的感知器连接在一起的，就像人类大脑由无数神经元连接在一起一样。信号在神经网络中的传输并非无序的、混乱的，所遵循的基本规律是单个神经元首先将相邻的神经元传递来的信息进行一定逻辑的累积处理，当按照一定逻辑累积的信息量达到一定逻辑所规定的阈值时，这个神经元将会产生信息并且向周围临近的神经元传递。以这样工作的数以亿计的神经元就形成了人类的大脑工作形式。例如，反向传播神经网络就是一种典型的人工神经网络。

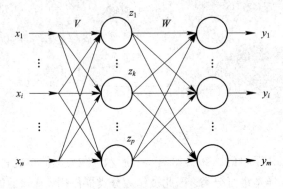

图 5.9　神经网络模型

传统的神经网络是由输入层、隐含层、输出层三部分组成的，从输入层开始逐层提取特征，而后利用非线性的激活函数得到该层的特征表达并作为下一层的输入。由于模型每一层的初始化权重是随机选取的，因此一般来说，神经网络在正式应用之前，需要将网络里面的数量众多的权值参数 w 和 b 进行训练，以使整体网络性能符合特定工程的需要。工程中采用反向传播算法训练整个网络。

输入层将输入信息传递给隐含层，隐含层通过神经元之间联系的权重和阈值函数将信息传递到输出层，输出层经过一系列逻辑处理之后产生结果，将产生的结果和预期正确的结果进行对比，若产生误差，再从输出层开始逆向传播，对神经网络中的权值进行反馈修正，这就是反向传播机制，也就是向后反馈的学习机制。

假设采用的样本集个数为 m，输入为 x，输出为 $h_{w,b}(x)$，期望输出为 y，并用 $a_i^{(l)}$ 表示第 l 层第 i 个单元的输出值，则它们之间的关系表示如下：

$$a_i^{(l)} = f\Big(\sum_{j=1}^{s_{l-1}} w_{ij}^{(l)} x_j + b_i^{(l)} \Big) \tag{5.59}$$

其中，s_{l-1} 表示第 $l-1$ 层中神经元的个数。

对于常规的 4 层网络，用 δ 来表示误差，最后一层的误差为

$$\delta^{(4)} = a^{(4)} - y \tag{5.60}$$

利用公式计算的误差值来计算上一层的误差：

$$\delta^{(3)} = ((w^{(3)})^{\mathrm{T}} \delta^{(4)}) f'(z^{(3)}) \tag{5.61}$$

其中，$f'(z^{(3)})$ 是激活函数的导数。选用 Sigmoid 函数为激活函数，则 $f'(z^{(3)})$ 的值为

$$f'(z^{(3)}) = a^{(3)}(1 - a^{(3)}) \tag{5.62}$$

同理，可以得到第二层的误差：

$$\delta^{(2)} = ((w^{(2)})^{\mathrm{T}} \delta^{(3)}) f'(z^{(2)}) \tag{5.63}$$

由此可以计算代价函数相对于 w 和 b 的偏导数：

$$\frac{\partial}{\partial w^{(l)}} = J(w, b) = a^{(l)} \delta^{(l+1)} \tag{5.64}$$

$$\frac{\partial}{\partial b^{(l)}} = J(w, b) = \delta^{(l+1)} \tag{5.65}$$

对 w 和 b 的参数进行修正：

$$w_{ij}^{(l)} := w_{ij}^{(l)} - \alpha \frac{\partial}{\partial w_{ij}^{(l)}} J(w, b) \tag{5.66}$$

$$b_i^{(l)} := b_i^{(l)} - \alpha \frac{\partial}{\partial b_i^{(l)}} J(w, b) \tag{5.67}$$

式中，α 为学习率。

神经网络通常运用到多分类问题。三层的神经网络通常可以表示任何复杂的函数，也可以实现任意的分类模型。对于复杂的模型，当表达同一个函数时，多层的神经网络所需的神经元个数比浅层神经网络会少很多。

3. 卷积神经网络原理

卷积神经网络的发明和现代生物学的发展息息相关。卷积神经网络最重要的思想之一——感受野，就来自生物学家对猫的研究。20 世纪 60 年代 Hubel 对猫的管理视觉系统的大脑皮层进行了研究，并提出了划时代的感受野理论。到 20 世纪 80 年代，研究人员在感受野的基础之上实现了卷积神经网络的雏形的第一个可运行网络，首次将感受野这一生物学思想运用在神经网络领域，当物体发生不大的变化时，也能按要求完成工作。

基本的神经认知机按功能将神经元分为两种：负责特征提取的 S 神经元和处理形变的 C 神经元。在 S 神经元中，感受野和阈值参数是两个很重要的参数。在神经认知机被提出不久，由于其逻辑和功能的优越性，在许多领域取得了不错的成绩。

卷积神经网络由神经元组成，每个神经元得到上一层神经元的输出信号作为其输入数据信号，对信号进行内部计算处理之后再进行激活处理。卷积神经网络的权值共享思想来自最早提出时间维度上权值共享的延时神经网络。在卷积神经网络成功之前，还没有任何

一种网络结构能够成功地应用于深层网络。

卷积操作是一种数学运算。根据多个一定的权重(即卷积核),对一个块的像素进行内积运算,其输出就是提取的特征之一。

$$\int_{-\infty}^{+\infty} f(\tau)g(x-\tau)\mathrm{d}\tau \qquad (5.68)$$

由公式可以看出,卷积实际上就是对应元素相乘,滑动求和的过程,如图5.10所示。

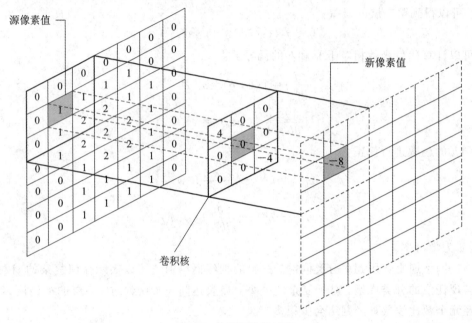

图 5.10 卷积计算过程

1)局部感知

卷积神经网络参数过多时,不仅需要大量的时间进行参数训练,而且即使训练好了参数也容易产生过拟合,因此无论从神经网络的性能还是对资源的利用来说,降低卷积神经网络中的参数是一项很有意义且很有必要的工作。卷积神经网络中,可以采用局部感知技术来降低庞大的参数数目。受到生物学视觉系统工作原理的启发,在大脑皮层的视觉工作区域,视觉皮层的神经元是局部接收信息的,就是这些神经元和前面一层的相应神经元进行局部连接,研究人员提出了创造性的局部连接方法。人类对外部世界事务的认知是从微观到宏观,从局部到全局变化的,比如对于图像的一般逻辑关系来说,相邻的局部的像素之间的关系更为接近,图像上空间距离比较远的像素之间的相关性则没有那么强烈。从这个角度来说,神经网络中数目众多的神经元,只需要在小范围内完成自己的工作就可以了。图 5.11 所示为局部感知模型。

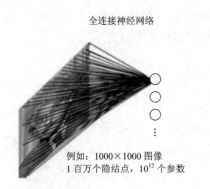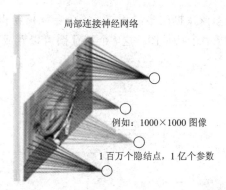

图 5.11　局部感知模型

2）参数的权值共享

使用局部连接方法后，由于神经网络里面神经元数目巨大，因此在各种操作之后，参数依然很多，此时一种新的方法可以解决参数过多的问题，这就是参数的权值共享。在神经元连接中，设某一层一共有 m 个神经元，如果每个神经元与上一层的 n 个神经元连接，则在不考虑偏置的情况下，每个神经元有 n 个参数，本层神经元共有 $n \times m$ 个参数，但是如果这 m 个神经元的参数都是相等的，则本层一共有 n 个参数，由此可见，参数数目减小的程度是十分令人鼓舞的。这 n 个参数就是提取特征的方式，与所处的位置并没有关系。

3）多卷积核

当选择权值共享和局部连接时，一个卷积核只能提取到一种特征，显然此时的特征提取是不完全、不充分的。为了解决这个问题，研究人员提出了多卷积核的思路，例如 l 个卷积核可以学习提取到 l 种特征。图 5.12 所示为多个卷积核工作示意图，图 5.13 所示为多数据通道多卷积核工作原理。

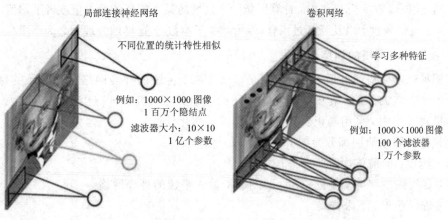

图 5.12　多个卷积核工作

对图像数据的多卷积核，每个卷积核卷积操作之后，都会生成一个特征图，l 个卷积核就会生成 l 个特征图，这 l 个特征图可以看成一个图像的 l 个通道。

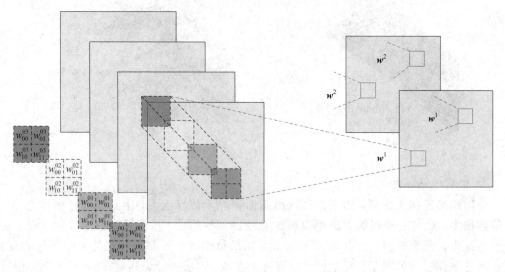

图 5.13　多数据通道多卷积核工作原理

比如，一个有四通道的图像数据进行卷积操作时，这四个通道每个通道对应一个卷积核，先将第一个卷积核 w^1 忽略，现在只看 w^2，于是在 w^2 的某个位置 (i,j) 处的值是由这四个通道上 (i,j) 处的卷积结果相加再激活得到的。

4）下采样

在通过提取特征的卷积操作之后，一般来说我们希望利用这些得到的特征图进行分类操作。对于一个分类器来说，比如常用的 softmax 分类器，过多的特征输入不仅浪费时间，而且容易出现过拟合。在实际操作中，计算图像一个区域的某个特征的最大值或者平均值，是为了降低特征数据的维度，以及降低过拟合(因为减少了参数)。这样的处理称之为下采样。

4. 卷积神经网络的训练与优化

卷积神经网络搭建好后，接下来就是求解参数。传统的神经网络中神经元的每一次相连都会产生很多的参数。卷积神经网络采用的权值共享，极大地减少了参数个数。在神经网络的搭建过程中，采用卷积层和下采样层可以简化计算量。

卷积神经网络的训练分为如下两个阶段。

第一阶段：向前传播阶段。

(1) 在构建的训练集中随机取一个样本，输入搭建的神经网络。

(2) 进行卷积、下采样。

第二阶段：向后传播阶段。

（1）计算真实值与预测值的差。

（2）按损失函数最小化调整权值。

在卷积神经网络（CNN）中，权值更新是基于反向传播算法的，代价函数 J 为

$$J(\boldsymbol{w}, b) = \frac{1}{2m} \sum_{i=1}^{m} (h_{\boldsymbol{w}, b}(x^{(i)}) - y^{(i)})^2 \tag{5.69}$$

其中：m 表示样本数量；$h_{\boldsymbol{w}, b}(\boldsymbol{x})$ 表示实际输出值；y 表示理想输出值。反向传播算法中，每一层的误差 δ 的公式为

$$\delta^l = (\boldsymbol{w}^{l+1})^{\mathrm{T}} \times f'(z^l) \tag{5.70}$$

对于卷积层的前向传播，每一个特征图的输出是对多个输入特征图作卷积操作之后组合的值。输出中的任意一个神经元 x_j^l 可以表示为

$$x_j^l = f\left(\sum_{i \in M_j} x_i^{l-1} \times w_{ij}^l + b_j^l\right) \tag{5.71}$$

其中：M_j 表示输入的特征图的集合；w_{ij}^l 表示第 l 层特征探测器的值；b_j^l 表示第 l 层第 j 个神经元对应的偏置值；f 表示激活函数。要想求 δ^l，需要先得到 δ^{l+1}。但是，$l+1$ 层的单个神经元对应 l 层中某几个神经元。因此为了有效地计算 l 层中的 δ^l，需要对 δ^{l+1} 进行上采样。另外，下采样过程中权值为常数 β，所以卷积层中 δ 的计算公式为

$$\delta^l = \beta(f'(z^l) \times \mathrm{up}(\delta^{l+1})) \tag{5.72}$$

其中，up(•) 表示上采样层函数。得到 δ^l 的值之后，就可以对 w 和 b 进行权值修正：

$$\frac{\partial J}{\partial w_{ij}^l} = \sum_{u, v} (\delta_j^l)_{uv} (p_i^{l-1})_{uv} \tag{5.73}$$

$$\frac{\partial J}{\partial b_j} = \sum_{u, v} (\delta_j^l)_{uv} \tag{5.74}$$

其中：u, v 表示神经元在卷积神经网络二维特征图中的位置；$(p_i^{l-1})_{uv}$ 表示卷积过程中 $l-1$ 层中与特征探测器 w_{ij} 逐元素相乘的小块。

对于下采样层，输入和输出的特征图个数相等。以 l 层第 j 个神经元为例，输出表达式为

$$x_j^l = f(\beta_j^l \times \mathrm{down}(x_j^{l-1}) + b_j^l) \tag{5.75}$$

其中，down(•) 表示对应的下采样层函数。同样我们需要利用 δ^l 来对参数 β 和 b 进行修正：

$$\frac{\partial J}{\partial w_j} = \sum_{u, v} (\delta_j^l \times \mathrm{down}(x_j^{l-1}))_{uv} \tag{5.76}$$

$$\frac{\partial J}{\partial b_j} = \sum_{u, v} (\delta_j^l)_{uv} \tag{5.77}$$

训练卷积神经网络的目的是希望神经网络能够按照我们的需求来工作，即神经网络能够在有意的训练之下学会训练逻辑，由此得到的网络模型具有输入输出对之间的映射能力。卷积神经网络是一种有监督训练模式，样本集是由输入向量和真实值对构成的。在训练模型的过程中，权值的初始化都是一些不同的"小随机数"。

卷积神经网络的一个典型训练算法步骤如表 5.1 所示。

表 5.1　卷积神经网络的训练算法步骤

序号	过　　程
1	从样本中切分出训练数据集(一般不少于整体的 1/3)
2	神经网络初始化,类似清零操作,但是会设置一些初始值
3	选取一个目标映射,为输入数据到输出结果的映射,将数据输入到网络
4	计算出网络的实际输出,以及各层网络的输出
5	将网络的基于数据的输出和理论映射的结果进行比较,求得偏差
6	依次计算出各权值的调整量和阈值的调整量
7	调整权值和调整阈值
8	迭代训练网络,当偏差可接受时,停止迭代,否则继续
9	训练结束,神经网络已经学会了理论的映射关系

为了能让卷积神经网络更快更好地学习,训练时需要注意以下问题。

1) 数据集产生的影响

因为神经网络实际上需要训练的就是网络中的参数,而这些参数是受数据量驱动的,因此设置适当的数据集至关重要。卷积神经网络模型能够在任意大小的数据集中进行训练。如果数据集相对过小,后期预测的结果可能会不准确或者精确度不高;训练集越大,对结果越有利。

在构建数据集时,通常需要包含三个模块:训练集、测试集、验证集。训练集作为训练模型的根本,需要包含问题中的所有数据,作为训练阶段调整网络权值的依据。测试集主要用来判断用训练集训练出的模型的性能。通过模型在测试集上的表现可以判断训练模型时训练次数是否达标,网络结构该如何调整。验证集中的数据在测试集和训练集中没有出现过,用来判断模型的网络性能。

2) 数据预处理

数据预处理的目的是加快训练算法的收敛速度,缩短模型训练时间。通常可以采用去噪、数据降维、删除无关数据等方法进行数据预处理。对于分类问题,通常采用数据平衡化,原则上训练集中的不同类别的数据应该大致相同,以避免网络过于倾向于表现某些分类的特点,所以,要适当地除去某一分类数据较多的数据,补充相对数据较少的数据,做到数据在不同种类间平衡。

3）数据规则化

数据规则化的目的是防止权重小的数据没有被训练网络所重视，失去了训练数据的意义。此时需将其统一到相同的区间内。通常的做法是将输入和输出值按照相同的比例调整到统一区间。

4）网络权值初始化

卷积神经网络的初始化是指对卷积层和输出层的权重和偏置进行的初始化，将两者赋予一个初始值。如果初始权值向量设置不合理，会导致网络非常"笨"，训练的效率很低。通常权值和阈值初始化的数据会有两个要求，首先这个数据集必须是 0 均值，其次整体分布比较均匀，在较小的区间内波动。

5）训练方式

训练集可以采用逐个样例训练和批量样例训练两种基本的方式训练网络。当进行逐个样例训练时，首先将第一个样例的特征值和目标值输入到网络，经过反向传播算法训练网络后，当误差降到给定的精度范围或者训练的步骤到达规定的次数时，再把第二个特征值和目标值输入到搭建的卷积神经网络中。逐个样例训练网络的方法每次只需要很少的存储空间，并且有着很好的随机搜索能力，在某种程度上能够防止模型陷入局部最优解，但是其可能无法达到误差最小化。批量样例训练网络的方法做到了多个样本被训练之后才更新一次权值，加快了训练速度，提高了训练模型的精度。在某种程度上批量样例训练网络的方法需要大量的存储空间，容易落入局部最小区域，但是它避免了不良数据的影响。

5. 应用示例

这里列举一个使用神经网络对遥感数据进行分类的例子。使用的遥感数据是影像AVIRIS（Airborne Visible Infrared Imaging Spectrometer）92AV3C，该数据取自 1992 年拍摄的美国印第安州西北部印第安遥感试验区的一部分，包含了农作物、植物和植被混合区等。数据参数如表 5.2 所示。

表 5.2 遥感影像数据参数

特 点	参 数
图像大小	145 像素×145 像素
光谱波段数	220 个
像素	16 bit
波长范围	400 nm～2500 nm
光谱分辨率	约为 10 nm
空间分辨率	20 m×20 m

数据的假彩色图如图 5.14 所示。

图 5.14 遥感影像的假彩色图

从原始数据中选取玉米、小麦和草等 8 种地物来对算法进行验证，所选地物的真实分布如图 5.15 所示。神经网络所用的训练样本数和测试样本数如表 5.3 所示。

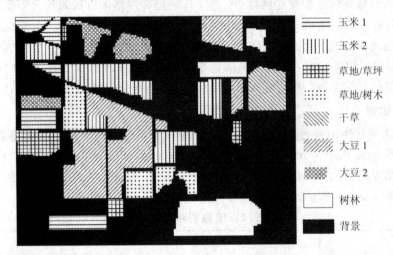

图 5.15 8 种地物分布图

采用 BP 算法的多层感知器由三层组成：输入层、隐含层、输出层。

第一步：数据选择和归一化。对数据进行归一化处理，使归一化后的数据分布在[−1,1]区间内。

第二步：建立神经网络和训练网络，将 logsig 作为传递函数：

$$f(x) = \frac{1}{1 + \mathrm{e}^{-x}} \tag{5.78}$$

第三步：预测结果。网络训练好后，对数据进行分类与预测。具体的结果如表5.4和图5.16所示。

表 5.3 训练样本数与测试样本数

物种类别	总样本数	训练样本数	测试样本数
玉米 1	1434	574	860
玉米 2	834	334	500
草地/草坪	497	199	298
草地/树木	747	299	448
干草	489	196	293
大豆 1	2469	988	1481
大豆 2	614	246	368
树林	1294	518	776
背景	12 648	5059	7589

表 5.4 分类结果

地物种类	原始数据分类精度 /%	降维(80 维)后数据分类精度 /%
玉米 1	79.07	80.81
玉米 2	61.80	66.00
草地/草坪	57.72	58.72
草地/树木	75.45	84.60
干草	95.22	90.78
大豆 1	84.67	84.27
大豆 2	77.99	71.47
树林	58.12	60.82
平均分类精度	73.75	74.69

(a) 原始数据分类效果图(220 维)   (b) 降维后数据分类效果图(80 维)

图 5.16 数据分类效果图

从表 5.4 中可以看出，应用 BP 神经网络对高光谱遥感数据进行分类识别，其平均分类精度可达 70% 以上，通过 PCA 主成分分析降维处理后，其平均分类精度提高了 0.94%。

5.4 机器学习应用实例

锅炉是主要的煤燃烧设备，其锅炉燃烧效率的提高直接影响电厂的经济效益，同时也对环境有重要影响。锅炉燃烧是个复杂的物理化学过程，影响燃烧特性的因素众多，且其之间的关系复杂，很难获得影响因素间的相互关系。传统的锅炉燃烧特性获取方法是采用有限工况的实验实现的，这种方法费时耗力而且获得的燃烧特性不够精确，而采用机器学习的方法通过大量运行数据及相应的机器学习算法，可以省时省力地快速获得精确的锅炉燃烧特性。因此，类似于锅炉燃烧这种有复杂关系且影响因素众多的过程适合于采用机器学习方法获得所需规律。下面就以支持向量机和 BP 神经网络的机器学习算法为例，通过锅炉的运行数据对锅炉燃烧特性进行回归学习。锅炉有很多燃烧特性，在此取表征污染物排放特性之一的烟气氮氧化物浓度和表征锅炉燃烧效率的排烟温度特性。

5.4.1 支持向量机应用实例

1. 氮氧化物(NO_x)排放特性建模

本例中采用 330MW 四角切圆煤粉锅炉在线连续 60 小时采集的 670 组实时运行数据（数据按负荷区间分布，如图 5.17 所示）进行了整体建模预测研究，建模算法采用支持向量机算法。模型的输出参数取为锅炉尾部烟气中 NO_x 的含量。输入参数选取如下：锅炉负荷取为 1 个输入参数，用以描述锅炉负荷对 NO_x 排放的影响；一次风共有四层，风、粉均为同层联动，取同层给粉机转速平均值为 1 个输入参数，用以描述给粉模式对 NO_x 排放量的影响，共有 4 个给粉机转速输入参数；取每层一次风速平均值为 1 个输入参数，用以描述一次风配风方式对 NO_x 排放量的影响，共有 4 个一次风速输入参数；二次风共有五层，同层联动，取每层二次风速平均值为 1 个输入参数，用以描述二次风配风方式对 NO_x 排放量的影响，共有 5 个二次风速输入参数；燃尽风为一层喷嘴中有两层挡板的结构，取其平均值为 1 个输入参数，用以描述燃尽风对 NO_x 排放量的影响；炉膛出口氧量取为 1 个输入参数，用以描述燃烧氧量对 NO_x 排放量的影响；煤种特性参数取全水分(Mt)、收到基灰分(Aar)、收到基低位发热量($Qnet, ar, p$)和干燥无灰基挥发分(Vdaf)4 个参数，用以描述煤种特性对 NO_x 排放量的影响。输入参数共计 20 个，这些参数基本上可以决定锅炉的燃烧状况，也确定了尾部烟气中的 NO_x 含量。

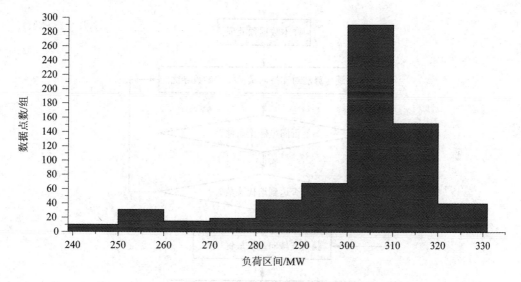

图 5.17　锅炉燃烧数据分布图

支持向量机建模的 ε 精度取为 0.01，训练误差小于 0.001 时停止训练。采用径向基函数作为核函数，参数 g(径向基函数中的参数)和 C(罚因子)应用遗传算法寻优，寻优区间分别为(0，200)和(0，500)(该寻优区间来自本书作者多年的研究经验)。随机选取 470 个数据作为训练样本，600 个数据作为验证样本(包含 470 个训练样本)，对参数 g 和 C 进行寻优，所建模型对所有样本进行预测。建模流程图如图 5.18 所示，图 5.19 示出了模型对所有工况预测的情况，平均误差为 2.33%。其中，预测误差超过 15% 的数据有 2 组(参与训练的和未参与训练的各 1 组），介于 10％与 15％之间的数据有 9 组（参与训练的有 5 组）。从整体情况看，超过 10％预测误差范围的数据占总数据量的 1.64％。从参与训练的数据与未参与训练的数据的平均误差对比情况看，两者预测误差相差不大（分别为 2.126％和 2.538％），说明了支持向量机模型的泛化能力较好。

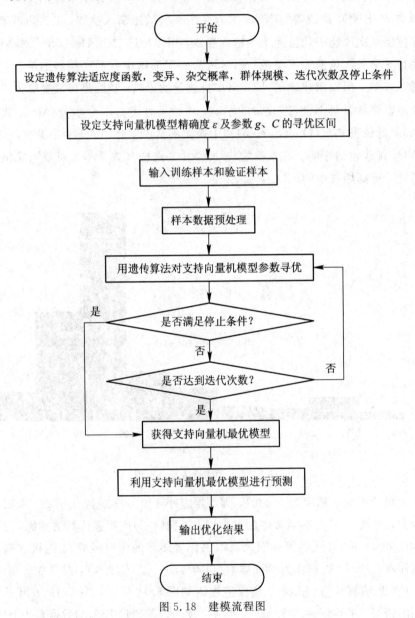

图 5.18　建模流程图

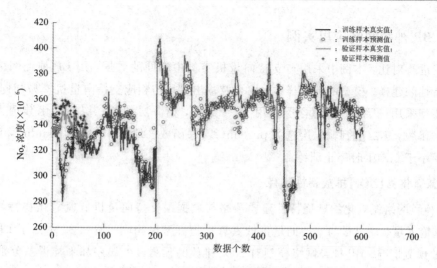

图 5.19 NO_x 实验与预测数据对比图

2. 排烟温度特性建模

排烟温度燃烧特性建模策略与数据跟低氮氧化物特性建模一样，模型输入量与低氮氧化物模型也相同，输出量为排烟温度。图 5.20 为模型预测所有工况数据与实测数据对比图。排烟温度模型的预测情况比 NO_x 略差，有十几个点的误差在 10% 以上，最大误差和平均误差分别为 12.8% 和 1.572%，绝对误差的方差为 13.93，平均绝对误差为 2.23，即支持向量机模型对于排烟温度的总体预测平均误差在 2.23℃ 左右，相对于实测值来说为 1.57% 左右，整体预测趋势和数值都比较精确。

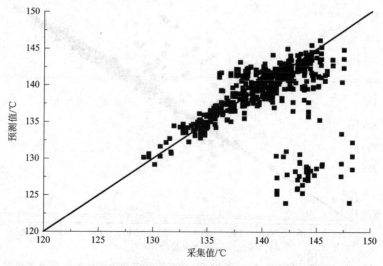

图 5.20 在线采集工况点排烟温度支持向量机预测值与采集值对比图

5.4.2　BP 神经网络应用实例

为了进行对比，本例中采用与支持向量机实例中相同的数据，用 BP 神经网络进行相同燃烧特性的建模。模型的训练样本、输入及输出量均与相应支持向量机模型相同。BP 神经网络模型采用三层结构，隐含层采用 18 个结点，第一层到第二层传递函数选为 radbas（径向基）函数，第二层到输出层选为 purelin（线性）函数。训练算法采用 trainlm 算法，设定训练误差小于 0.001 时停止训练。

1. 氮氧化物（NO_x）排放特性建模

BP 神经网络氮氧化物燃烧特性建模策略与数据跟支持向量机低氮氧化物特性建模一样，模型输入量、输出量与支持向量机低氮氧化物模型也相同。图 5.21 示出了 BP 神经网络模型的预测情况。BP 神经网络模型对 NO_x 排放的预测最大误差和平均误差分别为 52% 和 1.77%，绝对误差的方差为 234.45，平均绝对误差为 5.58。从分散度（方差）情况和最大误差及平均误差情况看，BP 神经网络模型都比支持向量机模型差些。另外，BP 神经网络模型的泛化能力较差，其预测误差主要集中在未参与训练的数据的预测上。若去除未参与训练数据点，则最大误差和平均误差分别为 2.3% 和 0.47%，绝对误差的方差为 2.2，平均绝对误差为 1.64，说明参与训练的数据点的预测非常好，但是未参与训练的数据点的平均误差为 12.8%，绝对误差的方差为 978.83，相当分散，说明 BP 神经网络模型的泛化能力差些，对于未参与训练的数据点的预测没有保证。

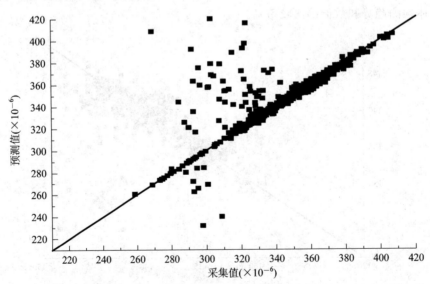

图 5.21　在线采集工况 NO_x 浓度 BP 神经网络模型预测值与采集值对比图

2. 排烟温度特性建模

BP 神经网络排烟温度燃烧特性建模策略与数据跟支持向量机排烟温度特性建模一样，模型输入量、输出量与支持向量机排烟温度模型也相同。图 5.22 示出了 BP 神经网络模型的预测情况。BP 神经网络排烟温度模型与 BP 神经网络排放模型类似，在对所有数据点的预测中，未参与训练的数据点的误差明显增大，且方差也明显增大。BP 神经网络模型的训练(学习)策略是经验风险最小化，即在训练时只降低经验风险并未考虑其泛化能力，是引起泛化误差增大的主要原因，也是支持向量机算法与神经网络算法的主要差别所在。能否提高神经网络算法的泛化能力，将是制约其应用的关键问题。

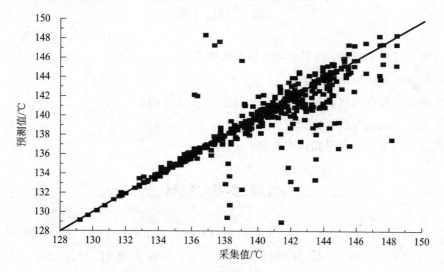

图 5.22　在线采集工况排烟温度 BP 神经网络模型预测值与采集值对比图

由以上两个实例可以看出，通过大量数据和相应的机器学习算法可以获得众多复杂影响因素对目标的影响规律，人们可以进一步利用这个规律结合优化算法进行优化，或者软测量。以上的实例只是针对锅炉燃烧的应用场景，还有很多各行各业的应用场景都可以应用类似的方法，其应用效果与模型的预测能力和泛化能力有关。另外，不同的建模算法有不同的特点，我们应该注意结合算法的特点进行应用，以取得更好的效果。

小　结

本章主要介绍了机器学习的定义、分类、算法与应用实例。

首先介绍了机器学习的问题描述，阐述了机器学习的来源、定义及目标，分析了机器学习描述的潜在问题。在机器学习分类中主要介绍了按学习形式分类的监督学习、非监督学习、半监督学习和强化学习(本章主要内容为监督学习)。

接下来介绍了几种机器学习算法：人工神经网络算法、支持向量机算法、集成学习算法和深度学习算法。

最后利用支持向量机和BP神经网络算法针对锅炉燃烧领域的氮氧化物排放特性和排烟温度特性进行了建模演示，并分析了模型的预测情况。

机器学习算法远远不止本章中介绍的算法，而且人们的聪明才智也会发现更多的算法，这就需要我们深入地探寻搜索算法。

习 题 5

1. 按照学习形式分类，机器学习可以分为哪几类？
2. 推导神经网络中的BP算法。
3. 支持向量机中的核函数有哪几种？它们有什么作用？
4. 集成学习的机理是什么？
5. 深度学习中的卷积层起什么作用？

本章参考文献

[1] 黑根，德穆思，比尔，等. 神经网络设计[M]. 北京：机械工业出版社，2002.

[2] 邓乃杨，田英杰. 数据挖掘中的新方法：支持向量机[M]. 北京：科学出版社，2005.

[3] CRISTIANINI N, SHAWE T J. 支持向量机导论[M]. 李国正，王猛，曾华军，译. 北京：电子工业出版社，2004.

[4] SHAWE T J, CRISTIANINI N. 模式分析的核方法[M]. 赵玲玲，翁苏明，曾华军，译. 北京：机械工业出版社，2006.

[5] SHAWE T J, CRISTIANINI N. Kernel Mehtods for Pattern Analysis [M]. Cambridge：Cambridge Unibersity Press，2004.

[6] CORTES C，VAPNIK V. Support-Vector Networks[J]. Machine Learning，1995，273-297.

[7] 焦李成. 神经网络的应用与实现[M]. 西安：西安电子科技大学出版社，1996.

[8] 田英杰，邓乃杨. 支持向量机理论，算法与拓展[M]. 北京：科学出版社，2009.

[9] 黄德双. 神经网络模式识别系统理论[M]. 北京：电子工业出版社，1996.

[10]　于玲，吴铁军. 集成学习：Boosting 算法综述[J]. 模式识别与人工智能，2004，05(1)：52 - 59.

[11]　刘健，袁谦，吴广，等. 卷积神经网络综述[J]. 计算机时代，2018(11)：19 - 23.

[12]　王春林，周昊，周樟华. 基于支持向量机的大型电厂锅炉飞灰含碳量建模[J]. 中国电机工程学报，2005，25(20)：72 - 77.

[13]　王春林，周昊，李国能，等. 基于遗传算法和支持向量机的低 NO_x 燃烧优化[J]. 中国电机工程学报，2007，21(4)：79 - 84.

[14]　WANG C L, LIU Y, ZHENG S, et al. Optimizing Combustion of Coal Fired Boilers for Reducing NO_x Emission using Gaussian Process[J]. Energy，2018，5(153)：149 - 158.

[15]　RAHAT A A M，WANG C L，EVERSON R M，et al. Data-driven Multi-objective Optimisation of Coal-fired Boiler Combustion Systems[J]. Applied Energy，2018，229：446 - 458.

[16]　WANG C L，LIU Y，EVERSON R M，et al. Applied Gaussian Process in Optimizing Unburned Carbon Content in Fly Ash for Boiler Combustion[J]. Mathematical Problems in Engineering，2017，5 (1)：1 - 8.

[17]　王春林，张乐. 电站锅炉低 NO_x 燃烧建模优化研究与应用[J]. 热能动力工程，2016(04)：390 - 394.

第6章 机器视觉

机器视觉主要用计算机来模拟人的视觉功能，从客观事物的图像中提取信息，进行处理并加以理解，最终用于检测、测量和控制。机器视觉是一项综合性技术，包括数字图像采集技术、数字图像处理技术、机械工程技术、控制技术等。

机器视觉作为智能感知的一种重要手段，是人工智能的一个重要分支。机器视觉因其无接触检测、检测对象广泛、检测算法可广泛应用人工智能算法等特点，以及某些场合下传统传感器难以企及的优势，在国民经济、科学研究及国防军工等领域有着广泛的应用。在一些不适于人工作业的危险工作环境或者人工视觉难以满足要求的场合，常用机器视觉来替代人工视觉。同时，在大批量、重复性工业生产过程中，用机器视觉检测方法可以大大提高生产的效率和自动化程度。

本章将从数字图像采集、图像预处理、数字图像分析、摄像机标定和立体视觉等方面，介绍机器视觉的相关技术。

6.1 机器视觉概述

6.1.1 机器视觉的概念

人类是通过眼睛和大脑来获取、处理和理解视觉信息的。物体在可见光照射下，在人眼的视网膜上形成图像，由感光细胞将其转换成神经脉冲信号，并经神经纤维传入大脑皮层进行处理与理解。由此可见，人类视觉不仅指对光信号的感受，还包括对视觉信息的获取、传输、处理与理解的全过程。

随着信号处理理论和计算机技术的发展，人们试图用摄像机获取环境图像并将其转换成数字信号，用计算机实现对视觉信息的处理和理解，这样就形成了一门新兴的学科——计算机视觉。计算机视觉的研究目标是使计算机具有通过一幅或多幅图像认知周围环境信息的能力。这使计算机不仅能模拟人眼的功能，而且更重要的是使计算机完成人眼所不能胜任的工作。

机器视觉则是建立在计算机视觉理论基础上，偏重于计算机视觉技术工程化。与计算机视觉研究的视觉模式识别、视觉理解等内容不同，机器视觉的重点在于感知环境中物体的形状、位置、姿态、运动等几何信息。

由此可见，计算机视觉和机器视觉之间类同于"科学"与"技术"概念上的关系。但其实不尽然，二者在内涵和外延上的重叠性很大，乃至于在某些时候被"模糊"和混淆。其实这两个术语是既有区别又有联系的。计算机视觉是采用图像处理、模式识别、人工智能技术相结合的手段，着重于一幅或多幅图像的计算机分析。分析是对目标物体的识别，确定目标物体的位置和姿态，对三维景物进行符号描述和解释。在计算机视觉研究中，经常使用几何模型、复杂的知识表达，采用基于模型的匹配和搜索技术，搜索的策略常使用自底向上、自顶向下、分层和启发式控制策略。机器视觉能够自动获取和分析特定的图像，以控制相应的行为。

具体来说，计算机视觉为机器视觉提供图像和景物分析的理论及算法基础，机器视觉为计算机视觉的实现提供传感器模型、系统构造和实现手段。因此可以认为，一个机器视觉系统就是一个能自动获取一幅或多幅目标物体图像，对所获取图像的各种特征量进行处理、分析和测量，并对测量结果做出定性分析和定量解释，从而得到有关目标物体的某种认识并做出相应决策的系统。机器视觉系统的功能包括物体定位、特征检测、缺陷判断、目标识别、计数和运动跟踪等。

6.1.2　机器视觉的应用领域

机器视觉在国民经济、科学研究及国防军工等领域都有着广泛的应用。作为一种感知手段，机器视觉的最大优点是与被观测的对象无接触，对环境的适应性好，要求低，这是其他感知方式无法比拟的。另外，机器视觉所能检测的对象十分广泛，人眼观察不到的范围，如红外线、微波、超声波等，机器视觉也可以观察到。不过，机器视觉技术仍处于完善和发展的阶段。

1．机器视觉的应用领域

机器视觉的应用领域如下：

（1）工业自动化应用：包括产品检测、工业探伤、自动流水线生产和装配、自动焊接、PCB印制板检查以及各种危险场合工作的机器人等。将图像和视觉技术用于生产自动化，可以提高生产效率和加工精度，保证质量的一致性，降低生产危险性。

（2）各类检验和监视应用：包括标签文字标记检查，邮政自动化，计算机辅助外科手术，显微医学操作，石油、煤矿等钻探中数据流的自动监测和滤波，纺织、印染业中的自动分色、配色，重要场所门廊的自动巡视、自动跟踪报警等。

（3）视觉导航应用：包括巡航导弹制导、无人驾驶飞机飞行、自动行驶车辆、移动机器人、精确制导及自动巡航捕获目标和确定距离等，既可避免人的参与及由此带来的危险，也可提高精度和速度。

（4）图像自动解释应用：包括对放射图像、显微图像、医学图像、遥感多波段图像、合成孔径雷达图像、航天航测图像等的自动判读理解。由于近年来技术的发展，图像的种类和数量飞速增长，图像的自动解释已成为解决信息膨胀问题的重要手段。

（5）人机交互应用：包括人脸识别、智能代理等，同时让计算机借助人的手势动作（手语）、嘴唇动作（唇读）、躯干运动（步态）、表情测定等了解人的愿望要求而执行指令，这既符合人类的交互习惯，又可增加交互方便性和临场感等。

（6）虚拟现实应用：包括飞机驾驶员训练、医学手术模拟、场景建模、战场环境表示等，它可帮助人们超越人的生理极限，"亲临其境"，提高工作效率。

2. 机器视觉面临的问题

对于人类视觉来说，由于人的大脑和神经的高度发达，其目标识别和理解能力很强。但是人类视觉同样存在局限性，如定量测量和分析、信息处理的总量。引入人类视觉的机器视觉也存在诸多的局限性，主要表现在三个方面：一是如何准确、高速（实时）地识别出目标；二是如何有效地增大存储容量，以便容纳下足够细节的目标图像；三是如何有效地构造和组织出可靠的识别算法，并且顺利地实现。前两者相当于人的大脑这样的物质基础，这期待着高速的阵列处理单元以及算法（如神经网络算法、分维算法、小波变换算法等）的新突破，用极少的计算量以及高度的并行性实现功能。人类视觉与机器视觉的能力对比如表 6.1 所示。

表 6.1　人类视觉与机器视觉的能力对比

能　力	机器视觉	人类视觉
测距	能力有限	定量估计
定方向	定量计算	定量估计
运动分析	定量分析，但受限制	定量分析
检测边界区域	对噪声比较敏感	定量、定性分析
图像形状	受分割、噪声制约	高度发达
图像机构	需要专用软件，能力有限	高度发达
阴影	初级水平	高度发达
二维解释	对分割完善的目标能较好解释	高度发达
三维解释	较为低级	高度发达
总的能力	最适合于结构化环境的定量测量	最适合于复杂的、非结构化环境的定量解释

另外，由于当前对人类视觉系统的机理、人脑心理和生理的研究还不够，目前人们所建立的各种视觉系统绝大多数是只适用于某一特定环境或应用场合的专用系统，而要建立一个可与人类视觉系统相比拟的通用视觉系统是非常困难的。主要原因有以下几点：

（1）图像对景物的约束不充分。首先是图像本身不能提供足够的信息来恢复景物；其次是当把三维景物投影成二维图像时丧失了深度信息。因此，需要附加约束才能解决从图像恢复景物时的多义性。

（2）多种因素在图像中相互混淆。物体的外表受材料的性质、空气条件、光源角度、背景光照、摄像机角度和特性等因素的影响。所有这些因素都归结到一个单一的测量，即像素的灰度。要确定各种因素对像素灰度的作用大小是很困难的。

（3）理解自然景物需要大量知识。例如，要用到阴影、纹理、立体视觉、物体大小的知识，关于物体的专门知识或通用知识，可能还有关于物体间关系的知识等，由于所需的知识量极大，因此难以简单地用人工进行输入，可能需要通过自动知识获取方法来建立。

（4）人类虽然自己就是视觉专家，但不同于人的问题求解过程的是，人类难以说出自己是如何看见事物的，无法给计算机视觉的研究提供直接的指导。

视觉机理的复杂深奥使有些学者不禁感叹道：如果不是因为有人类视觉系统作为通用视觉系统的实例存在的话，甚至都怀疑能不能找到建立通用视觉系统的途径。正因如此，赋予机器以人类视觉功能是几十年来人们不懈追求的奋斗目标。

6.1.3　机器视觉的发展

机器视觉是在 20 世纪 50 年代从统计模式识别开始的，当时的工作主要集中在二维图像分析、识别和理解上，如光学字符识别，工件表面、显微图片和航空照片的分析与解释等。

20 世纪 60 年代，Roberts 将环境限制在所谓的"积木世界"，即周围的物体都是由多面体组成的，需要识别的物体可以用简单的点、直线、平面的组合表示。通过计算机程序从数字图像中提取出诸如立方体、楔形体、棱柱体等多面体的三维结构，并对物体形状及物体的空间关系进行描述。Roberts 的研究工作开创了以理解三维场景为目的的三维机器视觉的研究。到 20 世纪 70 年代，已经出现了一些视觉应用系统。

1973 年，英国的 Marr 教授应邀在麻省理工学院（MIT）的人工智能实验室创建并领导一个以博士生为主体的研究小组，从事视觉理论方面的研究。1977 年，Marr 提出了不同于"积木世界"分析方法的计算视觉理论：Marr 视觉理论，该理论在 20 世纪 80 年代成为机器视觉研究领域中的一个十分重要的理论框架。

到了 20 世纪 80 年代中期，机器视觉获得了迅速发展，主动视觉理论框架、基于感知特征群的物体识别理论框架等新概念、新方法、新理论不断涌现。而到了 20 世纪 90 年代，机器视觉在工业环境中得到了广泛应用，同时基于多视几何的视觉理论得到迅速发展。

机器视觉系统具有高度智能和普遍适应性，随着相关理论和技术的不断发展和完善，它已能用于工业现场，满足现代生产过程的要求。

6.1.4　Marr 视觉理论框架

20 世纪 80 年代初，Marr 首次从信息处理的角度综合了图像处理、心理物理学、神经生理学及临床神经病学等方面已取得的重要研究成果，提出了第一个较为完善的视觉系统框架，使计算机视觉研究有了一个比较明确的体系。虽然这个理论还需要通过研究不断改进和完善，但 Marr 的视觉理论是首次提出的阐述视觉机理的系统理论，并且对人类视觉和计算机视觉的研究都产生了深远的推动作用。

1. 视觉系统研究的三个层次

Marr 从信息处理系统的角度出发，认为对视觉系统的研究应分为三个层次，即计算理论层次、表达与算法层次和硬件实现层次，如表 6.2 所示。

表 6.2　视觉系统研究的三个层次

名　称	所解决的问题
计算理论层次	计算目的是什么，采用什么算法，为什么要这样计算
表达与算法层次	如何实现算法，怎么表达输入和输出，用什么算法实现表达间的转换
硬件实现层次	如何用硬件实现表达和算法，计算结构的具体细节是什么

1）计算理论层次

计算理论层次用于回答视觉系统的计算目的与计算策略是什么，或视觉系统的输入和输出是什么，如何由系统的输入求出系统的输出。在这个层次上，视觉系统输入的是二维图像，输出的是三维物体的形状、位置和姿态，视觉系统的任务就是研究如何建立输入与输出之间的关系和约束，如何由二维灰度图像恢复物体的三维信息。

从信息处理的观点来看，这一层次是至关重要的，这是因为构成知觉的计算本质取决于解决计算问题本身，通过正确理解待解决问题的本质，将有助于理解并创造算法。

2）表达与算法层次

表达与算法层次用于进一步回答如何表达输入和输出信息，如何实现计算理论所对应的功能的算法，以及如何由一种表示变换成另一种表示。一般来说，不同的表达方式，完成同一计算的算法会不同，但 Marr 的算法与表达是比计算理论低一层次的问题，不同的表达与算法，在计算理论层次上可以是相同的。

3）硬件实现层次

硬件实现层次是解决用硬件实现上述表达和算法的问题，比如计算机体系结构和具体的计算装置及其细节。

2. 视觉信息处理的三个阶段

Marr 从视觉计算理论出发，将系统分为自下而上的三个阶段，如图 6.1 和表 6.3 所示。

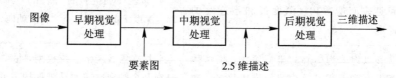

图 6.1　Marr 视觉信息处理的三个阶段

1）第一阶段（早期阶段）

第一阶段中将输入的原始图像进行处理，构成"要素图"或"基元图"（primary sketch）。基元图由二维图像中的边缘点、直线段、曲线、顶点、纹理等基本几何元素或特征组成。

2）第二阶段（中期阶段）

第二阶段是对环境的 2.5 维描述。2.5 维描述是一种形象的说法，即部分的、不完整的三维信息描述，用"计算"的语言来讲，就是重建三维物体在以观察者为中心的坐标系下的三维形状与位置。

当用人眼或摄像机观察周围环境物体时，观察者对三维物体最初是以自身的坐标系来描述的，而且我们只能观察到物体的一部分（另一部分是物体的背面或被其他物体遮挡的部分）。这样，重建的结果是在观察者坐标系下描述的部分三维物体形状，因此称为 2.5 维描述。

这一阶段中存在许多并行的相对独立的功能模块，如立体视觉、运动分析、由灰度恢复表面形状等不同处理单元。

3）第三阶段（后期阶段）

从各种不同角度去观察物体，观察到的形状都是不完整的。人脑中不可能存有同一物体从所有可能的观察角度看到的物体形象，以用来与所谓的物体的 2.5 维描述进行匹配和比较。因此，2.5 维描述必须进一步处理以得到物体的完整三维描述，而且必须是物体本身某一固定坐标系下的描述。这一阶段称为第三阶段（后期阶段）。

表 6.3　由图像恢复形状信息的表达框架

名　称	目　的	基　元
图像	亮度表示	图像中每一点的亮度值
基元图	表示二维图像中的重要信息，主要是图像中的亮度变化位置及其几何分布和组织结构	零交叉，斑点，端点和不连续点，边缘，有效线段，组合群，曲线组织，边界
2.5维图	在以观察者为中心的坐标系中，表示可见表面的方向、深度值和不连续的轮廓	局部表面朝向（"针"基元），离观察者的距离，深度上的不连续点，表面朝向的不连续点
三维模型表示	在以物体为中心的坐标系中，用由体积基元和面积基元构成的模块化多层次表示，描述形状及其空间组织形式	分层次组成若干三维模型，每个三维模型都是在几个轴线空间的基础上构成的，所有体积基元或面积基元都附着在轴线上

Marr 理论是计算机视觉研究领域的划时代成就，多年来，对图像理解和计算机视觉的研究发展起了重要的作用。但 Marr 理论也有其不足之处，1993 年吴立德提出了有关整体框架的 4 个问题：

（1）框架中的输入是被动的，给什么图像，系统就处理什么图像。

（2）框架中加工目的不变，总是恢复场景中物体的位置和形状等。

（3）框架缺乏或者说未足够重视高层知识的指导作用。

（4）整个框架中信息加工过程基本自下而上，单向流动，没有反馈。

针对上述问题，近年来人们提出了一系列改进思路，将图 6.1 所示框架进行改进并融入新的模块得到图 6.2 所示框架，具体改进如下：

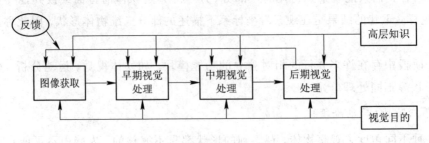

图 6.2　改进的 Marr 框架

（1）人类视觉是主动的，会根据需要改变视角，以帮助识别。主动视觉指视觉系统可以根据已有的分析结果和视觉的当前要求，决定摄像机的运动以从合适的视角获取相应的图像。

（2）人类的视觉可以根据不同的目的进行调整。有目的视觉（也称定性视觉）指视觉系统根据视觉目的进行决策，例如，是完整地恢复场景中物体的位置和形状等，还是仅仅检测场景中是否有某物体存在。

（3）人类可在仅从图像获取部分信息的情况下完全解决视觉问题，原因是隐含地使用了各种知识。例如，借助 CAD 设计资料获取物体形状信息（使用物体模型库），可帮助解决由单幅图恢复物体形状的困难。利用高层知识可解决低层信息不足的问题，所以在改进框架中增加了高层知识模块。

（4）人类视觉中前后处理之间是有交互作用的，尽管对这种交互作用的机理了解得还不充分，但高层知识和后期处理的反馈信息对早期处理的作用是重要的。从这个角度出发，在改进框架中增加了反馈控制流向。

最后需要指出，限于历史等因素，Marr 没有研究如何用数学方法严格地描述视觉信息的问题，虽然较充分地研究了早期视觉，但基本没有论及对视觉知识的表达、使用和基于视觉知识的识别等。近年来有许多试图建立计算机视觉理论框架的工作，其中 Grossberg 宣称建立了一个新的视觉理论：表观动态几何学（Dynamic Geometry of Surface form and Appearance）。该理论指出感知的表面形状是分布在多个空间尺度上多种处理动作的总结果，因此 2.5 维图并不存在，向 Marr 理论提出了挑战。但 Marr 理论使得人们对视觉信息的研究有了明确的内容和较完整的基本体系，仍被看作是研究的主流。现在新提出的理论框架均包含 Marr 理论的基本成分，多数被看作它的补充和发展。尽管 Marr 理论在许多方面还存在争议，但至今它仍是广大计算机视觉工作者所普遍接受的计算机视觉理论基本框架。

6.1.5 机器视觉系统的构成

机器视觉系统以计算机为中心，主要由视觉传感器、高速图像采集系统及专用图像处理系统等模块构成，如图 6.3 所示。

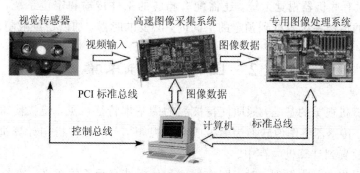

图 6.3 机器视觉系统的组成模块

1. 视觉传感器

视觉传感器是整个机器视觉系统信息的直接来源，主要由一个或者两个图像传感器组成，有时还要配以光投射器及其他辅助设备。它的主要功能是获取最原始图像。图像传感器可以使用激光扫描器、线阵和面阵 CCD 摄像机、TV 摄像机和数字摄像机等。

2. 高速图像采集系统

高速图像采集系统是由专用视频解码器、图像缓冲器和控制接口电路组成的。它的主要功能是实时地将视觉传感器获取的模拟视频信号转换为数字图像信号，并将图像传送给计算机进行显示和处理，或者将数字图像传送给专用图像处理系统进行视觉信号的实时前端处理。

3. 专用图像处理系统

专用图像处理系统是计算机的辅助处理器，主要采用专用集成芯片（ASIC）、数字信号处理器（DSP）或者 FPGA 等设计的全硬件处理器。它可以实时、高速地完成各种低级图像处理算法，减轻计算机的处理负荷，提高整个视觉系统的速度。专用图像处理系统与计算机之间的通信可以采用标准总线接口、串行通信总线接口或者网络通信等方式。同时，各种硬件处理系统的出现，如基于 FPGA 的超级计算机和实时低级图像处理系统等，为机器视觉系统实时实现提供了有利的条件。

4. 计算机

计算机是整个机器视觉系统的核心，它除了控制整个系统的各个模块的正常运行外，还承担着视觉系统的最后结果运算和输出。由图像采集系统输出的数字图像可以直接传送到计算机，由计算机采用纯软件方式完成所有的图像处理和其他运算。如果纯软件处理能够满足视觉系统的要求，专用图像处理系统就不用出现在机器视觉系统中。这样，一个实用机器视觉系统的结构、性能、处理时间和价格等都可以根据具体应用而定，因此比较灵活。

此外，针对有些机器视觉系统，还需配有相应的工件传输和定位系统，以使待监测的工件通过特定的传送系统安放到预定的空间内，必要的时候，加以定位限制。

6.2 图像与图像采集

图像是计算机视觉的基础，照明使得被测物的基本特征可见，镜头使得在传感器上得到清晰的图像，传感器将图像转换为模拟或数字视频信号，摄像机与计算机的接口接收视频信号并将其放置到计算机内存中。

了解图像采集的基本原理，对于图像处理和分析具有重要的意义。本节从照明、镜头、摄像机和图像的表达几个方面简要介绍相关机理。

6.2.1　照明

机器视觉中照明的目的是使被测物的重要特征显现，而抑制不需要的特征。为达到此目的，我们需要考虑光源与被测物间的相互作用。其中一个重要的因素就是光源和被测物的光谱组成。我们可以用单色光照射彩色物体以增强被测物相应特征的对比度。照明的角度可以用于增强某些特征。

1. 光源类型

机器视觉中，常用的光源有以下几种：

（1）白炽灯。白炽灯通过电流加热灯丝使其产生热辐射。灯丝的温度非常高，其辐射在电磁辐射谱线的可见光范围内。白炽灯的优点是相对较亮，可以产生色温为 3000 K～4000 K 的连续光谱；可以工作在低电压。白炽灯的缺点是发热严重，仅有 5% 左右的能量转换为光，其他都以热的形式散发了；寿命短，而且不能用作闪光灯；老化快，随着时间的推移，亮度迅速下降。

（2）氙灯。氙灯是在密闭的玻璃灯泡中充上氙气，氙气被电离后产生色温为 5500 K～12 000 K 的非常亮的白光。氙灯常被分为连续发光的短弧灯、长弧灯以及闪光灯。氙灯可做成每秒 200 多次的非常亮的闪光灯。对于短弧灯，每次亮的时间可以短至 $1\sim20~\mu s$。氙灯的缺点是供电复杂且价格昂贵。此外，在几百万次闪光后会出现老化现象。

（3）荧光灯。荧光灯也是一类气体放电光源，可以产生 3000 K～6000 K 色温的可见光。荧光灯由交流电供电，因此产生与供电相同频率的闪烁。机器视觉应用中，为避免图像明暗变化，需要使用不低于 22 kHz 的供电频率。荧光灯的优点是价格便宜，照明面积大；缺点是寿命短，老化快，光谱分布不均匀。

（4）发光二极管（LED）。发光二极管是一种通过电致发光的半导体，能产生类似单色光的非常窄的光谱的光。其发光颜色取决于所用半导体材料的成分，可以制作成红外、近紫外及可见光等 LED 光源。发光二极管的一大优点是寿命长，寿命超过 100 000 h 非常常见。另外，LED 可用作闪光灯，响应速度很快，几乎没有老化现象。由于 LED 采用直流供电，因此亮度非常容易控制。发光二极管的主要缺点是其性能与环境温度有关，环境温度越高，LED 的性能越差，寿命越短。目前，LED 是机器视觉中应用最多的一种光源。

2. 光与被测物之间的相互作用

光与被测物有多种相互作用方式，如图 6.4 所示，其中照射光用黑色箭头表示。

除镜面反射外，物体表面反射光线的多少（反射率）、透射光线的多少（透射率）、光线的吸收都取决于投射到物体的光的波长。不透明物体特有的颜色是由与波长相关的漫反射及吸收决定的，而透明物体的颜色是由与波长相关的透射决定的。

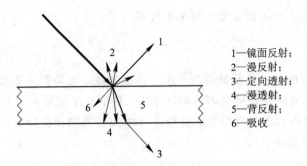

1—镜面反射；
2—漫反射；
3—定向透射；
4—漫透射；
5—背反射；
6—吸收

图 6.4　光与被测物间的相互作用

3. 利用照明的光谱

彩色物体反射了一部分光谱，而吸收了其他光谱。我们可以利用这一特点来增强我们需要的特征。比如，使用合适的照明光源使其光谱范围正好是希望看到的波长范围被物体反射，不希望看到的波长范围被物体吸收。例如，如果绿色背景上面的红色被测物需要增强，我们就可以使用红色照明光源，这时红色物体会更加明亮，同时绿色物体会变得暗淡。

另外，还可以通过滤镜、滤光片、偏振片来加强和抑制相应的光谱。

4. 利用照明的方向性

照明的方向性通常也可以用在机器视觉中来增强被测物的必要特征。方向性影响进入摄像机的光线，造成不同的成像效果。一方面，光源可以是漫射或直接照射的。另一方面，光源与被测物的相对位置的不同，会形成正面光、背光和透射光。光源、物体、摄像机的位置以及照明的角度不同，可形成明场照明和暗场照明。这些因素的相互组合，可以形成多种照明方式，如正面明场漫射照明方式（常用于防止产生阴影，并用于减少或防止镜面反射）、直接暗场正面照明方式（可以突出被测物的缺口和凸起，可用于检测划痕、纹理或雕刻文字等）、明场漫射背光照明方式（只显示不透明物体的轮廓），如图 6.5 所示。

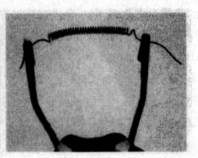

(a) 金属工件　　　　　　(b) 灯泡中的灯丝

图 6.5　使用明场漫射背光照明方式的效果图

6.2.2　镜头

镜头是一种光学设备,其作用是聚集光线在摄像机内部产生锐利的图像,以得到被测物的细节。

图 6.6 所示为针孔摄像机成像模型。模型中,被测物在像平面成像,像平面相当于一个方盒子的一个面,在这个面的对面是针孔所在的面,针孔相当于投影中心。

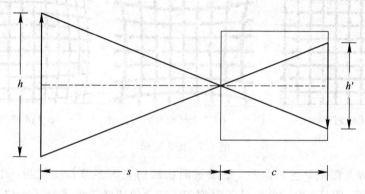

图 6.6　针孔摄像机成像模型

针孔摄像机模型基本可以满足通过摄像机标定来测量地球坐标系中的被测物的要求。但是这种简单模型不能反映真实的情况,由于针孔太小,只有少量的光线能够通过小孔到达像平面,因此必须采用非常长的曝光时间以得到亮度足够的图像。真正的摄像机常由一定形状的玻璃或塑料构成。玻璃或塑料的形状决定了镜头可能使光线发散或汇聚。

光线穿过玻璃或塑料介质时会发生折射,其折射率由波长决定。白光折射后会产生多种颜色(色散现象)。可见,镜头成像与针孔成像不同,是非线性过程。设想一种理想化的光学系统,即高斯光学,在高斯光学中同心光束通过由球面透镜构成的镜头后又汇聚到一点。

在透视投影中,距离镜头越近,物体所成的像就越大。因此,与像平面不平行的被测物所成的像将会变形。然而,在许多测量应用中,非常需要产生平行投影的成像系统,以消除透视变形以及由于透视变形产生的被测物的遮挡。这种系统目前常用的是远心镜头。

实际上,大多数镜头达不到高斯光学的要求,成像就产生了不一致。所有与高斯光学的背离均称作像差。这些像差包括由球面镜头边缘的折射增大造成的球差,由边缘提取等特征提取算法产生位置错误的彗差,像散等。这些像差大多会造成图像变形:枕形畸变和桶形畸变,如图 6.7 所示。

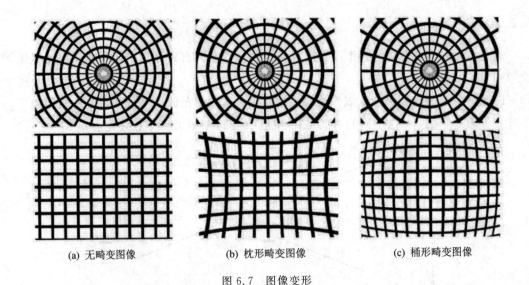

(a) 无畸变图像　　　　　(b) 枕形畸变图像　　　　　(c) 桶形畸变图像

图 6.7　图像变形

上述所有像差都是单色光像差。如果被测物被白光等多波长光照明,还会产生色差。色差会造成模糊,而且,由于色差是非对称的,它会使边缘提取等特征提取算法产生位置错误。

6.2.3　摄像机

摄像机的作用是将通过镜头聚焦于像平面的光线生成图像。摄像机中最重要的组成部件是数字传感器。本小节介绍 CCD(Charge Coupled Device)和 CMOS(Complementary Metal Oxide Semiconductor)两种重要传感器的特点。CCD 和 CMOS 传感器的主要区别是从芯片中读出数据的方式(即读出结构)不同。

模拟 CCD 摄像机常用的读出模式要求一幅图像以两场传输,一场是图像所有的奇数行,另一场是所有的偶数行。这种读出模式称作隔行扫描。由于 CCD 传感器具有特定的读出结构,因此一幅图像必须经过两次曝光。

CMOS 传感器通常采用光电二极管作为光电探测器。CMOS 传感器的每一行都可以通过行和列选择电路直接选择并读出,可以将其作为随机存取存储器使用。图像中每行的像素通过模/数转换器阵列并行地转换为数字信号并输出。

CMOS 传感器的随机读取特性使其很容易实现图像中矩形感兴趣区域(AOI)的读出方式。与 CCD 传感器相比,对于有些应用,这点有很大优势,因为 CMOS 传感器能在较小的 AOI 时得到更高的输出帧率。CMOS 传感器的另一大优点是可以实现并行模/数转换,这使其即使不使用 AOI 也能具有较高的输出帧率。由于 CMOS 传感器的每一行都可以独立读出,因此得到一幅图像最简单的方式就是一行一行曝光并读出。显然这种读出方式使图像的第一行和最后一行有很大的采集时差，采集运动物体图像时会产生明显的变形。对于运动物体图像的采集，应使用全局曝光的传感器。全局曝光传感器对应的每个像素都需要一个存储区，从而降低了填充因子。对于运动物体，采用全局曝光可以得到正确的图像。

　　CCD 和 CMOS 传感器对于整个可见光波段全部有响应，因此无法产生彩色图像。彩色摄像的第一种方法是，在传感器前面加上彩色滤镜阵列，使得一定范围的光到达每个光电探测器，这种成像的摄像机称为单芯片摄像机。如最常见的 Bayer 滤镜阵列，由三种滤镜组成，每种滤镜都可以透过人眼敏感的三基色红、绿、蓝中的一种。为了得到传感器全分辨率下的彩色图像，需要通过称作颜色插值的处理来重建，这会产生人为的颜色缺陷。彩色摄像的第二种方法是，通过镜头的光线被分光器或棱镜分为三束光，然后到达三个传感器，每个传感器前有一个不同颜色的滤光片，这种成像的摄像机称为三芯片摄像机。三芯片摄像机可以克服单芯片摄像机的图像失真问题。

　　除了传感器，噪声对摄像机成像也会造成重大影响，这与图像的灰度值的产生机理有关。图像的灰度值是这样产生的：在曝光期间，光子落到传感器的区域内，形成电荷后转换为电压；电压经过放大并通过模/数转换数字化产生灰度值。但是，有多种噪声会改变灰度值，如光子噪声、复位噪声、暗电流噪声、放大噪声、量化噪声、热噪声、空间噪声、偏置噪声、增益噪声等。

6.2.4　图像及其表达

1. 图像的理解

　　机器视觉里，图像是基本的数据结构，它所包含的数据通常是由图像采集设备传送到计算机内存中的。一个像素能被看成是对能量的采样结果，此能量是在曝光过程中传感器上一个感光单元所累积得到的，它累积了在传感器上光谱响应范围内的所有光能。对这种"光能"，如果忽略其细节的复杂性，则可以简单地理解为亮度。

　　根据摄像机的类型不同，传感器的光谱响应通常包括全部可见光谱和部分近红外光谱。正因为这样，黑白摄像机会返回每个像素所对应的一个能量采样结果，这些结果组成了一幅单通道灰度值图像。而对于 RGB 彩色摄像机，它将返回每个像素所对应的三个采样结果，也就是一幅三通道图像。

　　单通道摄像机和三通道摄像机是机器视觉应用中所涉及的两类基本的图像传感器。但是在某些应用领域中，比如遥感图像，图像的每个像素对应非常多的能量采样结果。这样做的目的是对光谱进行更细致的采样，所以每个像素对应多个能量样本也是可以的。例如，HYDICE 传感器的每个像素可以采集 210 个光谱采样结果。所以，为了处理所有可能的应用，图像可被视为由一组任意多的通道组成。

2. 图像的表达

直观地，图像通道可以被简单地看作是一个二维数组，这也是程序设计语言中表示图像时所使用的数据结构。因此，在像素(r, c)处的灰度值可以被解释为矩阵$g = f(r, c)$中的一个元素。

使用更正规的描述方式，我们能视某个宽度为w、高度为h的图像通道f为一个函数，该函数表示从离散二维平面Ω^2的一个矩形子集（即$R \in \Omega^2$）$R = \{0, \cdots, h-1\} \times \{0, \cdots, w-1\}$到某一个实数的关系$f: R \rightarrow \mathbf{R}$，像素位置$(r, c)$处的灰度值$g$定义为$f(r, c)$。同理，一个多通道图像可被视为一个函数$f: R \rightarrow \mathbf{R}^n$，这里的$n$表示通道的数目。

在上面的表述中，假设灰度值是由实数表示的。在几乎所有的情况下，图像采集设备不但在空间上把图像离散化（即行列方向的像素），同时也会把灰度值离散化到某一固定的灰度级范围内。大多数情况下，灰度值被离散化为8位（一个字节），即所有可能的灰度值所组成的集合是$G_8 = \{0, \cdots, 255\}$。在有些情况下，需要使用更高的位深，如10位、12位，甚至是16位。

6.3　图像预处理

6.3.1　图像预处理概述

从6.2节中可知，在图像采集阶段采取合适的技术方法获取原始图像有助于改善图像质量，获取我们感兴趣或有助于图像分析的特征细节。但是，很多时候，这还远远不够，此时就需要对图像进行预处理。例如出现以下情况时，需要进行相应的预处理：

（1）在图像采集过程中，存在光敏元件灵敏度不均衡、透镜对光线的削弱程度不一致、照明不均匀，或者图像中组成部分的对比不强烈等现象，此时需要进行像素的亮度变换，校正像素亮度的退化，增强图像的对比强度。

（2）图像获取时，可能出现几何变形，这就需要采用几何变换，矫正几何变形带来的位置变化和像素的亮度变化。

（3）获取的图像往往包含噪声，或存在其他的小的波动，或存在相对于感兴趣目标更小尺寸的区域，这些情况都会影响后续图像分析的质量，此时需要采用平滑处理来抑制或消除这些影响。

（4）不同物体在图像中的交接处往往出现特征的变化，为了便于后续的图像处理和分析，需要采用梯度算子加强、凸显这种变化。

总之，预处理的目的是改善图像数据，抑制不需要的变形或者增强某些对于后续处理重要的图像特征。

但需要强调的是,预处理并不会增加图像的信息量。如果信息用熵来度量,那么预处理一般都会降低熵。因此,从信息论的角度来看,最好的预处理是没有预处理,而避免(消除)预处理的最好途径是获取高质量的图像。然而,预处理在很多情况下是非常有用的,因为它有助于抑制与特殊的图像处理或分析任务无关的信息,相应地突出有关的信息。

6.3.2　像素亮度变换

像素亮度变换用于修改像素的亮度,该变换只取决于各像素自身的性质。像素亮度变换有两类:亮度校正和灰度级变换。采用亮度校正来修改像素的亮度时,要考虑该像素原来的亮度和其在图像中的位置。采用灰度级变换来修改像素的亮度时,无需考虑其在图像中的位置。

图像获取和数字化设备的灵敏度,在很多实际情况下是与像素位置相关的。光线离光轴越远,透镜对它削弱得越多,且传感器的光敏元件并不具有均衡一致的灵敏度。这些因素都会造成图像退化。如果这种退化是系统性的,则可以采用亮度校正加以抑制。校正时,理想的情况是知道退化前的亮度,进而对相应的像素的灰度值进行乘以错误因子加以校正。退化前的亮度可能是某不变值,也可能是设定的某像素函数。

灰度级变换的目的是增强局部的对比度。当图像局部的对比度太弱,或者由于光源的老化而造成图像对比度变弱时,为了便于人们进行观察,可以采用灰度级变换增强对比度。即对一个变换 T,将原来在范围$[p_0, p_k]$内的亮度 p 变换为一个新范围$[q_0, q_k]$内的亮度 q。

图 6.8 给出了最常见的灰度级变换:分段线性函数 A 增强了图像在亮度 p_1 和 p_2 之间的图像对比度;函数 B 实现了亮度阈值化,其结果是黑白图像;直线 C 代表负片(底片)变换。

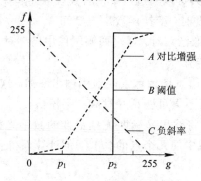

图 6.8　一些简单的灰度级变换

由于灰度级是有限的,为了提高变换的效率和实时性,灰度级变换可以通过查表的方式实现。

常见的像素亮度变换有:直方图均衡化,其目的是创建一幅在整个亮度范围内具有相同亮度分布的图像,从而增强直方图极大值附近的亮度对比度,减小极小值附近的亮度对比度;对数灰度级变换,常用于补偿相机的灰度非线性转换;伪彩色变换,即将单色图像中个别亮度编码为某种颜色,常用于改善人眼的观察效果。

6.3.3 图像几何变换

在获取图像时，若出现了几何变形，我们就需要通过几何变换来消除这种变形。例如，在试图匹配不同时间拍摄的同一区域但不是同精确位置的两幅遥感图像的时候，必须先做几何变换，然后彼此相减。这里我们只考虑 2D 情况的几何变换，因为这对于绝大多数数字图像是足够的。

图像几何变换是指用一个矢量函数 T 将一个像素(x, y)映射到一个新位置(x', y')。图 6.9 所示是一个在 2D 内像素点到像素点的图像几何变换的例子。

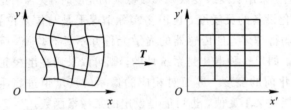

图 6.9 平面内像素点到像素点的几何变换

变换矢量函数 T 定义为两个分量公式：

$$\begin{cases} x' = T_x(x, y) \\ y' = T_y(x, y) \end{cases} \tag{6.1}$$

式中，T_x 和 T_y 为变换函数，其可以通过以下两种途径获得：

① 当旋转、平移和变尺度时，变换函数事先已知；

② 当原来和变换后的图像已知时，通过两幅图像中已知对应点来推导变换函数。

图像几何变换包括两个步骤：

(1) 像素坐标变换，即将输入图像像素映射到输出图像，这时，输出点的坐标将会是连续数值，因为在变换后其位置不太可能正好对应数字栅格。

(2) 输出坐标像素化，即将输出坐标匹配到最佳的数字光栅中的点，并确定其亮度数值。亮度数值通常是通过邻域中的几个点的亮度插值计算而得到的。

1) 像素坐标变换

式(6.1)给出的是几何变换后在输出图像中找到点坐标的一般情况，该变换通常用多项式公式来近似：

$$\begin{cases} x' = \sum_{r=0}^{m} \sum_{k=0}^{m-r} a_{rk} x^r y^k \\ y' = \sum_{r=0}^{m} \sum_{k=0}^{m-r} b_{rk} x^r y^k \end{cases} \tag{6.2}$$

这个变换对于系数 a_{rk}、b_{rk} 来说是线性的，因此如果已知在两幅图像中的对应点(x, y)

和 (x', y')，就可以通过求解线性方程组的方式确定 a_{rk} 和 b_{rk}。

当几何变换对像素坐标的变化不敏感时，使用低阶多项式($m=2$ 或 $m=3$)，至少需要 6 或 10 对对应点。对应点在图像中的分布应该能够表达几何变换，通常它们是均匀分布的。

在实践中，式(6.2)用以下两种变换来近似。

(1) 用双线性变换来近似：需要至少 4 对对应点来解出变换系数，即

$$\begin{cases} x'=a_0+a_1x+a_2y+a_3xy \\ y'=b_0+b_1x+b_2y+b_3xy \end{cases} \tag{6.3}$$

(2) 用仿射变换来近似：需要至少 3 对对应点来解出变换系数，即

$$\begin{cases} x'=a_0+a_1x+a_2y \\ y'=b_0+b_1x+b_2y \end{cases} \tag{6.4}$$

仿射变换包含了一些典型的几何变换，如旋转、平移、变尺度和歪斜(斜切)等。

当几何变换作用在整个图像上时，坐标系可能会改变，雅可比行列式 J 提供了坐标系变换的信息：

$$J=\left|\frac{\partial(x',y')}{\partial(x,y)}\right|=\begin{vmatrix} \dfrac{\partial x'}{\partial x} & \dfrac{\partial x'}{\partial y} \\ \dfrac{\partial y'}{\partial x} & \dfrac{\partial y'}{\partial y} \end{vmatrix} \tag{6.5}$$

如果变换是奇异的(没有逆)，则 $J=0$；如果图像的面积在变换中具有不变性，则 $J=1$。

双线性变换式(6.3)的雅可比行列式为

$$J=a_1b_2-a_2b_1+(a_1b_3-a_3b_1)x+(a_3b_2-a_2b_3)y \tag{6.6}$$

仿射变换式(6.4)的雅可比行列式为

$$J=a_1b_2-a_2b_1 \tag{6.7}$$

常用的几个重要变换方法如下：

(1) 旋转。绕原点旋转角度 ϕ：

$$\begin{cases} x'=x\cos\phi+y\sin\phi \\ y'=-x\sin\phi+y\cos\phi \\ J=1 \end{cases} \tag{6.8}$$

(2) 变尺度。X 轴为 a，Y 轴为 b：

$$\begin{cases} x'=ax \\ y'=by \\ J=ab \end{cases} \tag{6.9}$$

(3) 歪斜(斜切)。歪斜角度 φ：

$$\begin{cases} x' = x + y\tan\varphi \\ y' = y \\ J = 1 \end{cases} \tag{6.10}$$

对于更复杂的几何变换(如扭曲),可以通过将图像分解为更小的矩形子图像来近似,每个子图像用对应的像素对来估计一个简单的几何变换。这样,复杂的几何变换就可以在每个子图像中分别修复了。

2) 输出坐标像素化

式(6.1)给出了新的点坐标(x', y'),该坐标一般不符合输出图像的离散光栅,因此需要得到数字栅格上的数值。输出图像光栅上每个像素的数值可以用一些相邻的非整数采样点的亮度插值来获得。

该插值问题一般用对偶的方法来表达,也就是确定对应于输出图像光栅点在输入图像中原来的点的亮度。假定我们要计算输出图像中像素(x', y')亮度的数值(整数值,图中用实线表示)。原来图像中对应点(x, y)坐标可以用式(6.1)平面变换的逆变换得到,即

$$(x, y) = \boldsymbol{T}^{-1}(x', y') \tag{6.11}$$

一般来说,逆变换后的实数坐标(图中的虚线)并不符合离散栅格(实线),因此亮度是不知道的。有关原始连续图像函数的仅有信息是其采样$g_s(l\Delta x, k\Delta y)$。为了得到点$(x, y)$的亮度,需要重采样输入图像。

记亮度插值的结果为$f_n(x, y)$,其中的n用于表示不同的插值方法。亮度可以用卷积公式来表示:

$$f_n(x, y) = \sum_{l=-\infty}^{\infty}\sum_{k=-\infty}^{\infty} g_s(l\Delta x, k\Delta y)h_n(x - l\Delta x, y - k\Delta y) \tag{6.12}$$

式中:函数h_n为插值核。若期望在几何和光度测量方面的精度较高,则邻域变大,计算的负担也加大,所以,插值邻域一般都取得相当小。在插值邻域之外,$h_n = 0$。常用的插值方法有最近邻插值、线性插值、双三次插值。为简单起见,设$\Delta x = \Delta y = 1$。

(1) 最近邻插值。

该方法将离散光栅中距离最近的点g的亮度数值赋予点(x, y)。如图6.10所示,图(a)显示了新的亮度是如何被赋予的,其中虚线表示平面变换的逆变换将输出图像的光栅映射到输入图像中的情况,实线表示输入图像的光栅;图(b)为1D情况下的插值核h_1。最近邻插值由下式给出:

$$f_1(x, y) = g_s[\text{round}(x), \text{round}(y)] \tag{6.13}$$

最近邻插值的最大定位误差是半个像素。当物体具有直线轮廓时,这种误差可能使原来的直线轮廓呈现阶梯状。

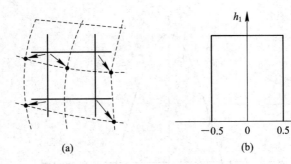

图 6.10　最近邻插值

（2）线性插值。

该方法考虑点(x,y)的四个相邻点，假定亮度函数在这个邻域内是线性的。如图 6.11 所示，图(a)显示哪些点被用于插值，图(b)为 1D 情况下的插值核 h_2。线性插值由下式给出：

$$\begin{cases} f_2(x,y)=(1-a)(1-b)g_s(l,k)+a(1-b)g_s(l+1,k)+ \\ \qquad\qquad b(1-a)g_s(l,k+1)+abg_s(l+1,k+1) \\ l=\mathrm{floor}(x),a=x-l \\ k=\mathrm{floor}(y),b=y-k \end{cases} \qquad (6.14)$$

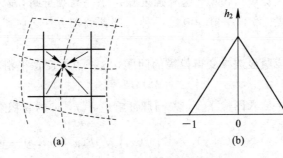

图 6.11　线性插值

该插值可能会引起轻度的分辨率降低和模糊，原因在于其平均化的本性，但是减轻了阶梯状直线轮廓的问题。

（3）双三次插值。

该方法用双三次多项式表面局部的近似亮度函数来改善其模型，用 16 个相邻的点作插值。一维的插值核（又称"墨西哥草帽"）如图 6.12 所示。

插值核由下式给出：

$$h_3=\begin{cases} 1-2|x|^2+|x|^3 & (0\leqslant|x|<1) \\ 4-8|x|+5|x|^2-|x|^3 & (1\leqslant|x|<2) \\ 0 & (其他) \end{cases} \qquad (6.15)$$

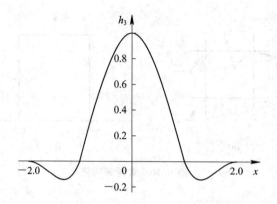

图 6.12 双三次插值的核

双三次插值消除了最近邻插值的阶梯状直线边界问题，也解决了线性插值的模糊问题。该方法通常用于光栅显示中，使得相对于任意点的聚焦成为可能。如果使用最近邻插值，则具有相同亮度的区域会增加。双三次插值非常好地保持了图像的细节。

6.3.4 图像平滑滤波

视觉图像常常被强度噪声所污染，这种强度噪声是一高频分量，需要进行平滑滤波以减弱或消除这种高频分量。图像平滑滤波是一种局部预处理方法，它利用图像数据的冗余性来抑制图像噪声。

图像平滑滤波会造成明显边缘变得模糊的问题，这一点在图像平滑应用中应予以高度重视。

图像滤波是通过原始输入图像 $f(x, y)$ 与脉冲响应 $h(x, y)$ 的卷积来实现的：

$$g(x,y) = f(x,y) \otimes h(x,y) = \int_{-\infty}^{\infty} \int_{-\infty}^{\infty} f(x', y')h(x-x', y-y')\mathrm{d}x'\mathrm{d}y' \quad (6.16)$$

其中，$\otimes$ 为卷积运算符；$g(x, y)$ 为经过滤波后的输出图像。式(6.16)可离散为如下形式：

$$g[i, j] = f[i, j] \otimes h[i, j] = \sum_{k=-n}^{n} \sum_{l=-m}^{m} f[i-k, j-l]h[k, l] \quad (6.17)$$

因此，卷积就变成了对像素点的加权计算，脉冲响应 $h[i, j]$ 就是一个卷积模板，卷积模板的两维宽度为 $[2m+1] \times [2n+1]$。对图像中的每一个像素 $[i, j]$，输出响应 $g[i, j]$ 是通过平移卷积模板到各像素点 $[i, j]$ 处，计算模板与像素点 $[i, j]$ 邻域加权得到的。其中各加权值对应卷积模板的各对应值。图 6.13 是 3×3 卷积模板示意图，输出响应 $g[i, j]$ 如下：

$$g[i, j] = Ap_1 + Bp_2 + Cp_3 + Dp_4 + Ep_5 + Fp_6 + Gp_7 + Hp_8 + Ip_9 \quad (6.18)$$

其中，卷积模板原点对应于位置 E，而权 $A, B, \cdots, I$ 是 $h[k, l]$ 的值，k、$l=1, 0, -1$。

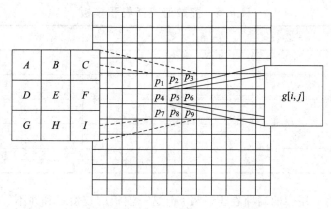

图 6.13　3×3 卷积模板示意图

目前常用的图像平滑滤波模板有均值卷积模板、中值卷积模板及高斯卷积模板等。高斯卷积模板是一种线性模板，可直接从二维零均值离散高斯函数计算模板权值。

二维零均值离散高斯函数表达式为

$$h[i,j]=\mathrm{e}^{-\frac{(i^2+j^2)}{2\sigma^2}} \tag{6.19}$$

其中，σ 是高斯函数的均方差，用于控制平滑效果。σ 值越大，平滑程度越好，但同时也造成图像特征过分模糊，一般取 $\sigma=1\sim10$。例如，取 $\sigma=1$，卷积模板的两维宽度取 5×5，则由式(6.19)可以产生表 6.4 所示的高斯卷积模板。

表 6.4　高斯卷积模板

$[i,j]$	−2	−1	0	1	2
−2	0.018	0.082	0.135	0.082	0.018
−1	0.082	0.368	0.607	0.368	0.082
0	0.135	0.607	1.000	0.607	0.135
1	0.082	0.368	0.607	0.368	0.082
2	0.018	0.082	0.135	0.082	0.018

为了计算方便，一般将模板权值取整。其过程是取模板最小权值(在模板的角点处)，选择 c 使得该最小权值为 1。如上例中：

$$c=\frac{h[-2,-2]}{0.018}=\frac{1}{0.018}=56 \tag{6.20}$$

这样，用 c 值乘以模板所有权值并取整，即可得到如表 6.5 所示的整数值高斯卷积模板。

表 6.5   整数值高斯卷积模板

$[i,j]$	-2	-1	0	1	2
-2	1	5	8	5	1
-1	5	21	34	21	5
0	8	34	56	34	8
1	5	21	34	21	5
2	1	5	8	5	1

表 6.5 是实际应用中的高斯卷积模板，但这一模板的权值之和并不等于1，这就意味着高斯卷积处理提高了整幅图像的灰度，并改变了图像直方图。所以，在进行图像平滑时，像素点的输出值必须用模板的权值来归一化处理。在上例中：

$$\sum_{i=-2}^{2}\sum_{j=-2}^{2}h[i,j]=352 \tag{6.21}$$

所以，经高斯卷积平滑滤波后的输出图像为

$$g[i,j]=\frac{1}{352}(f[i,j]\otimes h[i,j]) \tag{6.22}$$

图 6.14 给出了测试图像及经高斯平滑滤波后的图像，其中图(a)是原始图像，图(b)和图(c)分别是经 $\sigma=1$ 和 $\sigma=5$ 的 5×5 高斯卷积模板后的图像。从图 6.14 中可以看出，高斯卷积模板对图像高频噪声有较好的抑制作用，同时又使得图像特征变得模糊，且随着 σ 值的增大，模糊程度也逐渐增大。

(a) 原始图像   (b) $\sigma=1$ (c) $\sigma=5$

图 6.14   测试图像及经高斯平滑滤波后的图像

6.3.5   一阶微分边缘算子

1. 图像边缘

图像最基本的特征是边缘。所谓边缘，是指图像中像素灰度有阶跃变化或屋顶状变化的那些像素的集合。它存在于目标与背景、目标与目标、区域与区域之间，并与图像亮度或图像亮度的一阶导数的不连续性有关，从而表现为阶跃边缘和线条边缘。

1）阶跃边缘

阶跃边缘表现为图像亮度在不连续处两边的像素灰度值存在明显差异，这种差异从视觉上看为图像从亮场景过渡到暗背景，或从亮背景过渡到暗场景。所以，图像亮度的一阶导数的幅度在阶跃边缘上非常大，而在非边缘上为零。

在实际图像中，由于图像传感器件的特性和光学衍射效应等影响，阶跃边缘变成斜坡形边缘。这时边缘上的图像亮度一阶导数的幅度最大，而二阶导数值为零，但在其左右分别有一正一负两个峰值，如图 6.15(a)所示。

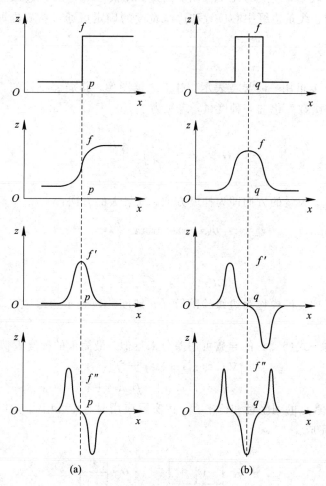

图 6.15　图像边缘截面图及其一阶、二阶导数

2) 线条边缘

线条边缘表现为图像亮度突然从一个灰度变化到另一个灰度，之后又很快返回到原来或接近原来的灰度。从视觉上看，线条边缘位于灰度值从增加到减小（或从减小到增加）的变化的转折点。

同阶跃边缘一样，在实际图像中由于图像传感器件的特性和光学衍射效应等影响，线条边缘变成屋顶形边缘。这时边缘上的图像亮度一阶导数值为零，而二阶导数的幅度最大，如图 6.15(b)所示。

从图 6.15(b)中可以看出，实际上一个线条边缘包含了两个阶跃边缘，只是两个阶跃边缘之间的距离比较短，一般为几个像素。因此，在很多场合线条边缘的提取可归结为两个阶跃边缘的提取。线条边缘中心位置和边缘宽度的确定可通过精确提取其两个阶跃边缘的准确位置来实现。

2. 梯度

函数的变化程度可用一阶导数表示。对于二维图像，其局部特性的显著变化可以用梯度来检测。梯度是函数变化的一种度量，定义为

$$\boldsymbol{G}(x,y) = \begin{pmatrix} f'_x \\ f'_y \end{pmatrix} = \begin{bmatrix} \dfrac{\partial f}{\partial x} \\ \dfrac{\partial f}{\partial y} \end{bmatrix} \tag{6.23}$$

梯度是一矢量。矢量的方向即为梯度方向，取最大的方向：

$$\theta(x,y) = \arctan \frac{f'_y}{f'_x} \tag{6.24}$$

梯度的模为

$$|\boldsymbol{G}(x,y)| = \sqrt{f'^2_x + f'^2_y} \tag{6.25}$$

因此，可以把梯度的模作为边缘检测算子。梯度的模表示边缘强度，梯度的指向表示边缘的方向。

对于数字图像，式(6.23)的导数可用差分来近似。最简单的梯度近似表达式为

$$\begin{cases} \nabla f_x = f[i+1,j] - f[i,j] \\ \nabla f_y = f[i,j] - f[i,j+1] \end{cases} \tag{6.26}$$

这里$[i,j]$表示像素点的列坐标和行坐标。在实际应用时，其可用图 6.16 所示的简单卷积模板 $\boldsymbol{G}_x$ 和 $\boldsymbol{G}_y$ 来完成。

$$\boldsymbol{G}_x = \boxed{-1 \quad 1} \qquad \boldsymbol{G}_y = \begin{array}{c}\boxed{1}\\\boxed{-1}\end{array}$$

图 6.16　简单卷积模板 $\boldsymbol{G}_x$ 和 $\boldsymbol{G}_y$

在用梯度表示二维图像的局部特性时，应计算同一图像位置(x, y)的偏导数。然而采用式(6.26)计算的梯度近似值∇f_x和∇f_y并不属于同一图像位置。实际上，∇f_x是内插点$[i+1/2, j]$处的梯度近似值，而∇f_y是内插点$[i, j+1/2]$处的梯度近似值。正因如此，人们常常使用图 6.17 所示的2×2一阶差分模板来求x和y的偏导数。这时，x和y方向梯度的图像位置是相同的，这一点位于内插点$[i+1/2, j+1/2]$处，即在2×2邻域的所有四个像素点之间。

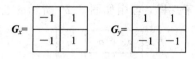

图 6.17　一阶差分模板

3. 边缘算子

边缘检测在图像处理及机器视觉中十分重要，在研究过程中产生了许多边缘检测方法。对于阶跃边缘，边缘检测实际上是基于幅度不连续性进行分割的一种方法，也即检测变化类型的局部特性，例如，灰度值的突变、颜色的突变、纹理结构的突变等。

边缘有方向和幅度两个特性，通常沿边缘走向的幅度变化较平缓，而垂直于边缘走向的幅度变化较剧烈。对于阶跃边缘，一阶微分边缘检测算子正是利用了边缘的方向和幅度这两个特性。

1) Roberts 边缘算子

Roberts 边缘算子是一种利用局部差分算子寻找边缘的算子，为计算梯度幅值提供了一种简单的近似方法。

Roberts 边缘算子表达式如下：

$$\nabla f[i, j] = \left| f[i, j] - f[i+1, j+1] \right| + \left| f[i, j+1] - f[i+1, j] \right| \tag{6.27}$$

用卷积模板形式可把式(6.27)表示为

$$\nabla f[i, j] = \left| G_x \right| + \left| G_y \right| \tag{6.28}$$

其中，卷积模板G_x和G_y如图 6.18 所示。

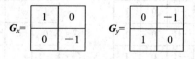

图 6.18　卷积模板G_x和G_y

与前面的2×2梯度算子一样，上述差分值的位置位于内插点$[i+1/2, j+1/2]$。因此，Roberts 边缘算子是$[i+1/2, j+1/2]$连续梯度的近似值，而不是所预期点$[i, j]$处的近似值。

2) Sobel 边缘算子

Sobel 边缘算子也是一种计算梯度值的近似方法。与 Roberts 边缘算子不同，Sobel 边缘算子是在 3×3 邻域内计算梯度值，这样可以避免在像素之间内插点上计算梯度。

考虑如图 6.19 所示的点 $[i,j]$ 周围点的排列，点 $[i,j]$ 的偏导数用下式计算：

$$\begin{cases} \nabla f_x = (a_2 + ca_3 + a_4) - (a_0 + ca_7 + a_6) \\ \nabla f_y = (a_0 + ca_1 + a_2) - (a_6 + ca_5 + a_4) \end{cases} \tag{6.29}$$

其中，$c=1$。和其他的梯度算子一样，可用如图 6.20 所示的卷积模板 $\boldsymbol{G}_x$ 和 $\boldsymbol{G}_y$ 来实现。

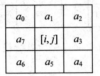

图 6.19　点 $[i,j]$ 周围点

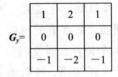

图 6.20　卷积模板 $\boldsymbol{G}_x$ 和 $\boldsymbol{G}_y$

图像中的每个点都用这两个模板作卷积。$\boldsymbol{G}_x$ 对垂直边缘响应最大，而 $\boldsymbol{G}_y$ 对水平边缘响应最大。从卷积模板可以看出，这一算子把重点放在接近于模板中心的像素点。Sobel 边缘算子是边缘检测中常用的算法之一。

3) Prewitt 边缘算子

Prewitt 边缘算子与 Sobel 边缘算子的偏导数形式完全一样，只是 $c=1$。所以，与使用 Sobel 边缘算子一样，图像中的每个点都用如图 6.21 所示的两个模板进行卷积。需要注意的是，与 Sobel 边缘算子不同，Prewitt 边缘算子没有把重点放在接近于模板中心的像素点上。

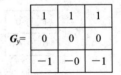

图 6.21　卷积模板 $\boldsymbol{G}_x$ 和 $\boldsymbol{G}_y$

4) Kirsch 边缘算子

图 6.22 所示的 8 个卷积核组成了 Kirsch 边缘算子。图像中的每个点都用 8 个模板进

行卷积,每个模板对某个特定边缘方向做出最大响应。所有 8 个方向中的最大值作为边缘幅度图像的输出。最大响应模板的序号构成了对边缘方向的编码。

5	5	5
-3	0	-3
-3	-3	-3

-3	5	5
-3	0	5
-3	-3	-3

-3	-3	5
-3	0	5
-3	-3	5

-3	-3	-3
-3	0	5
-3	5	5

-3	-3	-3
-3	0	-3
5	5	5

-3	-3	-3
5	0	-3
5	5	5

5	-3	-3
5	0	-3
5	-3	-3

5	5	-3
5	0	-3
-3	-3	-3

图 6.22　Kirsch 边缘算子

图 6.23 是采用上述边缘算子得到的边缘图像。可以看出,它们产生的边缘图像看起来很相似,像一个绘画者从图片中作出的线条画。图 6.23(b)所示的 Roberts 边缘算子是 2×2 算子,对具有陡峭的低噪声图像响应最好;图 6.23(c)~(e)所示的三个边缘算子都是 3×3 算子,对灰度渐变和噪声较多的图像处理得较好。

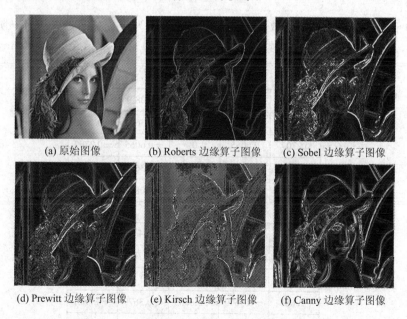

(a) 原始图像　　(b) Roberts 边缘算子图像　　(c) Sobel 边缘算子图像

(d) Prewitt 边缘算子图像　　(e) Kirsch 边缘算子图像　　(f) Canny 边缘算子图像

图 6.23　各种边缘图像

值得注意的是,3×3 的 Sobel 和 Prewitt 边缘算子可扩展成 8 个方向,并且可以像使用 Kirsch 边缘算子一样获得边缘方向图。

5）Canny 边缘算子

虽然边缘检测的基本思想比较简单，但在实际实现时却遇到了很大困难，其根本原因是实际信号都是有噪声的，而且一般表现为高频信号。在这种情况下，如果直接采用上述边缘算子，检测出来的都是由噪声引起的假边缘点。解决这一问题的方法是先对信号进行平滑滤波，以滤去噪声。对平滑后的图像，采用上述边缘算子就可以比较有效地检测出边缘点。

这一过程描述如下：设原始输入图像为 $f(x,y)$，平滑滤波脉冲响应为 $h(x,y)$，则平滑滤波后的图像可由式（6.17）给出。然后计算平滑后图像的梯度：

$$\nabla \boldsymbol{G}(x,y) = \begin{pmatrix} g'_x \\ g'_y \end{pmatrix} = \begin{bmatrix} \dfrac{\partial g}{\partial x} \\ \dfrac{\partial g}{\partial y} \end{bmatrix} \tag{6.30}$$

由卷积运算特性，有

$$\nabla g(x,y) = \nabla f(x,y) \otimes h(x,y) = f(x,y) \otimes \nabla h(x,y) \tag{6.31}$$

所以，Canny 边缘检测的过程可以直接采用原始图像与平滑滤波脉冲响应一阶微分的卷积运算来实现。

常用的平滑滤波器为高斯函数，可以将 $\nabla h(x,y)$ 作为一个算子，称其为一阶微分高斯算子。因此，Canny 边缘算子是高斯函数的一阶导数。图 6.24 是一个 5×5 Canny 边缘算子模板，图 6.23(f) 是经 Canny 边缘算子处理的边缘检测结果。

$\boldsymbol{G}_x=$

0.0366	0.0821	0	−0.0821	−0.0366
0.1642	0.3679	0	−0.3679	−0.1642
0.2707	0.6065	0	−0.6065	−0.2707
0.1642	0.3679	0	−0.3679	−0.1642
0.0366	0.0821	0	−0.0821	−0.0366

$\boldsymbol{G}_y=$

0.0366	0.1642	0.2707	0.164 21	0.036 66
0.0821	0.3679	0.6065	0.367 99	0.0821
0	0	0	0	0
−0.0821	−0.3679	−0.6065	−0.3679	−0.0821
−0.0366	−0.1642	−0.2707	−0.1642	−0.0366

图 6.24　5×5 Canny 边缘算子模板

图像经过高斯平滑后边缘变得模糊，因此，由计算梯度得到的边缘就具有一定的宽度。这种具有宽边缘变细的方法，称为非极大点的抑制(Non-Maxima Suppression，NMS)。

NMS方法在垂直于边缘的方向(梯度的方向)上互相比较邻接像素的梯度幅值，并除去具有比邻域处小的梯度幅值。根据这一操作，梯度幅值的非极大点被除去，边缘也就变细了。

当然，非极大点抑制幅值图像仍会包含许多由噪声和细纹理引起的假边缘，假边缘可以通过双阈值算法得以去除。双阈值算法是对非极大点抑制幅值图像作用双阈值 T_1 和 T_2，且 $T_2 \approx 2T_1$，得到两个双阈值边缘图像 $G_1[i,j]$ 和 $G_2[i,j]$。由于图像 $G_2[i,j]$ 是用高阈值得到的，因此它含有较少的假边缘，但可能在轮廓上有间断。双阈值算法要在 $G_2[i,j]$ 中把边缘连接成轮廓，当到达轮廓的端点时，该算法就在 $G_1[i,j]$ 的 8 邻点位置寻找可以连接到轮廓上的边缘。这样，算法将不断地在 $G_1[i,j]$ 中收集边缘，直到将 $G_2[i,j]$ 中所有的间隙连接起来为止。

综上所述，使用 Canny 边缘算子检测边缘点的过程概括如下：
(1) 用高斯滤波器平滑图像。
(2) 用一阶偏导的有限差分来计算梯度的幅值和方向。
(3) 对梯度幅值进行非极大点抑制。
(4) 用双阈值算法检测和连接边缘。

6.3.6　二阶微分边缘算子

对于一阶导数的边缘检测，如果当所求的一阶导数高于某一阈值时就确定该点为边缘点，这样有时会导致检测的边缘点不唯一。对于阶跃边缘，其二阶导数在边缘点出现零交叉，即边缘点两旁二阶导数取异号。这样，通过寻找图像灰度的二阶导数的零交叉点就能找到精确边缘点。

1. 拉普拉斯算子

在二维图像中，拉普拉斯(Laplacian)算子是常用的二阶微分边缘检测算子。对于一个连续函数 $f(x,y)$，它在位置 (x,y) 处的拉普拉斯变换定义如下：

$$\nabla^2 f(x,y) = \frac{\partial^2}{\partial x^2}f(x,y) + \frac{\partial^2}{\partial y^2}f(x,y) \tag{6.32}$$

对数字图像的每个像素计算关于 x 轴和 y 轴的二阶偏导数之和，并使用差分方程表示，有

$$\nabla^2 f[i,j] = f[i+1,j] + f[i-1,j] + f[i,j+1] + f[i,j-1] - 4f[i,j] \tag{6.33}$$

它是以点 $[i,j]$ 为中心的二阶偏导数的近似式。

在数字图像中，拉普拉斯算子可借助各种模板来实现。这里对模板的基本要求是对应

中心像素的系数应是负的，而对应中心像素邻近像素的系数应是正的，且它们的和应为零。常用的两种模板如图 6.25(a)和(b)所示，其中图(b)所示模板使得邻域中心点具有更大的权值。

0	1	0
1	−4	1
0	1	0

(a)

1	4	1
4	−20	4
1	4	1

(b)

图 6.25　拉普拉斯算子模板

当拉普拉斯算子输出出现过零点时就表明有边缘存在，其中忽略无意义的过零点(均匀零区)。原则上，过零点的位置精度可以通过线性内插方法精确到子像素分辨率，不过由于噪声，结果可能不会很精确。

图 6.26 示出了垂直方向的阶跃边缘拉普拉斯响应，对应于原始图像边缘的零交叉点位于两个像素点之间，因此，边缘可以用其左边的像素或右边的像素来标记，但整幅图像的标记必须一致。图 6.27 示出了垂直方向的斜坡边缘拉普拉斯响应，零交叉点直接对应着图像中的一个像素。

2	2	2	2	2	8	8	8	8	8
2	2	2	2	2	8	8	8	8	8
2	2	2	2	2	8	8	8	8	8
2	2	2	2	2	8	8	8	8	8
2	2	2	2	2	8	8	8	8	8
2	2	2	2	2	8	8	8	8	8

(a) 一幅包含垂直阶跃边缘的图像

0	0	0	6	−6	0	0	0
0	0	0	6	−6	0	0	0
0	0	0	6	−6	0	0	0
0	0	0	6	−6	0	0	0
0	0	0	6	−6	0	0	0

(b) 拉普拉斯响应

图 6.26　垂直方向的阶跃边缘拉普拉斯响应

2	2	2	2	2	5	8	8	8	8
2	2	2	2	2	5	8	8	8	8
2	2	2	2	2	5	8	8	8	8
2	2	2	2	2	5	8	8	8	8
2	2	2	2	2	5	8	8	8	8
2	2	2	2	2	5	8	8	8	8

(a) 一幅包含垂直斜坡边缘的图像

0	0	0	3	0	−3	0	0
0	0	0	3	0	−3	0	0
0	0	0	3	0	−3	0	0
0	0	0	3	0	−3	0	0

(b) 拉普拉斯响应

图 6.27　垂直方向的斜坡边缘拉普拉斯响应

在采用拉普拉斯算子的边缘检测中,把二阶微分值的大小作为像素的灰度,对各个像素赋予位置的微分值,并以零值为中间灰度、正值为高灰度、负值为低灰度来表示。

拉普拉斯算子的特点是:各向同性,线性和位移不变;对细线和孤立点检测效果好。但使用拉普拉斯算子后,边缘方向信息会丢失,常产生双像素的边缘,对噪声有双倍加强作用。因此,一般用拉普拉斯算子检测边缘前要先对图像进行平滑。

2. LoG 算子

LoG(Laplacian of Gaussian)算子又称马尔算子,是在拉普拉斯算子的基础上实现的,它得益于对人的视觉机理的研究,有一定的生物学和生理学意义。由于拉普拉斯算子对噪声比较敏感,为了减少噪声影响,可先对待处理图像进行平滑,然后用拉普拉斯算子检测边缘。

在从景物到图像的形成过程中,对每一像素点的灰度来说,该像素点所对应的真实景物点的周围点对该像素点灰度的影响是随径向距离呈正态分布的,即越接近与像素点所对应的真实景物点的周围点,对该像素点的灰度贡献越大。所以,平滑函数应反映不同远近的周围点对给定像素具有的不同平滑作用。实际上,高斯函数满足上述对平滑函数的要求。因此,LoG 算子中采用了高斯函数。

设 $f(x, y)$ 为原图像,$h(x, y)$ 为高斯平滑函数,平滑滤波后的图像 $g(x, y)$ 可以表示原图像与平滑函数的卷积,然后对图像 $g(x, y)$ 采用拉普拉斯算子进行边缘检测,可得

$$\nabla^2 g(x, y) = \nabla^2 [f(x, y) \otimes h(x, y)] \tag{6.34}$$

由卷积的性质,有

$$\nabla^2 g(x, y) = \nabla^2 f(x, y) \otimes h(x, y) = f(x, y) \otimes \nabla^2 h(x, y) \tag{6.35}$$

其中:

$$\nabla^2 h(x, y) = \frac{1}{2\pi\sigma^4} \left(\frac{x^2 + y^2}{\sigma^2} - 2 \right) e^{-\frac{x^2+y^2}{2\sigma^2}} \tag{6.36}$$

这样,利用二阶导数算子过零点的性质,可确定图像中阶跃状边缘的位置。式(6.36)称为拉普拉斯高斯算子——LoG 算子。运用 LoG 算子检测边缘,实际上就是寻找满足

$$\nabla^2 [f(x, y) \otimes h(x, y)] = 0 \tag{6.37}$$

的点。

LoG 算子是一个轴对称函数,各向同性。图 6.28 所示为 LoG 算子及其频谱图的一个轴截面翻转图,其中 $r = (x^2 + y^2)^{1/2}$。$\nabla^2 h(x, y)$ 也称为"墨西哥草帽"。由图 6.28(a)可见,LoG 算子在 $r = \pm\sigma$ 处有过零点,在 $|r| < \sigma$ 时为正,在 $|r| > \sigma$ 时为负。另外,可以证明 LoG 算子定义域内的平均值为零,因此,将它与图像卷积并不会改变图像的整体动态范围。但由于它相当光滑,因此将它与图像卷积会模糊图像,并且模糊程度正比于 σ。正因为 $\nabla^2 h(x, y)$ 的平滑特性能减少噪声的影响,所以当边缘模糊或噪声较大时,利用 $\nabla^2 h(x, y)$ 检测过零点

能提供较可靠的边缘位置。在该算子中，σ 的选择很重要，σ 选小时，位置精度高，但边缘细节变化多。需注意的是，LoG 算子用于噪声较大的区域会产生高密度的过零点。

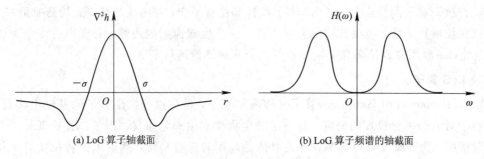

(a) LoG 算子轴截面   (b) LoG 算子频谱的轴截面

图 6.28　LoG 算子及其频谱图的一个轴截面翻转图

图 6.29 是一个 5×5 LoG 算子模板，图 6.30(a)、(b) 和 (c) 分别为原始图及经拉普拉斯算子和 LoG 算子处理的边缘检测结果。数学上已证明，LoG 算子是按零交叉检测阶跃边缘的最佳算子。但在实际图像中，高斯滤波的零交叉点不一定全部是边缘点，还需要进一步对其真伪进行检验。

$$
\begin{array}{ccccc}
0 & 0 & -1 & 0 & 0 \\
0 & -1 & -2 & -1 & 0 \\
-1 & -2 & 16 & -2 & -1 \\
0 & -1 & -2 & -1 & 0 \\
0 & 0 & -1 & 0 & 0
\end{array}
$$

图 6.29　5×5 LoG 算子模板

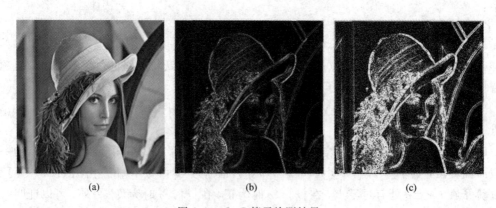

(a)   (b)   (c)

图 6.30　LoG 算子检测结果

综上所述，LoG 边缘算子的特点概括如下：

（1）平滑滤波器是高斯滤波器；

（2）边缘检测采用拉普拉斯算子；

（3）边缘检测判据是二阶导数零交叉点并对应一阶导数的较大的峰值；

（4）使用线性内插方法在子像素分辨率水平上估计边缘的位置。

6.4　图像分割

6.4.1　图像分割概述

图像分割就是把图像分成若干个特定的、具有独特性质的区域，并提取出感兴趣目标的技术和过程。图像分割是图像处理中的重要问题，也是计算机视觉研究中的一个经典难题。计算机视觉中的图像理解包括目标检测、特征提取和目标识别等，它们都依赖于图像分割的质量。尽管研究人员提出了许多分割方法，但是到目前为止，还未找到一种通用的方法，也未发现一个判断分割是否成功的客观标准，因此图像分割被认为是计算机视觉中的一个瓶颈。

图像分割的主要目的是将图像进行目标定位。可以将分割目标定位于完全分割（Complete Segmentation），其结果是一组唯一对应于输入图像中物体的互不相交的区域，也可以将分割目标定位于部分分割（Partial Segmentation），其中区域并不直接对应于图像物体。

为了完成分割，通常需与先验信息的高层处理相协作。但也不尽然，当图像由在均匀背景上的对比度强的物体组成时，这类完全分割问题仅通过低层处理就可以成功地解决，如简单的装配任务、血细胞、印刷字符等，可以得到将图像划分为物体和背景的完全分割。这种处理是与上下文无关的，没有使用有关物体的模型，有关分割结果的期望知识对最终的分割也没有贡献。

如果分割目标是部分分割，则图像被划分为分开的相对于某个选择的性质是同态的区域，其性质可以是亮度、颜色、反射率、纹理等。如果处理的是复杂场景的图像，例如城市场景的航拍照片，其结果可能是一组有重叠的同态区域。这样部分分割的图像必须经过进一步处理，并借助于高层信息找到最终的图像分割。这种处理通常并不能获得完全正确和完整的复杂场景的完全分割，但将部分分割作为高层处理的输入是一个合理的目标。

6.4.2　基于阈值的图像分割

阈值法是一种简单有效的图像分割方法，它依据图像的某一特征，如灰度、颜色等，用一个或几个阈值将图像的特征等级分为几个部分，认为属于同一个部分的像素是同一个物体。阈值法的最大特点是计算简单，在强调运算效率的应用场合，它得到了广泛的应用。灰度是阈值法最常采用的图像特征，本书以灰度等级作为特征等级。

设 (x, y) 是二维数字图像平面上的点，$f(x, y)$ 是图像各点的灰度值，图像灰度级范围为 $G=[0, L-1]$。阈值 $T(T\in G)$ 对图像的分割结果定义为

$$g(x, y)=\begin{cases} 1 & (f(x, y)>T) \\ 0 & (f(x, y)\leqslant T) \end{cases} \qquad (6.38)$$

阈值是用于区分目标和背景的灰度门限。如果图像只有目标和背景两大类，那么只需选取一个阈值，即单阈值分割。这种方法是将图像中每个像素的灰度值与阈值相比较，灰度值大于阈值的像素为一类，灰度值小于阈值的像素为另一类。如果图像中有多个目标，就需要选取多个阈值将各个目标及背景分开，即多阈值分割。

阈值 T 一般可写为

$$T=T[x, y, p(x, y), q(x, y)] \qquad (6.39)$$

其中：$p(x, y)$ 代表点 (x, y) 处的灰度值；$q(x, y)$ 代表该点邻域的某种局部特性。阈值分为全局阈值、局部阈值和动态阈值。如果 T 的选取只与 $p(x, y)$ 有关，则是全局阈值。全局阈值是利用全局信息（例如整个图像的灰度直方图）得到的阈值，它仅与全图各像素的本身性质有关，对全图使用。如果 T 的选取与 $p(x, y)$、$q(x, y)$ 有关，则是局部阈值，它与图像局部区域性质有关。全局阈值和局部阈值也称为固定阈值。如果 T 的选取不仅与 $p(x, y)$、$q(x, y)$ 有关，还与该点的坐标 (x, y) 有关，则是动态阈值。动态阈值的选取是将原始图像分成若干个子图，然后利用某种固定阈值选取法对每一个子图确定一个阈值，再通过对这些子图所得阈值的插值得到对图像中每个像素进行分割所需的阈值。

可见，最佳阈值的确定是阈值法的关键。阈值法分割实质上就是按照某种准则函数求出最佳阈值的过程。常见的阈值法有以下几种。

1. 灰度直方图峰谷法

若图像的灰度直方图呈双峰状且有明显的谷，则选择谷点的灰度值作为阈值就可把目标从背景中分割出来，此即灰度直方图峰谷法。选取直方图的谷点可借助求曲线极小值的方法，该方法对目标和背景有很大灰度差异的图像能实现简单而有效的分割。

2. 最小误差法

当图像中的目标和背景的灰度值有部分交错时，找到一个最佳阈值，使按这个阈值划分目标和背景的错误分割概率为最小，此即最小误差法。

3. 最大类间方差法(Otsu 法)

Otsu 法被认为是最优方法之一。其基本思想是用阈值把图像像素划分为两类，通过使划分后得到的两类的类间方差最大来确定最佳阈值。

设图像 $f(x, y)$ 灰度级范围为 $G=[0, L-1]$，各灰度级出现的概率为 P_i，阈值 t 将图像像素分为两类：$C_0=[0, t]$ 和 $C_1=[t+1, L-1]$。两类的概率分别为 $\omega_0=\sum\limits_{i=0}^{t}P_i$ 和 $\omega_1=$

$1-\omega_0$，两类的平均灰度分别为

$$\begin{cases} \mu_0 = \sum_{i=0}^{t} \dfrac{iP_i}{\omega_0} = \dfrac{\mu_t}{\omega_0} \\[4mm] \mu_1 = \sum_{i=t+1}^{L-1} \dfrac{iP_i}{\omega_1} = \dfrac{\mu-\mu_t}{1-\omega_0} \end{cases} \tag{6.40}$$

其中，$\mu = \sum_{i=0}^{L-1} iP_i$，$\mu_t = \sum_{i=0}^{t} iP_i$。准则函数定义为两类的类间方差：

$$\sigma^2(t) = \omega_0(\mu_0-\mu)^2 + \omega_1(\mu_1-\mu)^2 = \omega_0\omega_1(\mu_0-\mu_1)^2 \tag{6.41}$$

使 $\sigma^2(t)$ 取最大值的 t 就是分割目标和背景的最佳阈值 T。

4. 最大熵自动阈值法

最大熵自动阈值法是基于信息论中最大熵准则的图像阈值自动选取方法，是单阈值和多阈值选取的一种重要的方法。这种方法的基本思想是寻找的最佳阈值要使分割后的目标和背景的熵总值最大，或是使分割前后图像的信息量差异最小。最大熵自动阈值法由 Pun 最早提出，Kapur 等人对其进行了改进。针对上述方法在阈值求取时仍存在计算量大、执行效率低等不足，出现了一些改进方法。这里简单介绍 KSW 熵法。

设阈值 t 将图像分为目标 O 和背景 B 两类，它们的概率分布分别为

$$\begin{cases} B: \dfrac{P_0}{P_t}, \dfrac{P_1}{P_t}, \cdots, \dfrac{P_t}{P_t} \\[4mm] O: \dfrac{P_{t+1}}{1-P_t}, \dfrac{P_{t+2}}{1-P_t}, \cdots, \dfrac{P_{L-1}}{1-P_t} \end{cases} \tag{6.42}$$

两个分布对应的熵分别为

$$\begin{cases} H_B(t) = \ln P_t + \dfrac{H_t}{P_t} \\[4mm] H_O(t) = \ln(1-P_t) + \dfrac{H-H_t}{1-P_t} \end{cases} \tag{6.43}$$

其中：

$$\begin{cases} P_t = \sum_{i=0}^{t} P_i \\[4mm] H_t = -\sum_{i=0}^{t} P_i \ln P_i \\[4mm] H = -\sum_{i=0}^{L-1} P_i \ln P_i \end{cases} \tag{6.44}$$

图像的熵为

$$H(t) = H_O(t) + H_B(t) = \ln P_t(1-P_t) + \dfrac{H_t}{P_t} + \dfrac{H-H_t}{1-P_t} \tag{6.45}$$

使 $H(t)$ 取最大值的 t 就是分割目标和背景的最佳阈值 T。

图 6.31 对几种阈值分割方法进行了对比。图(b)和图(c)都是采用固定阈值进行分割，只分割出了那些与背景灰度差异大的目标，而没能把所有的目标都分割出来。图(d)采用动态阈值分割，将原始图像分成若干个子图，对每一个子图利用全局 Otsu 阈值法得到一个阈值，再通过插值得到对图像中每个像素进行分割所需的阈值，有较好的分割效果。

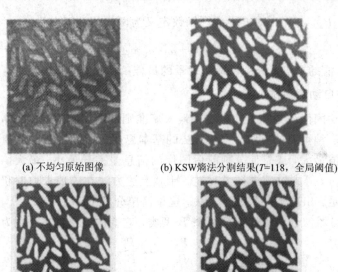

(a) 不均匀原始图像　　(b) KSW熵法分割结果(T=118，全局阈值)

(c) Otsu法分割结果(T=125，全局阈值)　　(d) Otsu 法分割结果(动态阈值)

图 6.31　阈值分割方法对比

阈值法是一种最简单最基本的图像分割方法，确定最佳阈值是阈值法的关键。全局阈值能快速有效地分割噪声小、比较均匀的图像，动态阈值对不均匀图像能进行较好的分割。阈值法可与其他分割方法结合使用以得到好的分割结果。

6.4.3　基于边缘的图像分割

基于边缘的图像分割是最早的图像分割方法之一，至今仍然非常重要，因为边缘是图像的最基本特征，广泛存在于物体与背景之间、物体与物体之间、基元与基元之间。这种方法的基本思想是：先检测图像中的边缘点，再按一定策略将边缘点连接成轮廓，从而构成分割区域。

检测边缘点依赖于边缘检测方法，包括前述的各种边缘检测算子。但是，边缘检测得到的图像(边缘图像)结果通常不能直接用作分割结果，其最主要的原因是边缘检测得到的边缘点通常是不连续的。因此，基于边缘的图像分割必须解决一个关键问题，即采用某种策略，将边缘合并成边缘链，使该边缘链与图像中的边界更好地对应。边缘链对应了图像中的物体，通常称为边缘提取。

边缘图像最常见的问题有两个，一是在没有边界的地方出现了边缘，二是在实际存在边界的地方没有出现边缘。究其原因，绝大多数是由于图像噪声和图像中不适合的信息造成的。理想的边缘分割是能消除不应有的边缘，续接缺失的边缘，并提高边缘的精准性。

常见的基于边缘的图像分割策略大致可以分为两类：需要极少先验信息的分割策略和考虑必要先验信息的分割策略。显然，在分割处理中应用的先验信息越多，分割结果就越好，先验信息还可用于评价分割结果可信度，所以在能获得先验信息并能应用这些信息的情况下，应尽可能考虑这些先验信息。但是，很多情况下，先验信息很少或未知，抑或是先验信息很难得到有效的应用，这时就必须考虑更多的局部图像信息，并将其与应用领域的一般性特殊知识结合起来。

1. 需要极少先验信息的分割策略

1）边缘图像阈值化

在边缘图像中几乎没有零值像素，如图 6.32(b)所示，其中小的边缘值对应于由量化噪声、弱不规则照明等引起的非显著灰度变化。基于"消除不应有的边缘，续接缺失的边

(a) 原始图像

(b) 边缘图像

(c) 阈值为 30 的边缘图像

(d) 阈值为 10 的边缘图像

图 6.32　边缘图像阈值化

缘"的目标，可以对边缘图像做简单的阈值化处理，先排除这些小的数值，即不应有的边缘，再进行后续的边缘处理。阈值化的关键在于阈值的选取策略。图 6.32(c)和(d)采用全局阈值，分别出现了过阈值化和欠阈值化的情形。除简单的全局阈值化方法外，边缘图像阈值化的典型方法有非最大抑制法和滞后过滤法。

在介绍上述两个方法之前，先介绍两个概念。一个概念是大多边缘检测算子会增大边缘附近的响应，表现为对应边界的边缘会变粗，如图 6.32(b)所示(这是为"提高边缘的精度"需努力的方向)。另一个重要的概念是邻接像素的定义，即如何定义当前像素的邻接像素。常用的邻接像素的定义方法为 4 邻接和 8 邻接，如图 6.33 所示。邻接像素的重要性在于像素和邻接像素之间会体现延续、相似、突变等多种图像特性，是很多图像处理算法中需考虑的因素。

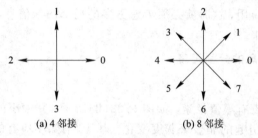

(a) 4 邻接　　　　(b) 8 邻接

图 6.33　邻接像素的定义方法

(1) 非最大抑制法：针对"变粗"现象，考察边缘的邻接像素，削弱边缘的延伸，达到抑制边缘变粗的目的。其基本思想是：遍历非 0 的像素点，考察其邻接像素(通常是靠近边缘法向的邻接像素)，如果邻接像素的数值(通常是灰度，也可能是颜色等)大于当前像素，则将当前像素数值置为 0，即消除当前像素为边缘的身份。如图 6.34(a)所示，很明显，边缘

(a) 非最大抑制法　　　　(b) 滞后过滤法

图 6.34　边缘图像阈值化的典型方法

变细了，可以认为，这种"变细"能够提高边缘的精度，也便于后续的边缘"续接"处理。非最大抑制法适用于边缘带有方向信息的情况（如 Sobel 检测算子）。

（2）滞后过滤法：针对噪声问题，如果边缘幅值和噪声幅值是确定的，即达到边缘幅值的肯定是边缘，弱于噪声幅值的肯定是噪声，那么就可以过滤掉噪声。如图 6.34(b)所示，细小的噪声得到了有效过滤。

2）边缘松弛法

边缘松弛法在边缘提取中是应用较早的一类方法，尽管现在已被大多数最新的技术所取代，如马尔科夫随机场，但这里依然被提及，其原因是在某些时候，该方法效果不错，而且容易理解。

边缘松弛法源于这样的认识：在局部上，与强边缘响应相连的像素很可能是边缘本身或边缘的延续，而孤立的强边缘响应不太可能是真正的边缘。显然，这是很容易理解的。基于这个认识，可以采用策略不断迭代，直至收敛，使边缘连续，并消除孤立的边缘。具体的实现方法有考虑像素之间的破裂边缘、确定可能的边缘邻域的概率分布、用模糊逻辑来评估邻域边缘模式等。

3）边界跟踪法

边缘检测的结果可能是这样的：目标的边界未知且是需要提取的，但目标的区域已经标识（这里的标识是指对区域的每一个像素标志一个唯一的整数，这种标识常称为标注、着色或连通分量标注）。这时，可以采用边界跟踪法提取边缘。

边界跟踪法是一种基于梯度的图像分割方法。其基本思想是：从梯度图的一个边界点出发，通过对前一个边界点的考虑而确定下一个新的边界点，通过这种边缘跟踪，将局部断裂的像素点填充起来，完成边缘的续接。传统的边界跟踪法有内边界跟踪法、外边界跟踪法、扩展边界跟踪法、爬虫法（即轮廓跟踪法）、光栅扫描法、T算法等。下面主要介绍爬虫法。

爬虫法是一个有趣的跟踪策略，其处理规则如下：一只小虫从白色背景像素区域向黑色背景像素区域前进，该黑色像素区域表示为一个闭合的轮廓，当小虫进入到了黑色像素中时，小虫就向左转弯并继续向下一个像素运动，如果下一个像素也是黑色，则小虫再次左转，如果下一个像素是白色，则小虫向右转，这一过程持续下去直到小虫到达其运动起始点停止，如图 6.35 所示。

很多情况下，爬虫法简单有效，但明显的不足表现为：目标的某些小凸部可能被迂回过去，如图 6.35 所示的右下角；爬虫可能会掉进陷阱，即围绕某个局部封闭的区域重复爬行，回不到起始点；对于边缘分支和噪声干扰等问题，难以妥善解决。针对这些情况，有多种改进方法被提出，如有记忆的变窗爬虫边界跟踪法，取得了较好的改进效果。

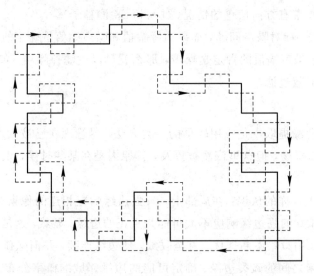

图 6.35　爬虫法的边界跟踪策略

2. 考虑必要先验信息的分割策略

不考虑或极少考虑先验信息，在边缘提取时只能依赖图像本身的特征，由于噪声干扰和其他不合适因素的影响，这时提取的边缘往往难以与边界很好地对应，而借助先验信息，就能较大程度地解决这个问题。

对于边缘提取，先验信息往往与物体的特征有关，常见的有形状、大小、比例、颜色等，如车牌是由 4 条直线构成的矩形框，硬币是圆形的，饮料瓶的整体形状等。

这类分割策略典型的有基于图搜索的边缘跟踪、基于动态规划的边缘跟踪、基于物体形态的 Hough 变换、基于边界位置信息的边界检测等。

一个典型且容易理解的方法就是 Hough 变换，该方法由 Paul Hough 提出，它实现一种从图像空间到参数空间的映射关系。其基本思想是：点-线的对偶性，即图像空间共线的点对应在参数空间里相交的线；反过来，在参数空间中相交于同一个点的所有直线在图像空间里都有共线的点与之对应。人们通常把 Hough 变换用于检测二值图中的直线、圆或其他不规则曲线。

这里以直线检测为例，介绍 Hough 变换方法。

（1）直线 Hough 变换采用"投票"的思想来检测数字图像中的直线或线段。

（2）平面中的任意一条直线都可以用 ρ 和 θ 两个参数来确定，其中 ρ 确定了直线到原点的距离，θ 确定了直线的方位。如图 6.36 所示，直线函数为 $\rho = x\cos\theta + y\sin\theta$，$x \in [0, \pi]$。

（3）图像空间中的每一点 (x_i, y_i) 映射到 Hough 空间中的一组累加器 $C(\rho, \theta)$，即所谓的投票过程，$C(\rho, \theta)$ 表示图像空间中符合直线函数的像素数。投票结束后，$C(\rho, \theta)$ 的每一个局部最大值就对应一直线段，即对应的 ρ 和 θ 可以唯一地确定这条直线。

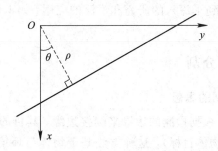

图 6.36 直线 Hough 变换

图 6.37 是 Hough 直线检测示例。图 6.38 是 Hough 圆检测示例。

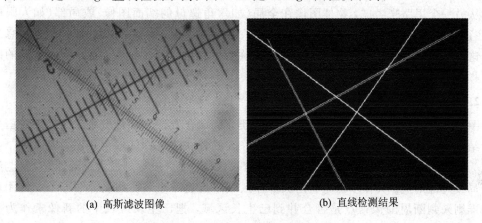

(a) 高斯滤波图像   (b) 直线检测结果

图 6.37 Hough 直线检测

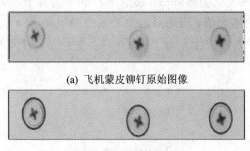

(a) 飞机蒙皮铆钉原始图像

(b) 飞机蒙皮铆钉检测结果

图 6.38 Hough 圆检测

Hough 变换的一个很重要的性质是：Hough 变换对图像边缘的残缺、噪声以及其他的共存结构并不敏感。这种性质带来的直接好处是，对于噪声干扰或其他不合适因素造成的边缘缺失，以及遮挡或覆盖造成的边缘残缺，Hough 变换也能较好地达到边缘续接的目的。近年来，Hough 变换得到了深入的研究和广泛的应用，如工件定位、产品外形检测、物料计数和面积计算等。

6.4.4 基于区域的图像分割

1. 基于区域的图像分割的思想

基于区域的图像分割是根据检测的边缘来续接边缘，其目的是检测由边缘构成的区域（区域对应了我们需检测的物体目标），这种方法基于物体与环境通常有边界这一思路。但是，有时候这种方法检测到的物体并不能与物体完全对应，甚至可能出现漏检和误检，典型的例子就是，不同边缘提取方法得到的边缘并不总是相同的。

从另一个思路来考虑，物体图像在全局（如六角螺母的端面图像）或局部（如人眼的瞳孔）往往具有一致性，这种一致性可以是灰度、颜色、纹理、形状、模型（使用语义信息）等，利用这种一致性可以检测区域。这种方法常称为区域法。在有噪声、边界难以检测的图像中，采用区域法进行图像分割的效果较好。

2. 基于区域的图像分割的原理

图像分割的区域法基本上可以分为两大类：区域合并法和区域分裂法。后来也衍生了二者结合的方法。这里主要介绍区域合并法。区域合并法也称区域生长法，即以某个小的区域为种子，依据一致性，合并邻近区域以生长区域，使区域达到最大一致性，直到与物体的全局或局部对应。具体步骤是：先从目标区域中挑选一个或一组初始种子点，使用区域生长准则来判断周围像素点是否合并到已生长区域，把已生长区域中的新像素作为种子点，重复判断过程，当没有新像素纳入区域时停止生长，至此形成了一个分割后的区域。

如图 6.39 所示，某图表达为矩阵 A，选取中心的 5 为种子，从种子开始向周围搜索每个像素值与种子值的差的绝对值，当绝对值少于某个门限 T 时，该像素便生长成为新的种子，而且向周围每个像素生长。当 T 为 1、3、6 时，种子生长并分别得到图 6.39(b)、(c)、(d)中的区域。

$$\begin{bmatrix} 1 & 0 & 4 & 7 & 5 \\ 1 & 0 & 4 & 7 & 7 \\ 0 & 1 & \textcircled{5} & 5 & 5 \\ 2 & 0 & 5 & 6 & 5 \\ 2 & 2 & 5 & 6 & 4 \end{bmatrix}$$

(a) 矩阵 A，中心 5 为种子

$$\begin{bmatrix} 1 & 0 & 5 & 7 & 5 \\ 1 & 0 & 5 & 7 & 7 \\ 0 & 1 & 5 & 5 & 5 \\ 2 & 0 & 5 & 5 & 5 \\ 2 & 2 & 5 & 5 & 5 \end{bmatrix} \qquad \begin{bmatrix} 1 & 0 & 5 & 5 & 5 \\ 1 & 0 & 5 & 5 & 5 \\ 0 & 1 & 5 & 5 & 5 \\ 2 & 0 & 5 & 5 & 5 \\ 2 & 2 & 5 & 5 & 5 \end{bmatrix} \qquad \begin{bmatrix} 5 & 5 & 5 & 5 & 5 \\ 5 & 5 & 5 & 5 & 5 \\ 5 & 5 & 5 & 5 & 5 \\ 5 & 5 & 5 & 5 & 5 \\ 5 & 5 & 5 & 5 & 5 \end{bmatrix}$$

(b) 门限 $T=1$ 的生长　　　　(c) 门限 $T=3$ 的生长　　　　(d) 门限 $T=6$ 的生长

图 6.39　区域生长的原理

3. 基于区域图像分割的关键问题

区域合并法必须解决三个问题：① 选择或确定一组能正确代表所需区域的种子像素，即选取种子；② 确定在生长过程中能将相邻像素包括进来的准则，即生长准则；③ 确定让生长过程停止的条件或规则，即停止条件。其中，问题③往往与问题②相关。

1) 选取种子

种子点为区域生长的原点，其本身符合分割的图像特征。许多区域生长算法的准确性依赖于初始种子点的选择。一般情况下，选取图像中特征值最大的像素作为种子，或者借助生长准则对每个像素进行相应的计算，如果计算结果呈现聚类的情况，则将接近聚类重心的像素作为种子像素。很多时候，需要采用自动选取种子的技术，如二维最大类间方差法（二维 Otsu 法）、Harris 角度检测算法等。种子点自动选取的三个标准为：① 种子点与周围像素点的特征值相似；② 从目标区域中至少挑选一个初始种子点；③ 不同区域之间的种子点不连通。

2) 生长准则

生长准则的选取不仅依赖于具体问题本身，也与所用图像数据种类有关，如彩色图和灰度图。一般的生长过程在进行到再没有满足生长条件的像素时停止，为增加区域生长的能力，常需考虑一些与尺寸、形状等图像和目标的全局性质有关的准则。区域生长的关键是选择合适的生长或相似准则，大部分区域生长准则会使用图像的局部性质。生长准则可以根据不同原理制订，而使用不同的生长准则会影响区域生长的过程。对于灰度图，常用的生长准则有基于区域灰度差、基于区域内灰度分布统计性质、基于区域形状三种。

Ning 等人提出的区域最大相似度的图像分割 MSRM（Maximal Similarity based Region Merging）算法所采用的就是典型的基于特征分布统计性质的生长准则。该算法利用颜色直方图刻画区域特征，区域之间的相似性由特征矢量之间的某种距离度量。其主要优点在于整个算法的执行过程仅基于区域最大相似度合并规则完成区域合并，与图像内容自适应，无需参数控制，并且分割精度比较高，在复杂背景中分割兴趣对象可以获得很高的准确率，如图 6.40 所示。但需注意的是，MSRM 算法的复杂度很高。

(a) 鸟图像及其分割　　(b) 橘子图像及其分割　　(c) 猴子图像及其分割　　(d) 人物图像及其分割

图 6.40　MSRM 分割示例

6.4.5　其他图像分割法

阈值法、边缘法和区域法是常用的传统图像分割方法，这些方法的实现原理有所不同，但基本都是利用图像的低级语义，包括图像像素的颜色、纹理和形状等信息，遇到复杂场景时实际分割效果不尽理想。

1. 基于超像素的图像分割方法

2000 年左右出现了基于超像素的图像分割方法。该方法将具有相似特征的像素分组，使图像块包含单个像素所不具备的图像内容信息，并提高了后续处理任务的效率。根据算法实现原理的不同，基于超像素的图像分割方法可以分为基于图论的图像分割方法和基于聚类的图像分割方法。

（1）基于图论的图像分割方法：将图像映射为带权无向图，图像的像素对应图的顶点，像素信息对应顶点属性，像素之间的相似性（或差异性）对应边的权值。该方法将图像分割问题转换为图的顶点标注问题。典型的方法有 Normalized Cuts 方法、FH 方法、Graph Cuts 方法、Seeds 方法等。

（2）基于聚类的图像分割方法：根据图像中的单个像素及像素之间的相互信息，如颜色、亮度、纹理等，利用数据挖掘的聚类算法，将具有相近特征的相邻像素聚到同一个区域或图像块，并不断迭代修正聚类结果，直至收敛，从而形成图像分割结果。典型的方法有

Meanshift 方法、Medoidshift 方法、Turbopixels 方法、SLIC 方法等。

2. 基于分类的图像分割方法

近年来分类技术在物体检测、图像分类、目标识别等计算机视觉领域得到了广泛的应用，并取得了巨大的成功，在图像分割方面也进行了一些有益的尝试。

基于分类的图像分割方法将图像分割问题看作是图像像素的分类问题，先以有标注的图像作为训练样本，训练支持向量机、逻辑回归、神经网络等分类器，再以训练好的分类器对输入图像进行逐像素分类，根据像素分类情况得到图像分割结果。典型的方法有 QEM 方法、FCN 方法、Zoom-out 方法等。

3. 结合聚类和分类的图像分割分法

分类方法是一种有监督的机器学习算法，需要大量的标注数据作为训练样本，事实上，这样的像素级的标注图像样本非常稀少，难以胜任分类器的训练任务。而聚类方法是一种无监督的学习算法，无需标注图像作为训练样本。因此，结合无监督的聚类方法和有监督的分类方法各自的优势研究图像分割方法，也是近年的热点之一。这类方法的思路通常分为三个步骤：① 使用聚类方法生成目标候选区域集；② 使用分类方法对各区域分类；③ 根据区域分类结果构建全图标注，完成图像分割。典型的方法有 O2P 方法、SDS 方法、R-CNN 方法等。

6.5　其他图像分析方法

近年来，机器视觉的发展速度非常快，如同社会生产一样，发展往纵深展开的同时，横向越来越细分，而图像分析除一些共有方法和技术外，也出现了众多细分领域。这些领域主要包括数学形态学、纹理分析、运动分析、颜色分析等，均取得了较大的进展。

本节主要概括性地介绍数学形态学、纹理分析和运动分析。

6.5.1　数学形态学

传统的图像边缘检测方法在增强图像的同时也增强了噪声，更重要的是，传统图像边缘检测方法主要增加跨过边缘的灰度差别，而边缘宽度保持不变，这对于宽度狭小和对比度低的边缘有不错的增强效果，而对于宽度大和模糊的边缘，其增强效果非常有限。

数学形态学(Mathematical Morphology)是法国巴黎矿业学院的科学家在研究岩石结构时建立的一门学科，是一种基于空间拓扑、集合论的非线性图像(信号)处理和分析的方法。非形态学的图像处理方法与微积分相关，是基于逐点展开的函数运算和诸如卷积的线性变换，而数学形态学则不同，它建立在集合论的基础上，采用非线性算子的代数工具，作用对象为点集、它们间的连通性及其形状，基本思想是用一定形态的结构元素去度量和提取图像中的对应形状，从而达到图像分析和识别的目的。

　　形态学运算简化了图像，量化并保持了物体的主要形状特征，基于这种方法对图像进行边缘检测，既能体现图像几何特征、很好地检测图像边缘，又能满足实时性要求，并且可以在边缘检测的基础上，通过改变形态尺度来克服噪声影响。数学形态学已发展为一种重要的图像处理方法和理论，广泛用于图像预处理、增强物体结构、物体分割和物体量化描述（面积、周长、投影）等，成为机器视觉技术人员的重要工具，到目前，有关技术和方法仍在不断地研究和发展。

1. 结构元素

　　前已提及，数学形态学的基本思想是用一定形态的结构元素去探测目标图像，通过检验结构元素在图像目标区域中的可放性和填充方法的有效性，来获取有关图像形态结构的相关信息，从而达到图像分析和识别的目的。那么，如何去"探测"？利用结构元素，对输入图像作形态变换，既能增强图像中物体的形态结构，又能有效地滤除噪声，具有较好的边缘检测效果。从这个角度理解，数学形态学也可以看成一种非线性的图像预处理方法。显而易见，数学形态学处理中结构元素和形态变换是关键。

　　形态结构元素是局部原点 O（称为代表点或中心点）的某种邻域。局部原点 O 可理解为探测（考察）的基准点，"某种邻域"为局部原点 O 的相邻点以及这些相邻点构成的某种拓扑结构。

　　图 6.41 所示为几种典型的结构元素（以下都以二值图像为例），其中：

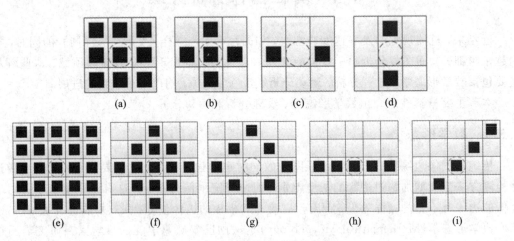

图 6.41　几种典型的结构元素

　　(1) 黑色为值 1 的像素，白色为值 0 的像素，所以结构元素可用值为 0 和 1 的矩阵表示。另外，结构元素为邻域，故也可以用点集合表示。

　　(2) 结构元素的尺寸不是固定的，图 6.41(a)～(d)为 3×3 结构，图 6.41(e)～(i)为

5×5 结构。用较大尺寸的结构元素对图像进行处理，会损失更多的图像细节，但是能滤除较大尺寸的噪声点；反之，用较小尺寸的结构元素对图像进行处理，能较好地保护图像的细节，检测到好的边缘细节，但对尺寸较大的噪声的抑制能力相对较弱。

（3）相邻像素的拓扑结构导致结构元素有方向性，如图 6.41(a)、(b)、(e)、(f)、(g)中的结构元素各向同性，而其他则具有取向性。结构元素采用什么样的结构，要视图像的具体情况而定。这是个非常具有挑战性的问题。截至目前，依然鲜有适用于大多数情况的研究成果，甚至出现了采用多种结构元素进行处理的情况。

2．形态变换

在数学形态学处理中，结构元素被作为模板，与原始图像进行集合运算，这种运算被称为形态变换。基本的形态变换有膨胀、腐蚀、开运算、闭运算，由此可以衍生出更多的形态变换，如膨胀腐蚀、开闭运算等。

1）膨胀

膨胀变换的操作是：对输入图像 X 和结构元素 B 进行向量加法，即

$$X \oplus B = \{ p \in \varepsilon^2 : p = x + b, \ x \in X, \ b \in B \} \tag{6.46}$$

其中：x 为输入图像 X 的任一像素点向量；b 为结构元素 B 的任一像素点向量；p 为 x 与 b 的和 ε^2 为 $X \oplus B$ 加法和的集合，即变换结果图像。

例如，图 6.42 中：

$$\begin{cases} X = \{(1,0), (1,1), (1,2), (2,2), (0,3), (0,4)\} \\ B = \{(0,0), (1,0)\} \\ X \oplus B = (1,0), (1,1), (1,2), (2,2), (0,3), (0,4), \\ \qquad\quad (2,0), (2,1), (2,2), (3,2), (1,3), (1,4) \end{cases} \tag{6.47}$$

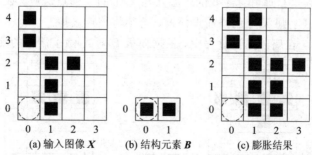

图 6.42　膨胀变换

上述运算也可以这么理解：用结构元素（模板）的中心点与输入图像的像素逐一对比（即探测），当前对比的像素为当前对比点，如果模板范围内输入图像有一个黑色点与模板上的黑色点对应，则输入图像当前对比点的变换结果为黑色。

可以发现，图 6.42 所示膨胀变换使输入图像在结构元素的方向上（水平）增长了一个单元。显然，这种膨胀有方向性，受结构元素的取向性影响。如果结构元素为各向同性，变换的结果则表现为物体向外生长和内部填充，如图 6.43 所示。

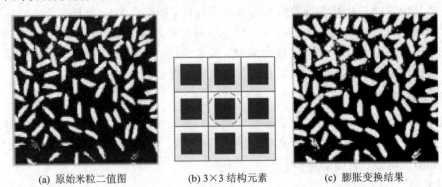

(a) 原始米粒二值图　　　　(b) 3×3 结构元素　　　　(c) 膨胀变换结果

图 6.43　米粒图像膨胀变换

膨胀变换的内部填充特性往往用来填补物体中小的空洞和狭窄的缝隙，即去掉比结构元素小的暗细节，从而便于识别整个物体，所以该特性的应用价值非常明显；膨胀变换的向外生长特性的正面效应是可以放大细节并增加人体视觉效果，负面效应是增加了物体的尺寸，这一点在很多场合下比较忌讳，需要结合腐蚀变换加以弥补。

2）腐蚀

腐蚀变换的操作是：对输入图像 X 和结构元素 B 进行向量减法，即

$$X\Theta B=\{p\in\varepsilon^2:p+b\in X, b\in B\} \tag{6.48}$$

该变换对 X 的每个点 p 进行探测，由所有 $p+b\in X$ 的 p 构成。

腐蚀操作也可以这么理解：将 B 的中心点与 X 上的当前点对应，如果模板 B 的所有点与 X 上的对应点相符，则 X 上的当前点保留，否则将该点去掉。

如图 6.44 所示，在腐蚀操作过程中，根据模板 B 对 X 做了严格的筛选，不符合模板 B

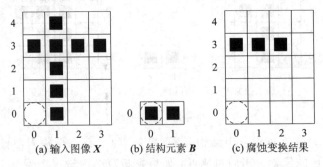

(a) 输入图像 X　　　　(b) 结构元素 B　　　　(c) 腐蚀变换结果

图 6.44　腐蚀变换

的 **X** 中的黑色点都被删减了,所以该例中水平单像素的黑色点被删除了。由此可以理解,经过腐蚀变换,微小的形体、微小的边缘尤其是微小且孤立的边缘将被"腐蚀"掉,即可以去掉图像中比结构元素小的亮细节,当然,腐蚀的程度受结构元素的尺寸大小和方向性影响。首先,这种被腐蚀掉的部分往往是噪声,或是我们识别物体时的干扰因素;其次,这种腐蚀往往会忽略目标的内部细节,进而凸显目标的外部轮廓。这两点对我们检测目标的轮廓特征并识别物体具有非常积极的意义。米粒图像腐蚀变换如图 6.45 所示。

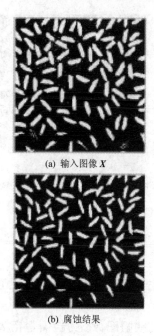

(a) 输入图像 **X**

(b) 腐蚀结果

图 6.45　米粒图像腐蚀变换

3) 开运算和闭运算

膨胀和腐蚀变换的运算比较单一,往往对噪声比较敏感,于是人们提出了开运算和闭运算这两种变换。

开运算的操作是:对输入图像 **X** 应用结构元素,先腐蚀,再膨胀,即

$$X \circ B = (X \ominus B) \oplus B \qquad (6.49)$$

闭运算的操作是:对输入图像 **X** 应用结构元素,先膨胀,再腐蚀,即

$$X \cdot B = (X \oplus B) \ominus B \qquad (6.50)$$

需说明的是,膨胀和腐蚀是对偶运算,但并非互为逆运算,即:对图像 **X** 应用结构元素 **B**,先腐蚀再膨胀,结果并不是 **X**,反之亦然。同理,开运算和闭运算也是对偶运算,却不是互逆运算。

开运算和闭运算的目的主要是弥补膨胀和腐蚀变换对噪声敏感的这一缺点。根据定义，开运算可以消除比结构元素小的亮细节，而保持图像整体灰度和大的亮区域基本不受影响；闭运算可以消除比结构元素小的暗细节，而保持图像整体灰度和大的暗区域基本不受影响。所以，可以这么理解：开运算是腐蚀运算的改进，闭运算是膨胀运算的改进。显而易见，开运算和闭运算都会使亮区域出现一定程度的偏移，偏移的大小和方向与结构元素有关。图 6.46 所示是米粒图像的开运算和闭运算结果。

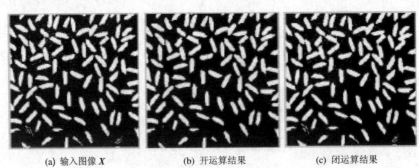

(a) 输入图像 X (b) 开运算结果   (c) 闭运算结果

图 6.46   米粒图像的开、闭运算

3. 数学形态学的应用

数学形态学常用于图像滤波和边缘检测。

1) 图像滤波

在很多情形下，如物体结构特征比较明显，采用形态变换进行滤波，要比微分滤波效果好。下面是一个典型的案例。

图 6.47 所示为带钢表面常见缺陷图像。为检测带钢表面缺陷，对采集的图像进行滤波，几种滤波结果如图 6.48 所示。其中：图 6.48(a)为二值化图，存在大量噪声；图 6.48(b)、(c)为常规滤波结果，噪声去除效果有限；图 6.48(d)采用腐蚀变换，微小的亮斑得到较好的抑制，但加剧了划伤的"不连贯"；图 6.48(e)采用先开后闭运算，划伤的连贯性优于单纯的腐蚀变换；为了进一步改善划伤的连贯性，采用一种复合形态学运算：对开闭运算和闭开运算的结果按某个优先的权重叠加，得到图 6.48(f)，滤波效果比较理想。

(a) 划伤   (b) 斑迹   (c) 辊印

图 6.47   常见带钢表面缺陷

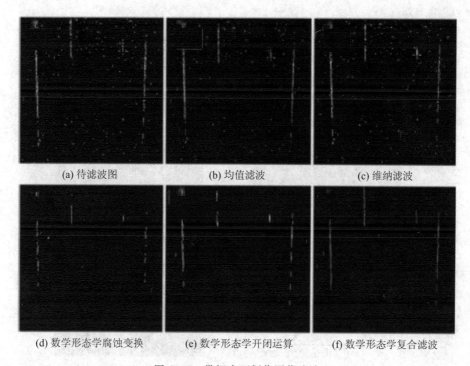

(a) 待滤波图　　　　　(b) 均值滤波　　　　　(c) 维纳滤波

(d) 数学形态学腐蚀变换　　(e) 数学形态学开闭运算　　(f) 数学形态学复合滤波

图 6.48　带钢表面划伤图像滤波

2）边缘检测

基本的数学形态学边缘检测算子如下：

（1）膨胀型：$X \oplus B - X$；

（2）腐蚀型：$X - X \ominus B$；

（3）膨胀腐蚀型：$X \oplus B - X \ominus B$；

（4）开运算型：$X - X \circ B$；

（5）闭运算型：$X \cdot B - X$；

（6）开闭运算型：$X \cdot B - X \circ B$。

可见，数学形态学边缘检测算子是一种非线性的差分算子，而且其检测出的边缘与结构元素 B 有关。其中，前三种算子可以分别提取图像外边缘、内边缘和骑跨在实际欧氏边界上的边缘，但是对噪声都很敏感，适用于噪声较小的图像，后三种算子的抗噪性能好于前三种，但存在偏移现象。

下面介绍激光拼焊中熔池的边缘检测过程。

如图 6.49 所示，对熔池图像进行预处理：对原始熔池图像作开窗处理，截取包含熔池的主要图像，降低处理数据量，并作灰度分析，根据直方图的双峰特征，采用阈值 229 进行二值化，得到二值化图。

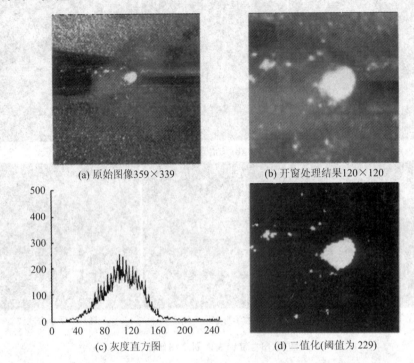

(a) 原始图像359×339

(b) 开窗处理结果120×120

(c) 灰度直方图

(d) 二值化(阈值为 229)

图 6.49　熔池图像的预处理

　　由于弧光、烟尘等因素，预处理后的图像存在噪声，需对熔池预处理图像进行滤波(见图 6.50)，抑制噪声干扰，平滑边缘。图 6.50(a)采用 9×9 邻域的中值进行中值滤波，过滤了弧光、烟尘等产生的噪声，但熔池图像边缘呈锯齿状，存在剧烈突变，不符合熔池图形的实际形状；采用 3×3 全向结构元素，作膨胀和腐蚀变换，得到图 6.50(b)、(c)所示效果，边缘效果优于中值滤波。

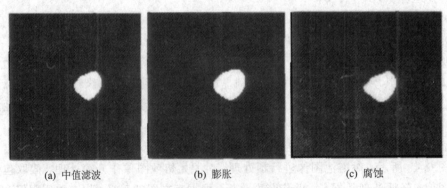

(a) 中值滤波

(b) 膨胀

(c) 腐蚀

图 6.50　熔池预处理图像的滤波

如图 6.51 所示，为取得熔池的边缘轮廓，利用数学形态学边缘检测算子检测边缘，得到外边缘、内边缘和跨骑边缘，即图 6.51(a)～(c)，再对边缘图像取补，得到边缘轮廓，即图 6.51(d)～(f)。

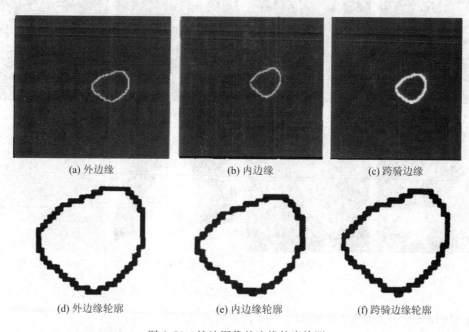

图 6.51　熔池图像的边缘轮廓检测

6.5.2　纹理分析

1. 纹理的概念

图像纹理表达了物体表面或结构(分别对于反射或透射形成的图像)属性。作为图像数据的重要信息，图像纹理是符合人类视觉特征的重要信息之一，纹理检测与特征提取是纹理分类与分割的基础前提，可以应用到医疗、工业、农业、天文等多个领域，也是近几十年来一个持续的研究热点。随着图像处理领域各种技术的发展，纹理特征分析提取方法也得到了不断创新。

图像纹理在直觉上一般是明显的(如图 6.52 所示)，但由于它的变化范围很宽泛，因而很难精确定义。纹理的下列特性是明显的：

(1) 纹理基元是纹理存在的基本元素，且一定是按照某种规律排列组合形成纹理。

(2) 纹理信息具有局部显著性，通常可以表现为纹理基元序列在一定的局部空间重复出现。

(3) 纹理有周期性、方向性、密度、强度和粗糙程度等基本特征，而与人类视觉特征相一致的周期性、粗糙性和方向性也更多地被用于纹理分类。

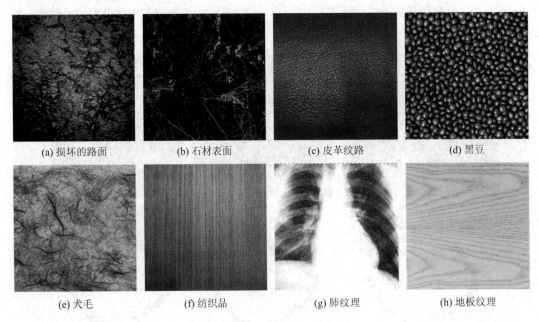

(a) 损坏的路面　　　　(b) 石材表面　　　　(c) 皮革纹路　　　　(d) 黑豆

(e) 犬毛　　　　(f) 纺织品　　　　(g) 肺纹理　　　　(h) 地板纹理

图 6.52　纹理图例

（4）纹理区域内大致是均匀的统一体，都有大致相同的结构。

纹理由纹理基元或纹理元素组成，有时称为纹理素。犬毛中的基元由若干像素来表示，对应于绒毛；而地板纹理定义基元却很困难，它至少可以在两个层次上来定义，第一个层次对应于木纹条纹，第二个层次对应于条纹更精细的纹理。因此，纹理描述是尺度相关的。

2. 纹理的特征

纹理分析的主要目标是纹理识别和基于纹理的形状分析。由于纹理的宽泛性，很难统一描述，人们通常把纹理描述为精细的、粗糙的、粒状的、平滑的等，这意味着必须定义一些更精确的特征以使机器识别成为可能。这样的特征可以在纹理的色调和结构中描述，色调主要基于基元中像素亮度的属性，而结构则是基元间的空间关系。

每个像素可以通过它的位置和色调的特征来刻画。纹理基元是一个具有某种色调属性和/或区域属性的像素连续集，可以通过它的平均亮度、最大或最小亮度、尺寸、形状等来描述。基元的空间关系可以是随机的，或它们可能是两两相关的，或某个数目的基元之间可能是互相依赖的。这样，通过基元的数目和类型以及它们的空间关系来描述图像纹理。如果图像中的纹理基元小，并且相邻基元间的色调相差很大，则产生精细纹理，如果基元比较大而包含了若干像素，则产生粗糙纹理，所以纹理描述中通常使用色调和结构两个属性。需注意的是，精细/粗糙纹理的特征高度依赖于尺度。

另外，纹理可以根据它们的强度来分类，对纹理描述方法的选择有较大影响。在强纹理中，基元间的空间相互作用是有某种规律的，为描述强纹理，考察具有某种空间关系的基元的出现频率可能就足够了，因此，强纹理的识别通常伴随着对基元以及它们的空间关系的精确定义。弱纹理的基元之间在空间上的相互作用小，可以用出现在某个邻域中的基元类型的频率来描述，因此，在弱纹理的描述中估算了很多统计纹理属性。

还有个重要的概念即常数纹理，它是指一个图像区域里的一组局部属性的集合，在该区域里它是恒定的，缓慢变化的，或近似周期性的。局部属性的集合可以理解为一些基元类型和它们的空间关系。在众多纹理图像中，如果分辨率适度，则常数纹理呈现周期性或缓慢变化，甚至是恒定不变的。

3. 纹理特征的提取

纹理分类与分割问题一直是人们关注的焦点，其涉及模式识别、应用数学、统计学、神经生理学、神经网络等多个研究领域。纹理特征提取是成功进行图像纹理描述、分类与分割的关键环节，因为提取的纹理特征直接影响后续处理的质量。

在具体纹理特征提取过程中，人们总是先寻找更多的能够反映纹理特征的度量，然后通过各种分析或变换从中提取有效的特征用于纹理描述和分类。纹理特征提取的目标是：提取的纹理特征维数不大、鉴别能力强、稳健性好，提取过程计算量小，能够指导实际应用。

各国研究者对纹理特征提取方法进行了广泛的研究，并提出了许多纹理特征提取方法，如著名的灰度共生矩阵法、灰度行程长度法、自相关函数法，同时随着应用领域的不断扩大和新理论如分形理论、马尔可夫随机场理论、小波理论等的引入，纹理特征提取方法的研究变得缤纷多彩，虽然不乏成功的引用案例，但总体上并不像人们期待的那样取得巨大成功。

纹理特征提取方法有不同的分类，其中一种分类是：统计法、模型法、信号处理法和结构法。统计法是基于像元及其邻域的灰度属性，研究纹理区域中的统计特性，或像元及其邻域内的灰度的一阶、二阶或高阶统计特性；模型法中，假设纹理是以某种参数控制的分布模型方式形成的，从纹理图像的实现来估计计算模型参数，以参数为特征或采用某种分类策略进行图像分割；信号处理法是建立在时频分析与多尺度分析基础之上，对纹理图像中某个区域内实行某种变换后，再提取保持相对平稳的特征值，以此特征值作为特征表示区域内的一致性以及区域间的相异性；结构法基于纹理基元分析纹理特征，着力找出纹理基元，认为纹理由许多纹理基元构成，不同类型的纹理基元、不同的方向及数目等，决定了纹理的表现形式。

限于篇幅，下面简要介绍统计法中的灰度共生矩阵（GLCM）法和局部二值模式（LBP）法。

统计法的基本思想是寻找纹理的数字特征，用这些特征或同时结合其他非纹理特征对图像中的区域进行分类，其思想简单，易于实现。众多统计法中，灰度共生矩阵法、半方差图法和局部二值模式法表现了良好的效果，尤其是 LBP 法，因其计算复杂度小，并且具有旋转不变性和多尺度特性，近年来得到了广泛的研究和应用。至于其他方法如灰度行程长度法、灰度差分统计法、交叉对角矩阵法等，由于纹理特征鉴别能力一般，有些甚至很差，加之计算量大，故而应用有限，后续研究很少。

1）灰度共生矩阵法

灰度共生矩阵法基于在纹理中某一灰度级结构重复出现的情况：这个结构在精细纹理中随着距离而快速地变化，而在粗糙纹理中则缓慢地变化。如何表征这种变化？灰度共生矩阵法用统计空间上具有某种位置关系的像元灰度来表征出现的频度，其实质是从图像灰度为 i 的像元（位置为 (x, y)）出发，统计与其距离为 d、灰度为 j 的像元出现的频度 $P(i, j, d, \theta)$，即

$$P(i, j, d, \theta) = \{[(x, y), (x+d_x, y+d_y) | f(x, y)=i, f(x+d_x, y+d_y)=j]\}$$

(6.51)

其中：$x, y = 0, 1, 2, \cdots, N-1$ 是图像的像元坐标；$i, j = 0, 1, \cdots, L-1$ 是灰度级；d_x 和 d_y 是位置偏移量；d 为矩阵的生成步长；θ 为矩阵的生成方向，取 $0°$、$45°$、$90°$和 $135°$ 4 个方向。一般地，频度常采用归一化。

这样生成的灰度共生矩阵（记为 w 阵）是一种对称阵。如果纹理粗糙，则 w 阵的不为零的元素 $P(i, j)$ 将集中分布于主对角线附近；如果纹理细致，则 w 阵的分布比较分散；如果 θ 的方向与纹理方向一致，那么 w 阵中的元素都集中在主对角线附近。

灰度共生矩阵衍生多个特征量，常用的有如下 6 种：

（1）能量：

$$w_1 = \sum_{i=0}^{L-1} \sum_{j=0}^{L-1} P^2(i, j, d, \theta)$$

(6.52)

是灰度共生矩阵各元素的平方和，又称角二阶矩，反映了图像灰度分布均匀程度和纹理粗细程度。w_1 大，则纹理粗糙；反之，则纹理细致。

（2）对比度：

$$w_2 = \sum_{i=0}^{L-1} \sum_{j=0}^{L-1} [(i-j)^2 \times P^2(i, j, d, \theta)]$$

(6.53)

表征纹理的清晰程度和沟纹深浅。图像越清晰，相邻像素对的灰度差别就越大，w_2 也就越大。

（3）相关性：

$$w_3 = \sum_{i=0}^{L-1}\sum_{j=0}^{L-1}[i \times j \times P(i, j, d, \theta) - \mu_1 \times \mu_2]/(\sigma_1 \times \sigma_2) \tag{6.54}$$

其中：μ_1、μ_2 是均值，σ_1、σ_2 是方差，即

$$\begin{cases} \mu_1 = \sum_{i=0}^{L-1} i \sum_{j=0}^{L-1} P(i, j) \\ \mu_2 = \sum_{j=0}^{L-1} j \sum_{i=0}^{L-1} P(i, j) \\ \sigma_1 = \sum_{i=0}^{L-1} (i-\mu_1)^2 \sum_{j=0}^{L-1} P(i, j) \\ \sigma_2 = \sum_{j=0}^{L-1} (j-\mu_2)^2 \sum_{i=0}^{L-1} P(i, j) \end{cases} \tag{6.55}$$

相关性也称同质性，表征 w 阵元素在行或列方向上的相似程度。如果图像某方向上的纹理性较强，则该方向的 w_3 将大于其他方向的值。因此，w_3 可用来判断纹理方向。

（4）熵：

$$w_4 = -\sum_{i=0}^{L-1}\sum_{j=0}^{L-1}[P(i, j) \times \mathrm{lb}P(i, j)] \tag{6.56}$$

代表了图像的信息量，表示纹理的复杂程度，是图像内容随机性的度量。无纹理，则熵为 0；有纹理，则熵最大。

（5）方差：

$$w_5 = \sum_{i=0}^{L-1}\sum_{j=0}^{L-1}[(i-m)^2 \times P(i, j, d, \theta)] \tag{6.57}$$

其中：m 为 $P(i, j, d, \theta)$ 的均值。

方差反映了纹理的周期，其值越大，表明纹理的周期越大。

（6）逆差矩：

$$w_6 = \sum_{i=0}^{L-1}\sum_{j=0}^{L-1} \frac{P(i, j, d, \theta)}{1+(i-j)^2} \tag{6.58}$$

表征图像纹理局部变化的大小。纹理规则，则 w_6 大，反之亦然。

　　灰度共生矩阵法描述了二阶图像统计特征，适合大量的纹理种类。灰度共生矩阵法的良好性质是对色调像素间的空间关系的描述，且它对于单调的灰度级变换是不变量。而另一方面，它不考虑基元形状，因此如果纹理由大的基元组成，它就不合适了。

　　图 6.53 所示为检测转子工件挂钩处绕线的合格性示例，该示例采用灰度共生矩阵法描述绕线纹理，进行相似度分析，对合格绕线图像纹理样品统计得出合格品模板，再对待检样品提取相似度特征，与模板对比，从而实现合格与否的检测。

(a) 转子挂钩绕线采样图

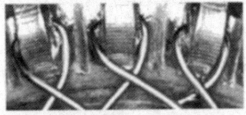

(b) 待检测区域

   (c) 畸形   (d) 漏挂   (e) 断线   (f) 合格形态

图 6.53　检测转子工件挂钩处绕线的合格性

2) 局部二值模式法

局部二值模式(Local Binary Pattern，LBP)是一种有效的纹理描述算子，具有旋转不变性和灰度不变性等显著优点。在近十年的时间内，LBP 算子得到了广泛和深入的研究，已经广泛地应用于纹理分类、图像检索、人脸图像分析等领域。

LBP 法的主要思想是根据中心像素的灰度值对邻居像素的亮度进行局部阈值化来形成一个二值模式。Ahonen 等人最初将 LBP 算子引入人脸识别。它首先计算图像中每个像素与其局部邻域点在灰度上的二值关系；然后，对二值关系按一定规则加权形成局部二值模式；最后，采用多区域直方图序列作为图像的特征描述。

LBP 算子的计算方式如下：

对于一幅图像中的某个局部区域内的任意像素(x_c, y_c)，以其为中心点g_c，对 3×3 窗口内的 8 个点$g_0, \cdots, g_7$，纹理 T 定义为

$$T \sim (g_0 - g_c, \ g_1 - g_c, \cdots, \ g_7 - g_c) \tag{6.59}$$

以窗口中心点g_c的灰度值$f(x_c, y_c)$为阈值，对窗口内其他像素作二值化处理：

$$T \approx t(s(g_0 - g_c), \ s(g_1 - g_c), \cdots, \ s(g_7 - g_c)) \tag{6.60}$$

按

$$LBP(x_c, \ y_c) = \sum_{i=0}^{7} s(g_i - g_c) \ 2^i \tag{6.61}$$

对$g_0, \cdots, g_7$的二值进行加权求和，从而得到一个 8 位的二进制数，即该窗口的 LBP 值。

如图 6.54 所示为一个基本 LBP 算子计算示意图。

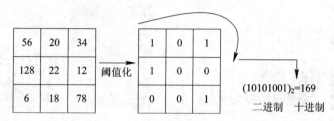

图 6.54　一个基本 LBP 算子计算示意图

为了适应不同尺度的纹理特征，Ojala 等人对 LBP 算子进行了改进，将 3×3 邻域扩展到任意邻域，并用圆形邻域代替了正方形邻域，采用双线性插值算法计算没有完全落在像素位置的点的灰度值。此外，改进后的 LBP 算子允许在半径为R的圆形邻域内有任意多个像素点，如图 6.55 所示，其中符号LBP_P^R表示在半径为R的圆形邻域内有P个像素点的局部区域的圆链码。

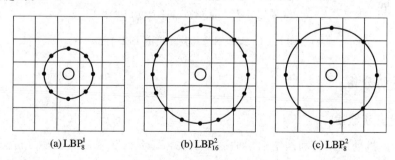

(a) LBP_8^1　　　(b) LBP_{16}^2　　　(c) LBP_8^2

图 6.55　几种LBP_P^R算子

当图像发生旋转时，图像灰度值围绕着圆运动，将会影响LBP_P^R值。为了克服这一点，很自然的一种方法是对圆链码进行归一化，使得到的LBP_P^R值最小。

LBP 直接用于描述纹理特征的情况较少，更多的是采用由LBP_P^R算子导出的直方图，后者的效果比前者的好。这是因为收集微结构模板时均匀模式比例大多了，非均匀模式由于出现频率较小，其统计特性不能够稳定估计，得到的嘈杂估计结果对纹理区分起负面影响。

当使用 LBP 特征和模式直方图进行纹理分类时,用非参数统计测试来确定直方图描述的相异性,这些直方图描述来自训练过程中所有特定类别的 LBP 特征的直方图。最小(且需低于最小阈值)的相异性策略确认了块样本最可能属于的纹理类别。其优势是允许根据它们的可能性对最有可能的类别进行排序。非参数统计测试卡方或者 G(对数似然比)可以用来获取拟合度。

LBP 能够较好地克服图像旋转、移位和光照不均等问题,从而能够有效提取更能代表图像本质的特征,图 6.56 是采用多尺度 LBP 方法提取人脸特征的示例。

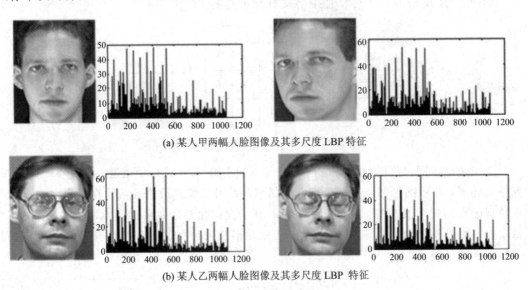

(a) 某人甲两幅人脸图像及其多尺度 LBP 特征

(b) 某人乙两幅人脸图像及其多尺度 LBP 特征

图 6.56　人脸图像及其多尺度 LBP 特征

6.5.3　运动分析

1. 运动分析概述

随着计算机处理能力和网络通信的高速发展,基于机器视觉的运动分析有着广泛的需求,如检测和跟踪人脸、行人或车辆的运动,辅助驾驶、自动驾驶、机器人导航、智能空间跟踪等,同时也得到了深入的研究,尤其是近十年来,取得了众多的成果,并得到了广泛的应用。

从实际应用的角度出发,主要存在以下三类与运动相关的问题。

第一类问题:运动检测。这是最为简单的问题,它检测发生的运动现象,通常用于安全目的。这类问题通常使用一台静止的摄像机即可解决。

第二类问题：移动目标的检测和定位。这类问题比运动检测要复杂得多，通常包括运动检测、移动目标的检测和识别、目标定位、轨迹跟踪和预测等。显然，移动目标的检测和识别是这类问题的核心。

第三类问题：三维物体的运动分析。这类问题明显最为复杂，又以 2D 的运动分析为基础，即这类问题与三维物体特性的推导有关，是基于不同时刻获取的一组二维投影信息来进行的。三维运动的二维表示通常被称作运动场，其中每个点被赋值一个速度矢量，对应于运动方向、速率和在适当的图像位置处与观察者的距离。

由此可见，移动目标的检测和识别是运动分析中的关键问题。移动目标的检测是基础和前提，移动目标的识别是目标，其他问题都与二者相关，如目标定位、轨迹跟踪、自主导航等。移动目标的识别可以应用其他图像目标识别的所有方法和技术，如图像匹配、特征匹配、特殊点匹配和模型法等。移动目标的检测则不同，它的输入不是静态图像，而是时序上的图像序列，序列图像中兴趣点对应的图像之间存在运动关系，移动目标的检测强烈依赖于运动特性，且很大程度上决定了移动目标识别的有效性，因此，可以说移动目标的检测是运动分析的核心问题。在很多时候，所谓的运动分析就是指运动或移动目标的检测。

运动分析需要考虑更多的问题，如运动信息、图像序列与运动信息之间的关系、图像序列背景的变化、先验信息等。与机器视觉的其他领域一样，对于运动分析来说还没有一种非常可靠的技术，也没有一种通用的算法，而且，现在大多相关的技术只是在特定的条件下才有效。目前，研究和应用较多的运动分析的方法主要有差分法（即差分运动分析）、光流法、兴趣点对应分析和特定运动模式分析等，这里主要介绍差分法。

2. 差分运动分析

差分运动分析是最直观的分析方法，其基本思想是：目标的运动会引起图像的变化，这种变化可以通过差分图像来体现。

1) 连续差分法

一种基本的连续差分运动分析的处理方法是：序列连续的两幅图像 f_1 和 f_2 相减，阈值化后得到二值化图像 $d(i, j)$（即差分图像）。差分图像 $d(i, j)$ 反映了运动目标，表示如下：

$$d(i, j) = \begin{cases} 0 & (\,|\,f_1(i, j) - f_2(i, j)\,| \leqslant \varepsilon) \\ 1 & (\,|\,f_1(i, j) - f_2(i, j)\,| > \varepsilon) \end{cases} \tag{6.62}$$

其中，ε 为阈值。

图 6.57 给出了使用连续差分进行运动检测的例子，显然，与背景有明显区别的任何物体运动都可以被检测出来，尤其适合于运动检测。连续差分法的运算简单，速度快，对动态环境具有较强的自适应性和鲁棒性。其实，差分图像不仅仅基于灰度图，也可以基于更复

杂的图像特征,如特定邻域中的灰度均值、局部纹理特征、颜色特征等。当然,这种方法高度依赖于物体与背景的对比度。

(a) 连续序列图像第一帧 (b) 连续序列图像第二帧 (c) 差分图像

图 6.57 连续差分运动分析

遗憾的是,尽管差分图像体现了运动目标,但没有准确地体现目标的轮廓。在差分图像中,运动目标是由 $d(i,j)=1$ 的像素构成的,这些像素的成因主要有以下几种:

(1) $f_1(i,j)$ 是移动物体上的某个像素,$f_2(i,j)$ 是静止背景上的某个像素(反之亦然)。

(2) $f_1(i,j)$ 是移动物体上的某个像素,$f_2(i,j)$ 是另外一个移动物体上的某个像素。

(3) $f_1(i,j)$ 是移动物体上的某个像素,$f_2(i,j)$ 是相同移动物体上不同部分的某个像素。

(4) 噪声、静止摄像机的错误定位等。

如果仅仅是检测是否发生了运动,上述最后一项是必须抑制的。最简单的解决方案是加大阈值过滤噪声,这可能会抑制缓慢运动和微小物体运动的检测,甚至会出现漏检的情况。

如果在运动检测的基础上,需要提取运动目标并进一步识别等,则完整并准确检测运动目标区域是必要的,这时,连续差分法的前三种情况都可能造成不能达到目标。因此,研究者提出了多种改进方法。

2) 累积差分法

累积差分法利用了图像增强的原理,其基本思想是:差分图像的累加,反映了运动效果的叠加,这种叠加突出了运动目标或标识了运动的轨迹。不同的累积差分,效果不同,用途也不一样。

一种典型的累积差分法为

$$d_{\mathrm{cum}}(i,j) = \sum_{k=1}^{n} \alpha_k \left| f_1(i,j) - f_k(i,j) \right| \tag{6.63}$$

其中:$f_1,\cdots,f_k$ 为连续帧;α_k 为权重系数,反映了 f_k 的重要程度。累积差分图反映了运动目标的运动轨迹,包含了运动方向信息。图 6.58 是图 6.57 所示案例的累积差分效果。

（a）连续序列图像第五帧　　　　　　　（b）累积差分

图 6.58　累积差分反映运动轨迹

　　另一种累积差分法是将连续差分和累积差分相结合，目的在于聚集运动目标的能量（即增强运动目标），抑制前述连续差分前三种情况的负面效应，从而达到检测运动目标的目的。该方法表示如下：

$$d_{cum}(i, j) = \frac{\sum_{k=1}^{n} |f_k(i, j) - f_{k+1}(i, j)|}{n} \qquad (6.64)$$

　　图 6.59 是这种思想的应用案例。该方法对于缓慢移动和小目标的运动检测有较好的效果。移动缓慢是目标运动速度相对于图像采集速率而言的，体现为连续图像帧中目标移动距离较小。在机器视觉中，可以通过提高摄像机帧率来达到这一目标。

（a）连续序列图像帧 1　　　　（b）连续序列图像帧 2　　　　（c）连续序列图像帧 3

（d）连续序列图像帧 4　　　　（e）连续序列图像帧 5　　　　（f）累积差分（采用了背景减除法）

图 6.59　累积差分加强目标

　　还有一种累积差分法是将二次差分和累积差分相结合，其处理流程如图 6.60 所示。该方法的主要思想是利用二次差分抑制差分产生的运动轨迹，结合累积差分增强运动目标。

图 6.61 是利用该方法检测医用口服液中粒径和长度大于 $50~\mu m$ 的异物的例子。该例中,为了应用运动检测,采用机构使待检测瓶先运动再骤停的方式,使异物在惯性下运动,从而创造运动检测的条件。

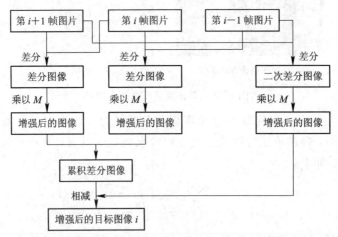

图 6.60 二次差分结合累积差分的处理流程

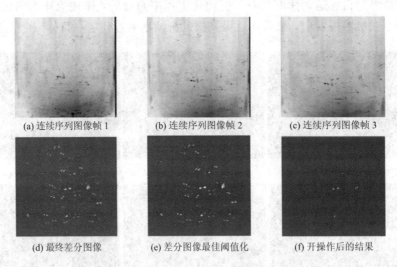

(a) 连续序列图像帧 1   (b) 连续序列图像帧 2   (c) 连续序列图像帧 3

(d) 最终差分图像   (e) 差分图像最佳阈值化   (f) 开操作后的结果

图 6.61 二次差分检测口服液中的异物

因为传统的差分法(即对帧间差分)强烈依赖于运动目标和背景的对比,经常会出现检测目标内"空洞"和边缘丢失的现象,使得检出目标不完整;也因为传统的差分法容易受到背景噪声和光照变化的影响,容易检测出虚假目标。针对这些现象,很多方法被提出,其主要思路是:在基于帧间差分的基础上,结合原图、图像预处理、边缘处理、形态学等多种手段,弥补内"空洞"和缺失的边缘,或剔除虚假目标,也取得了不错的效果。

3）背景减除法

对图像帧和背景差分的方法称为背景减除法。这种方法的思路也很清晰：将背景帧图像与输入的当前帧图像进行相减，二者的差分图像上表现了运动目标。可见，这种差分法也是强烈依赖于运动目标和背景的对比，但减除的思路更加直接，不会出现帧间差分中的错位、部分叠加等现象。

在假定背景和运动目标有足够的对比的前提下，背景减除法的关键问题在于背景的建立，因为背景受光照、摄像机噪声、风等因素影响，实时的背景并不是固定不变的。常见的建立背景的方法主要有均值法、单高斯法和混合高斯法等。

均值法是指将拍摄所获得的视频图像序列的一部分用于训练背景，其思路是：用作训练背景的图像进行对应相加再求平均值，即用平均值图像作为背景图像。如：对一段时间内的图像数据进行对应像素的值求平均或者中值滤波，获得的图像为背景图像，这种方法能解决由摄像机抖动产生影响和场景光照突变所引起的瞬时噪声，但该方法对训练图像中包含运动目标的场景所获得背景图像的效果并不理想。一种解决方法是加大训练集，即将运动目标"分摊"到背景中，再利用阈值法或滤波来消除运动目标的影响，但显而易见的是，这对运动目标稀疏的情况是有效的，对运动目标稠密的情况，效果就差强人意了。另一种解决方法是基于均值法的差分求值，其思路是：对连续序列的前 N 帧图像利用均值法获得一个初始背景图像 G_{bb}，G_{bb} 含有运动目标的残影；再通过对前 N 帧图像与初始背景图像 G_{bb} 求方差，得到一个方差图像 G_{bv}，即初始背景图像 G_{bb} 中的残影部分；对 G_{bb} 和 G_{bv} 进行差分，最终得到不含运动目标残影的背景图像 G_b。该方法有力地克服了均值法建立背景时所产生的残影，为后续的运动目标检测提供了方便。

单高斯法建立在这样的思路之上：各个像素点的像素值随时间的推移会有一些扰动，这个扰动近似满足高斯分布；当有物体经过时，像素值的变化就会很大，不服从高斯分布；根据某一时刻某像素点的像素值是否满足高斯分布可以判断该点是否为背景点。单高斯法的计算步骤可简单归纳如下：对序列图像计算像素值的平均和方差，组成高斯模型，获得初始化的背景模型；对当前帧计算像素点的概率，当概率大于某个阈值时，认为该像素点为背景，否则为前景；当像素点为前景时，相应像素的背景保持不变，否则用考虑更新快慢的常数的算式更新高斯背景模型。可见，单高斯法的关键在于背景模型的更新。在传统的高斯背景模型的背景更新过程中，只是对判断为背景的像素点进行了更新，而被判断为前景的像素点不进行背景模型的更新，这导致背景模型不能很好地自适应。因此，若在前 N 帧图像中包含大部分的运动目标信息，则在初始化的背景模型中也将包含运动目标信息，在后续的背景更新中，这部分运动目标信息将不会得到更新，从而造成残影现象。在运动目标由运动变为静止的过程中，则存在运动目标静止后不会被更新为背景，静止的运动目标将会一直被检测为前景的情况。因此，针对单高斯法中的不足，有不少改进方法被提出，如在背景更新时，对判断为前景的像素也更新相应的背景，利用一个累积窗口对更新后的背景图像中不属于背景的像素点进行修正等。

混合高斯法最早由 Stauffer 提出，该方法基于这样的认知：在运动目标检测的整个过程中，由于视频图像序列中图像的某一像素点处的像素值会随着光线的强度等一些自然界因素而改变，往往不是只服从一个正态分布，而是呈现出多个正态分布的形式。使用该方法建立的模型是一种直观的概率密度模型，反映了某段时间内图像运动的统计特征。混合高斯法能有效适应光线的变化和多模态场景，抗干扰性强，是目前比较常用而且有效的背景建模方法，也是研究运动目标检测最有效的方法之一。但混合高斯法也表现出如下不足：对大并且运动缓慢的运动目标，像素点不集中，无法完整准确地检出，只能检测到部分轮廓；当运动目标由静止缓慢转化为运动时，易将背景显露区检测为前景，出现"影子"现象；在有树枝摆动等复杂场景中对噪声的处理效果不佳，对环境的适应性较差。

4）混合差分法

由前可知，帧间差分法的计算量小、快速，但在缓慢运动下容易在目标内部产生空洞现象，难以得到完整的运动目标；背景减除法的难点在于背景建模与背景更新环节上，若能很好地提取实时背景帧，则对场景的变化的适应能力增强，对运动目标的提取会更加准确，但计算复杂度高，实现较为困难。因此，出现了大量综合应用帧间差分法、背景减除法以及其他图像分析方法的混合差分法，如利用帧间灰度值信息的邻域相关系数计算方法解决了背景的更新与误判的问题，通过帧间差分和背景减除的各信息分析运动目标的区域，解决缓慢运动目标的空洞等问题；再如用相邻图像帧的帧间差分获得相邻帧间差分图像，然后对差分图像进行滤波获得运动目标区域，再通过构建的背景图像与当前图像进行背景减除法，之后利用 Ostu 阈值分割技术获取运动目标区域，通过背景减除法和帧间差分法的融合检测出真实的运动目标。混合差分法的总体思路是：根据不同应用中图像序列的特点，综合应用图像分析技术，消除不足，获得预期的运动目标检测效果。

3. 其他运动分析

运动分析主要包括三个方面：运动目标检测、运动目标跟踪以及目标行为的认知分析。这些方面的运动分析既有关联，也有区别，分析的方法除了前述的差分法外，还有光流法、兴趣点跟踪分析、特定运动模型分析等。下面简单介绍光流法。

Gibson 于 1950 年首先提出了光流的概念。光流是空间运动物体在观测成像面上的像素运动的瞬时速度。LK(Lucas-Kanade)光流法是通过计算每一个像素点的运动场，并分析其变化(由于运动目标在背景图像中有独特的运动)，从而将运动目标从背景中分离出来。LK 光流法基于运动图像序列满足以下假设：

（1）亮度恒定，即相应的运动目标像素在相邻帧的亮度或颜色恒定不变。

（2）时间连续，即运动由连续的"小运动"构成。

（3）空间一致，即运动目标的相邻像素点间的运动一致。它实际上是一种两帧差分的光流估计算法，计算得到的是一种稀疏光流场，该光流场反映像素点运动的方向和速度，并根据光流场的分布特征，提取出运动目标的区域。该方法检测精度高，但无法获得运动目标的准确轮廓，而且光流场计算复杂，难以做到实时检测。

尽管光流法存在上述缺陷，但该方法结合了运动场，具有很大的发展前景。近年来，在传统光流分析法的基础上，结合其他差分法、图像预处理技术、图像分割技术、先验信息等，出现了众多的改进方法，在运动目标检测、运动目标跟踪和行为模式分析中取得了较好的研究成果和应用效果。

6.6　摄像机的标定

6.6.1　概述

在机器视觉中，摄像机标定具有非常重要的地位，是在尺度层面进行图像分析的前置条件。摄像机标定是指建立摄像机图像像素与对应场景点之间的位置关系，具体来说，就是标定摄像机模型的参数。标定的途径是根据摄像机模型，由已知特征点的图像坐标和世界坐标求解摄像机模型参数。

摄像机模型参数分为内部参数和外部参数。内部参数与具体摄像机有关，如焦距、像元距、视角、畸变等，即使同型号的不同摄像机之间，它们的内部参数也有误差之分。外部参数主要与摄像机安装和场景设定有关，如安装高度、角度、世界坐标系等，与应用个案密切相关。图像像素与对应场景点之间的位置关系对摄像机模型的参数高度敏感，因此，在建立图像像素与对应场景点之间的位置关系之前，标定摄像机模型的参数是必需的。

摄像机模型参数如表 6.6 所示。

表 6.6　摄像机模型参数

参数类型	参数	表达式	自由度
内部	透视变换	$\boldsymbol{A} = \begin{bmatrix} \alpha_x & \gamma & u_0 \\ 0 & \alpha_y & v_0 \\ 0 & 0 & 1 \end{bmatrix}$	5
	径向畸变、切向畸变	$k_1 \text{、} k_2 \text{、} p_1 \text{、} p_2$	4
外部	旋转矩阵、平移矩阵	$\boldsymbol{R} = \begin{bmatrix} r_{11} & r_{12} & r_{13} \\ r_{21} & r_{22} & r_{23} \\ r_{31} & r_{32} & r_{33} \end{bmatrix} \text{，} \boldsymbol{t} = \begin{bmatrix} t_x \\ t_y \\ t_z \end{bmatrix}$	6

表 6.6 中：

（1）变换矩阵 A 的参数是线性模型的内部参数。其中：α_x、α_y 分别是 u 轴、v 轴的尺度因子，或称为有效焦距和归一化焦距，且 $\alpha_x = f/d_x$，$\alpha_y = f/d_y$，f 为摄像机焦距，d_x、d_y 分别为水平方向与竖直方向的像元间距；γ 是 u 轴和 v 轴不垂直因子，在很多情况下令 $\gamma = 0$；u_0 和 v_0 是光学中心。

（2）内部参数除线性模型的内部参数外，还包括径向畸变参数 k_1、k_2 和切向畸变参数 p_1、p_2。

（3）R 和 t 是外部参数，分别表示旋转矩阵和平移向量，包含摄像机本身以外影响位置关系的因素。

摄像机模型分为线性模型和非线性模型，不论是线性模型，还是非线性模型，为了获得较高的标定精度，一般需要采用优化方法估计出内、外部参数，所以摄像机标定也称为摄像机参数优化。

国内外许多学者提出了摄像机标定的多种方法，并得到了广泛应用。为了适应不同的视觉任务要求，有些学者提出的算法能够估计出摄像机的全部模型参数，也有些学者将摄像机模型简化，只估计出部分模型参数。

本节将重点介绍摄像机模型和一些目前较为常用的摄像机标定方法。

6.6.2 机器视觉常用坐标系

1. 图像坐标系

每幅数字图像在计算机内以 $M \times N$ 数组表示，即 M 行 N 列个像素，像素值即图像点的亮度（或称灰度）。在进行像素的计算时，为了定位像素在数组中的位置，通常以图像左上角为起点，建立像素坐标系 UO_0V，坐标 (u, v) 的像素在 v 行 u 列，如图 6.62 所示。

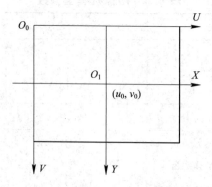

6.62　像素坐标系 UO_0V 与图像坐标系 XO_1Y

像素坐标(u, v)只表示像素位于数组中的位置，并没有用物理单位表示该像素在图像中的位置。在立体视觉中，这是不够的，因此，需要再建立以物理单位（如毫米）表示的图像坐标系。该坐标系为图 6.62 中的 XO_1Y，其中原点 O_1 定义为摄像机光轴与图像平面的交点，一般在像素坐标系 UO_0V 的中心(u_0, v_0)，X 轴、Y 轴分别与像素坐标系 UO_0V 的 U 轴、V 轴平行，坐标(X, Y)表示以物理单位（毫米）表示的图像坐标系的坐标。

设每一个像素在 X 轴与 Y 轴方向上的物理尺寸为d_x、d_y，则图像中任意一个像素在像素坐标系和图像坐标系的坐标有如下关系：

$$\begin{cases} u = \dfrac{X}{d_x} + u_0 \\ v = \dfrac{Y}{d_y} + v_0 \end{cases} \tag{6.65}$$

用齐次坐标与矩阵形式表示如下：

$$\begin{bmatrix} u \\ v \\ 1 \end{bmatrix} = \begin{bmatrix} \dfrac{1}{d_x} & 0 & u_0 \\ 0 & \dfrac{1}{d_y} & v_0 \\ 0 & 0 & 0 \end{bmatrix} \begin{bmatrix} X \\ Y \\ 1 \end{bmatrix} \tag{6.66}$$

2. 摄像机坐标系

摄像机坐标系是以摄像机光心为坐标原点的成像坐标系，如图 6.63 中的 $Oxyz$。

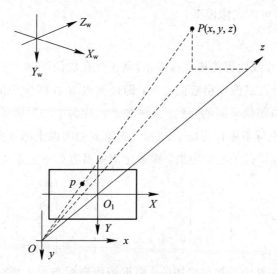

图 6.63 摄像机成像的几何关系

图 6.63 中：O 点称为摄像机光心；x 轴、y 轴与图像坐标系的 X 轴、Y 轴平行；z 轴为摄像机光轴，与图像平面垂直；光轴与图像平面的交点 O_1，即为图像坐标系的原点；OO_1 为摄像机焦距；由点 O 与 x、y、z 轴组成的直角坐标系称为摄像机坐标系。

3. 世界坐标系

由于摄像机可安放在环境中的任意位置，因此在环境中选择一个基准坐标系来描述摄像机的位置，并用它描述环境中任何物体的位置，该坐标系称为世界坐标系，它由 X_w、Y_w、Z_w 轴组成。

空间某一点 P 在世界坐标系中的齐次坐标为 $(X_w, Y_w, Z_w, 1)$，摄像机坐标系中的齐次坐标为 $(x, y, z, 1)$，二者存在如下关系：

$$\begin{bmatrix} x \\ y \\ z \\ 1 \end{bmatrix} = \begin{bmatrix} \boldsymbol{R} & \boldsymbol{t} \\ \boldsymbol{0}^{\mathrm{T}} & 1 \end{bmatrix} \begin{bmatrix} X_w \\ Y_w \\ Z_w \\ 1 \end{bmatrix} = \boldsymbol{M}_2 \begin{bmatrix} X_w \\ Y_w \\ Z_w \\ 1 \end{bmatrix} \tag{6.67}$$

其中：$\boldsymbol{R}$ 为 3×3 正交单位矩阵；$\boldsymbol{t}$ 为三维平移向量；$\boldsymbol{0} = (0, 0, 0)^{\mathrm{T}}$；$\boldsymbol{M}_2$ 为 4×4 矩阵。

6.6.3 摄像机透视投影模型

摄像机通过成像透镜将三维场景投影到摄像机二维像平面上，摄像机的投影模型可用成像变换来描述，即摄像机成像模型。

1. 针孔成像模型

针孔成像模型(又称线性摄像机成像模型)基于针孔成像原理。空间任何一点 P 在图像中的成像位置可以用针孔成像模型近似表示，即任何点 P 在图像中的投影位置 p，为光心 O 和 P 点的连线 OP 与图像平面的交点。这种关系也称为中心射影或透视投影。

设 P 点的摄像机坐标系坐标为 $(x、y、z)$，成像 p 的图像坐标系坐标为 (X, Y)，f 为摄像机焦距，即光心 O 到图像平面的距离，则由比例关系有如下关系式：

$$s \begin{bmatrix} X \\ Y \\ 1 \end{bmatrix} = \begin{bmatrix} f & 0 & 0 & 0 \\ 0 & f & 0 & 0 \\ 0 & 0 & 1 & 0 \end{bmatrix} \begin{bmatrix} x \\ y \\ z \\ 1 \end{bmatrix} = \boldsymbol{P} \begin{bmatrix} x \\ y \\ z \\ 1 \end{bmatrix} \tag{6.68}$$

其中：s 为一比例因子；$\boldsymbol{P}$ 为透视投影矩阵。根据图像坐标与像素坐标、世界坐标与摄像机坐标的关系，代入像素坐标和世界坐标，得

$$s\begin{bmatrix}u\\v\\1\end{bmatrix}=\begin{bmatrix}1/d_x&0&u_0\\0&1/d_y&v_0\\0&0&0\end{bmatrix}\begin{bmatrix}f&0&0&0\\0&f&0&0\\0&0&1&0\end{bmatrix}\begin{pmatrix}\boldsymbol{R}&\boldsymbol{t}\\\boldsymbol{0}^{\mathrm{T}}&1\end{pmatrix}\begin{bmatrix}X_w\\Y_w\\Z_w\\1\end{bmatrix}$$

$$=\begin{bmatrix}\alpha_x&0&u_0&0\\0&\alpha_y&v_0&0\\0&0&11&0\end{bmatrix}\begin{pmatrix}\boldsymbol{R}&\boldsymbol{t}\\\boldsymbol{0}^{\mathrm{T}}&1\end{pmatrix}\begin{bmatrix}X_w\\Y_w\\Z_w\\1\end{bmatrix}$$

$$=\boldsymbol{M}_1\boldsymbol{M}_2\boldsymbol{P}_w=\boldsymbol{M}\boldsymbol{P}_w \tag{6.69}$$

其中：$\alpha_x=f/d_x$ 为 u 轴上的尺度因子，或称为 u 轴上的归一化焦距；$\alpha_y=f/d_y$ 为 V 轴上的尺度因子，或称为 V 轴上的归一化焦距；$\boldsymbol{M}$ 为 3×3 矩阵，称为投影矩阵；$\boldsymbol{M}_1$ 由 α_x、α_y、u_0、v_0 决定，这些参数称为内部参数，因为这些参数只与摄像机内部参数有关；$\boldsymbol{M}_2$ 由摄像机相对于世界坐标系的方位决定，称为摄像机外部参数。

若已知摄像机的内外部参数，即投影矩阵 $\boldsymbol{M}$，对任何空间点 P，知道其世界坐标 $\boldsymbol{P}_w=(X_w,Y_w,Z_w,1)^{\mathrm{T}}$，就可求出图像点 p 的图像坐标 (u,v)；反之，如果已知图像点 p 的图像坐标 (u,v)，却不能唯一确定世界坐标 $\boldsymbol{P}_w$，这是因为由两个方程组无法解出三个未知数，只能得到 X_w、Y_w、Z_w 的两个线性方程，由这两个线性方程组成的方程组即为射线 OP 的方程，也就是说，所有可能的图像点 p 均在该射线上，其物理意义就是单目能看到物体却无法确定物体的具体位置。

2. 非线性摄像机成像模型

实际上，摄像机镜头并不是理想的透视成像，而是带有不同程度的畸变，这使得空间点的成像并不在线性摄像机成像模型所描述的位置 (X,Y)，而是在受畸变影响下偏移的实际像平面坐标 (X',Y')，二者的关系为

$$\begin{cases}X=X'+\delta_X\\Y=Y'+\delta_Y\end{cases} \tag{6.70}$$

其中，δ_X 和 δ_Y 是非线性畸变值，与图像点在图像中的位置有关。

理论上，镜头同时存在径向畸变和切向畸变，但一般来说切向畸变比较小，径向畸变的大小与距图像中心的径向距离 r 有关。畸变值可用 r 的偶次幂多项式模型来表示，即

$$\begin{cases}\delta_X=(X'-u_0)(k_1r^2+k_2r^4+k_3r^6+\cdots)\\\delta_Y=(Y'-v_0)(k_1r^2+k_2r^4+k_3r^6+\cdots)\end{cases} \tag{6.71}$$

其中，图像坐标原点 (u_0,v_0) 是精确的主点坐标，径向距离 r 由下式计算：

$$r^2=(X'-u_0)^2+(Y'-v_0)^2 \tag{6.72}$$

可见，X 方向和 Y 方向的畸变相对值 δ_X/X、δ_Y/Y 与径向半径 r 的平方成正比，即在图

像边缘处的畸变较大。

对一般机器视觉而言，一阶径向畸变已足够描述非线性畸变，这时可写成

$$\begin{cases} \delta_X = (X' - u_0)k_1 r^2 \\ \delta_Y = (Y' - v_0)k_1 r^2 \end{cases} \tag{6.73}$$

线性模型参数α_x、α_y、u_0、v_0与非线性畸变参数k_1和k_2一起构成了非线性模型的内部参数。

6.6.4 摄像机透视投影近似模型

由6.6.3节可知，透视投影实际是一个非线性映射，按照非线性投影模型，在实际应用时，计算量大，甚至当透视效果并不明显时，可能出现病态的求解。另外，在有些场合，例如，摄像机的视场很小，并且物体的尺寸及物体与摄像机的距离也很小，这时透视模型采用线性模型近似就可以达到较好的效果，这种近似还可以大大简化推导过程和计算量。

下面简要介绍摄像机透视投影的几种线性近似原理。为简单起见，三维空间点用其在摄像机坐标系中的坐标表示。

1. 正投影

最简单的线性近似称为正投影。这种近似假设可以忽略物体到摄像机的垂直距离（深度信息）和物体到光轴的距离（位置信息），此时，物体的摄像机坐标与图像坐标相等，即$x = X$，$y = Y$。

2. 弱透视

如果摄像机的视场比较小，而且物体表面深度变化量相对其到摄像机的距离很小，则物体上各点的深度可以近似采用某一固定的深度值z_0，这个值一般取物体质心的深度。

这种近似即弱透视，其可以看作是两次投影的合成。首先，整个物体按平行于光轴的方向正投影到经过物体质心并与图像平面平行的平面上，这一步忽略了位置信息；然后，按透视模型将上述物平面的图形投影到摄像机的图像平面上，这一步相当于全局的放缩。因此，弱透视也称放缩正投影。

弱透视模型为

$$s \begin{bmatrix} X \\ Y \\ 1 \end{bmatrix} = \begin{bmatrix} f & 0 & 0 & 0 \\ 0 & f & 0 & 0 \\ 0 & 0 & 0 & z_0 \end{bmatrix} \begin{bmatrix} x \\ y \\ z \\ 1 \end{bmatrix} = \boldsymbol{P}_{\mathrm{wp}} \begin{bmatrix} x \\ y \\ z \\ 1 \end{bmatrix} \tag{6.74}$$

式中，z_0表示预设的某固定深度值，通常取物体质心的深度。

经研究发现，弱透视模型的误差与物体各点的深度变化量和位置信息有关，即误差对物体的不同部分是不同的。在实际应用中使用该模型，一般要求物体到摄像机的距离大于10倍的物体表面深度变化量。

3. 平行透视

在弱透视投影中，忽略了物体的位置信息，针对这点，另一种近似即平行透视被提出。这种近似对弱透视的第一步做了改进，平行投影线不再是平行于光轴，而是平行于质心和摄像机光心的连线。

平行透视模型为

$$s\begin{bmatrix} X \\ Y \\ 1 \end{bmatrix} = \begin{bmatrix} f & 0 & -x_0/z_0 & x_0 \\ 0 & f & -y_0/z_0 & y_0 \\ 0 & 0 & 0 & z_0 \end{bmatrix} \begin{bmatrix} x \\ y \\ z \\ 1 \end{bmatrix} = \boldsymbol{P}_{pp} \begin{bmatrix} x \\ y \\ z \\ 1 \end{bmatrix} \tag{6.75}$$

其中：$(x_0，y_0，z_0)$ 是物体质心的摄像机坐标系坐标。经此改进，相对于弱透视，平行透视大大减少了像点误差。

图 6.64 是透视模型与各种线性近似的比较，其中 m_{otth}、m_{wp}、m_{pp}、m_p 分别是物体上的三维点 M 在正投影、弱透视、平行透视和透视投影下的投影点，G 为物体的质心。

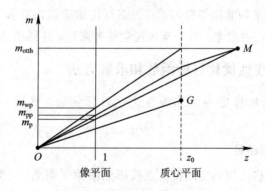

图 6.64　透视模型与各种线性近似的比较

4. 正透视

除前述线性近似外，透视投影还有一种误差更小的线性近似，即正透视。正透视与平行透视的区别在于，第一过程的投影平面不是与图像平面平行，而是与光心和质心的连线垂直。正透视的数学表示形式很复杂，这里不再详述。

5. 仿射

对比观察正投影、弱透视和平行透视下的投影矩阵，可以发现它们都具有如下形式：

$$\boldsymbol{P}_A = \begin{bmatrix} p_{11} & p_{12} & p_{13} & p_{14} \\ p_{21} & p_{22} & p_{23} & p_{24} \\ 0 & 0 & 0 & p_{34} \end{bmatrix} \tag{6.76}$$

P_A决定了一个三维空间到二维平面的线性映射(用齐次坐标表示),所以,我们把P_A称为仿射摄像机。p_{34}为缩放比例因子,为1时表示不缩放。P_A只有8个自由参量,因此它可由4组二维点与三维点的线性映射决定。

如果用非齐次坐标,仿射可表示为

$$m = T_A M + t_A \tag{6.77}$$

其中:T_A为2×3矩阵,其元素$T_{ij} = p_{ij}/p_{34}$;t_A为二维向量$(p_{14}/p_{34}, p_{24}/p_{34})^T$。可见,仿射由一个线性变换和一个平移变换构成。

仿射变换的重要性质如下:

(1)保平行性,即三维空间的平行线投影为二维空间的平行线。这与透视投影是不同的。

(2)它把三维点集的质心投影为对应二维投影点的质心,这也是透视投影不具有的性质。

仿射变换的缺点是几何意义不明显。仿射是透视投影线性近似的推广,这种推广可理解为它允许三维物体作某种非刚性变形,且无需标定摄像机内部参数,仍能从图像中提取如平行性、定长度比等仿射度量,对于某些视觉任务来说,这样的仿射度量足够了。

6.6.5 摄像机的非线性优化目标函数和求解方法

下面首先讨论摄像机标定中的非线性优化目标函数,然后介绍常用的非线性优化方法。

1. 非线性优化目标函数

根据摄像机模型,将已知物空间特征点投影到图像平面上,得到特征点的理想的模型图像坐标(U_i, V_i),摄像机实际成像的图像坐标为(u_i, v_i)。由于摄像机参数的缘故,二者存在偏差,为了使理想的模型图像坐标足够趋近实际成像的图像坐标,应按照合格目标来优化摄像机模型参数。所以,摄像机非线性标定的目标就是:获得摄像机模型的参数的估计值,使得摄像机成像理想坐标和实际坐标之间的偏差最小。

优化目标函数用解析表达式可以表示为

$$F(\pmb{x}) = \sum_{i=1}^{m} f_i^2(\pmb{x}) \tag{6.78}$$

其中:

$$f_i^2(\pmb{x}) = (U_i - u_i)^2 + (V_i - v_i)^2 \tag{6.79}$$

优化的目标就是使$F(\pmb{x})$极小化。

对于三维标定,一幅图像就可以估计出全部内部和外部参数,大多数经典的标定方法属于这一类。对于二维共面标定，至少需要获得两个不同位置的靶标的两幅图像才能估计出全部内部和外部参数。

非线性标定的极小化问题的求解需要采用递归搜索，计算量非常大，因此求解速度比较重要。求解速度与优化算法有关，在可采用的众多非线性优化方法中，速度最快的是 Levenberg - Marquardt 算法。

另外，求解速度和结果与优化参数的初始估计值有关，当初始估计值离最优估计值相差太大时，不仅减缓了优化速度，还可能使优化过程不收敛，因此摄像机参数的初值估计也是一个重要的问题。在实际应用中，一种方式是利用摄像机的先验信息来确定初值，另一种方式是先进行摄像机线性标定，再将线性标定结果作为非线性优化的初值。

2. 最小二乘法

前述目标函数 $F(\boldsymbol{x})$ 由若干个函数 $f_i(\boldsymbol{x})$ 的平方和 $\sum_{i=1}^{m} f_i^2(\boldsymbol{x})$ 构成，常把这类函数的极小化问题称为最小二乘问题。当每个函数 $f_i(\boldsymbol{x})$ 为线性时，称为线性最小二乘问题，否则称为非线性最小二乘问题。由于目标函数 $F(\boldsymbol{x})$ 具有若干个函数平方和这种特殊形式，因此充分利用这一特点，会给求解带来一定的便利。

1）线性最小二乘法

设 $f_i(\boldsymbol{x})$ 为线性函数，假设

$$f_i(\boldsymbol{x}) = \boldsymbol{p}_i^{\mathrm{T}} \boldsymbol{x} + b_i \qquad (i=1, 2, \cdots, m) \tag{6.80}$$

其中，$\boldsymbol{p}_i$ 是 n 维列向量 $(n \leqslant m)$，b_i 是实数。

令

$$\boldsymbol{A} = \begin{bmatrix} \boldsymbol{p}_1^{\mathrm{T}} \\ \boldsymbol{p}_2^{\mathrm{T}} \\ \vdots \\ \boldsymbol{p}_m^{\mathrm{T}} \end{bmatrix}, \boldsymbol{b} = \begin{bmatrix} b_1 \\ b_2 \\ \vdots \\ b_m \end{bmatrix} \tag{6.81}$$

则目标函数可写成

$$F(\boldsymbol{x}) = \sum_{i=1}^{m} f_i^2(\boldsymbol{x}) = \boldsymbol{x}^{\mathrm{T}} \boldsymbol{A}^{\mathrm{T}} \boldsymbol{A} \boldsymbol{x} - 2\boldsymbol{b}^{\mathrm{T}} \boldsymbol{A} \boldsymbol{x} + \boldsymbol{b}^{\mathrm{T}} \boldsymbol{b} \tag{6.82}$$

只要 $\boldsymbol{A}^{\mathrm{T}} \boldsymbol{A}$ 非奇异，上述目标函数的极小化解就为

$$\bar{\boldsymbol{x}} = (\boldsymbol{A}^{\mathrm{T}} \boldsymbol{A})^{-1} \boldsymbol{A}^{\mathrm{T}} \boldsymbol{b} \tag{6.83}$$

2）非线性最小二乘法

设 $f_i(\boldsymbol{x})$ 为线性函数，且 $F(\boldsymbol{x})$ 存在连续偏导数，则该最小二乘问题为非线性的。解这类

问题的基本思路是通过解一系列线性最小二乘问题来求非线性最小二乘问题的解。

上述思路可以这么来解释：设 $x^{(k)}$ 是解的第 k 次近似，在 $x^{(k)}$ 将函数 $f_i(x)$ 线性化，这样，原问题转化成线性最小二乘问题；求出线性最小二乘问题的极小点 $x^{(k+1)}$，把它作为非线性最小二乘问题解的第 $k+1$ 次近似；再从 $x^{(k+1)}$ 出发，重复以上过程。

具体来说，非线性最小二乘法的计算步骤如下：

(1) 给定初点 $x^{(1)}$，允许误差 $\varepsilon > 0$，置 $k=1$。

(2) 计算函数值 $f_i(x^{(k)})$，$i=1, 2, \cdots, m$，得到向量：

$$f^{(k)} = \begin{bmatrix} f_1(x^{(k)}) \\ f_2(x^{(k)}) \\ \vdots \\ f_m(x^{(k)}) \end{bmatrix} \tag{6.84}$$

再计算一阶偏导：

$$a_{ij} = \frac{\partial f_i(x^{(k)})}{\partial x_j} \qquad (i=1, 2, \cdots, m; j=1, 2, \cdots, n) \tag{6.85}$$

得到矩阵：

$$A_k = (a_{ij})_{m \times n} \tag{6.86}$$

(3) 解方程组：

$$A_k^{\mathrm{T}} A_k d^{(k)} = -A_k^{\mathrm{T}} f^{(k)} \tag{6.87}$$

求得 Gauss-Newton 方向 $d^{(k)}$。

(4) 从 $x^{(k)}$ 出发，沿 $d^{(k)}$ 作一维搜索，求得步长 λ_k，使得

$$F(x^{(k)} + \lambda_k d^{(k)}) = \min F(x^{(k)} + \lambda d^{(k)}) \tag{6.88}$$

令

$$x^{(k+1)} = x^{(k)} + \lambda_k d^{(k)} \tag{6.89}$$

(5) 若 $\|x^{(k+1)} - x^{(k)}\| \leqslant \varepsilon$，则停止计算，得解 $\bar{x} = x^{(k+1)}$；否则，置 $k=k+1$，转步骤(2)。

3) 其他修正的最小二乘法

前面介绍的最小二乘法，有时会出现矩阵 $A_k^{\mathrm{T}} A_k$ 奇异或接近奇异的情形，这时求解会遇到很大困难，甚至根本不能进行。因此，人们对最小二乘法作了进一步的修正。所用的基本技巧是把一个正定对角矩阵加到 $A_k^{\mathrm{T}} A_k$ 上，改变原矩阵的特征值结构，使其变成条件较好的对称正定矩阵，从而给出行之有效的修正的最小二乘法。其中 Levenberg - Marquardt 算法就是较为有效的修正的最小二乘法之一。

另外，罚函数法也是常用的方法之一。该方法适用范围较广，对于非线性不等式与等

式约束都能较好的处理，同时，它把约束问题化为无约束问题，使用方便。

6.6.6　常用摄像机标定方法

6.6.5 节中，我们假定已存在足够且有效的特征点，在此基础上介绍摄像机的标定目标函数和求解方法。特征点的位置、选取等关系到摄像机标定的精度、复杂度等，也对采取何种标定方法有显著的影响。下面基于特征点靶标、精度要求，简要介绍常用的摄像机标定方法。

1. 基于 3D 靶标的摄像机标定

基于 3D 靶标的摄像机标定方法是利用如图 6.65 所示的 3D 立体靶标来进行标定的。标定的思路如下：

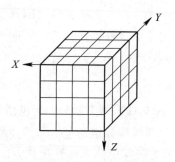

图 6.65　摄像机 3D 标定靶标

（1）靶标上每一个小方块的顶点均可作为特征点。

（2）每一个特征点的世界坐标在制作时已精确测定。

（3）采集一幅该靶标的图像。

（4）根据特征点的世界坐标和图像坐标，标定摄像机内外部参数。

上述标定过程中，对于如何根据特征点的坐标关系标定摄像机的内外部参数，传统的方法有线性和非线性两种。

1）基于 3D 靶标的线性标定

首先，基于摄像机线性模型，求解投影矩阵：

$$s_i \begin{bmatrix} u_i \\ v_i \\ 1 \end{bmatrix} = \begin{bmatrix} m_{11} & m_{12} & m_{13} & m_{14} \\ m_{21} & m_{22} & m_{23} & m_{24} \\ m_{31} & m_{32} & m_{33} & m_{34} \end{bmatrix} \begin{bmatrix} X_{wi} \\ Y_{wi} \\ Z_{wi} \\ 1 \end{bmatrix} = \boldsymbol{M} \begin{bmatrix} X_{wi} \\ Y_{wi} \\ Z_{wi} \\ 1 \end{bmatrix} \tag{6.90}$$

其中：$(u_i, v_i, 1)$ 为特征点 i 的图像坐标；$(X_{wi}, Y_{wi}, Z_{wi}, 1)$ 为它的世界坐标；$\boldsymbol{M}$ 为摄像机

投影矩阵。

利用前述的线性变换，只要 6 个特征点即可求解投影矩阵。但一般的标定过程中，3D 靶标的特征点远远多于这个数量，为了提高标定精度，常采用最小二乘法求解。

然后，根据投影与摄像机内外部参数的对应关系，解出内外部参数：

$$M=M_1M_2 \Rightarrow m_{34} \begin{pmatrix} \boldsymbol{m}_1^{\mathrm{T}} & m_{14} \\ \boldsymbol{m}_2^{\mathrm{T}} & m_{24} \\ \boldsymbol{m}_3^{\mathrm{T}} & 1 \end{pmatrix} = \begin{pmatrix} \alpha_x & 0 & u_0 & 0 \\ 0 & \alpha_y & v_0 & 0 \\ 0 & 0 & 1 & 0 \end{pmatrix} \begin{pmatrix} \boldsymbol{r}_1^{\mathrm{T}} & t_x \\ \boldsymbol{r}_2^{\mathrm{T}} & t_y \\ \boldsymbol{r}_3^{\mathrm{T}} & t_z \\ \boldsymbol{0}^{\mathrm{T}} & 1 \end{pmatrix} \tag{6.91}$$

一般情况下，通过投影矩阵 M 就能进行图像坐标和世界坐标之间的转换计算，所以很多系统只要计算出投影矩阵即可，而无需进一步计算摄像机内外部参数。

另外，投影矩阵 M 由 11 个参数决定，这些参数之间其实是有相互关系的，但在根据投影矩阵 M 求解内外部参数时并未考虑这种相互关系，从而导致内外部参数有误差，该误差还会因坐标的测量误差被进一步放大。

2）基于 3D 靶标的非线性标定

摄像机非线性模型的参数，除线性模型参数外，还包括非线性模型的径向畸变参数 k_1、k_2 和切向畸变参数 p_1、p_2，因此，非线性标定还包括非线性参数（k_1、k_2、p_1、p_2）的标定。

1975 年，Faig 提出了对这些参数标定的非线性优化方法；1986 年，Tsai 给出了在假定只存在径向畸变条件下的标定方法。这些方法都涉及非线性方程求解，或需假设摄像机部分内部参数可由其他方法测出，或者用线性模型首先计算出线性模型的参数，作为近似初值，再用迭代的方法计算精确解。1994 年，魏国庆等人提出了一种新的双平面摄像机成像模型，该方法把以上所介绍的摄像机线性参数与非线性参数组合成一些中间参数，用线性计算方法标定这些参数。

针对 3D 立体靶标上的特征点，用线性模型首先计算出线性模型的参数作为近似初值，再用迭代的方法计算精确解，是非线性模型摄像机标定较为有效的方法。

2. 基于径向约束的 3D 摄像机标定

1986 年，Tsai 给出了一种基于径向约束的 3D 摄像机标定方法——两步法（Two-Stage）。该方法的第一步是利用最小二乘法解超定线性方程，给出外部参数；第二步是求解内部参数，如果摄像机无透镜畸变，则可由一个超定线性方程解出，如果存在径向畸变，则可结合非线性优化的方法获得全部参数。该方法计算量适中，精度较高，平均精度可达 1/4000，深度方向精度可达 1/8000。

两步法是基于以下径向排列约束（Radial Alignment Constraint，RAC）的，所以有时简称为 RAC 两步法。

1）径向排列约束 RAC

在图 6.66 所示摄像机模型中，考虑镜头的径向畸变：空间点 $P(x, y, z)$ 在摄像机像平面上的像点为 $p(X_u, Y_u)$，由于镜头的径向畸变，其实际的像点为 $p'(X_d, Y_d)$，它与 $P(x, y, z)$ 之间不符合透视投影关系。

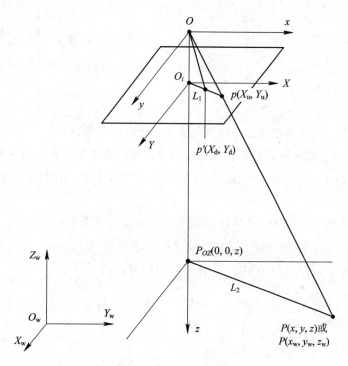

图 6.66　考虑镜头径向畸变的摄像机模型

由于只考虑径向畸变，因此由模型的几何关系可得出：

$$\overline{O_i p'} /\!/ \overline{O_i p} /\!/ \overline{P_{OZ} P} \tag{6.92}$$

这就是径向排列约束 RAC。由成像模型可知：无论是否存在透镜畸变，还是有效焦距的变化，都不影响 $\overline{O_i p'}$ 的方向，所以，基于 RAC 推导出的任何关系式都与有效焦距 f 和畸变系数 k 无关。

为了消除透镜变形对摄像机常数和到标定平面距离的影响以及考虑到刚体平移的 Y 分量接近于 0 并作为分母参与运算的因素，常在 RAC 两步法中约定以下两个条件：

（1）绝对坐标系中的原点不在视场范围内；

（2）绝对坐标系中的原点不会投影到接近于图像平面坐标系的 Y 轴。

而这两个条件在实际操作中是很容易达成的。

2) RAC 两步法标定过程

根据世界坐标系和图像坐标系的关系以及 RAC 约束,可推导出:

$$(x_wY_d \quad y_wY_d \quad z_wY_d \quad Y_d \quad -x_wX_d \quad -y_wX_d \quad -z_wX_d) \begin{pmatrix} r_1/t_y \\ r_2/t_y \\ r_3/t_y \\ t_x/t_y \\ r_4/t_y \\ r_5/t_y \\ r_6/t_y \end{pmatrix} = X_d \quad (6.93)$$

式中,除列向量外,其他是已知的,而列向量正是待求的参数。

Tsai 给出了基于共面标定点和非共面点的摄像机参数求解方法。由于基于共面点的方法不能求解尺度因子 s_x,一般使用较少。这里简单介绍基于非共面标定点的摄像机参数求解方法。

第一步:求解旋转矩阵 $\boldsymbol{R}$,平移向量 $\boldsymbol{t}$ 的 t_x、t_y 分量以及图像尺度因子 s_x。

(1) 设 $s_x = 1$,根据图像的像素坐标计算实际图像坐标 (X_{di}, Y_{di})。

(2) 代入参数,根据 RAC 约束,计算约束中的列向量。

(3) 计算 s_x:

$$\begin{cases} s_x = (a_1^2 + a_2^2 + a_3^2)^{\frac{1}{2}} |t_y| \\ a_1 = \dfrac{s_x r_1}{t_y} \\ a_2 = \dfrac{s_x r_2}{t_y} \\ a_3 = \dfrac{s_x r_3}{t_y} \end{cases} \quad (6.94)$$

(4) 确定 T_y 的符号并同时得到 $r_1 \sim r_6$ 及 t_x。

第二步:求解有效焦距 f、$\boldsymbol{t}$ 的 t_z 分量和透镜畸变系数 k。

上述步骤的细节,很多文献中有详细描述,这里不再赘述。

3. 基于 2D 平面靶标的摄像机标定

通常 3D 靶标的制作成本较高且加工精度受到限制。2000 年,张正友等人基于 2D 靶标提出了摄像机标定方法。在该方法中,要求摄像机在两个以上不同的方位拍摄一个平面靶标，在标定过程中，摄像机和 2D 靶标都可以自由地移动，假定摄像机内部参数始终不变，外部参数可以发生变化。

下面主要介绍张正友等人提出的基于平面方格点的标定方法。平面方格点靶标如图 6.67 所示。

图 6.67　平面方格点靶标

1）标定目标函数

基于针孔成像模型，空间点 M 与图像点 m 之间的射影关系为

$$s\widetilde{m} = A(R \quad t)\widetilde{M} \tag{6.95}$$

其中：$\widetilde{M}$ 和 $\widetilde{m}$ 分别为点 M 和点 m 的齐次坐标列向量；s 为非零尺度因子；R 和 t 分别为旋转矩阵和平移向量，是外部参数矩阵；A 为内部参数矩阵（与前述的内部参数矩阵一致）。

将上述内外部参数矩阵作变换：

$$A(R \quad t) = A(r_1 \quad r_2 \quad t) = \lambda H \tag{6.96}$$

其中：λ 为某一定常系数；H 为 3×3 矩阵$(h_1, h_2, h_3)^T$。

所以，图像点 m 可由空间点 M 计算得来：

$$s\widetilde{m} = A(R \quad t)\widetilde{M} = H\widetilde{M} \tag{6.97}$$

H 的计算是使实际图像坐标 m_i 与计算图像坐标 $\hat{m}_i$ 相差最小，目标函数为

$$\min \sum_i \| m_i - \hat{m}_i \|^2 \tag{6.98}$$

2）标定摄像机参数矩阵

（1）通过目标函数优化，解出变换矩阵 H。

（2）求解 6 位向量 b。

令

$$\boldsymbol{B} = \boldsymbol{A}^{\mathrm{T}} \boldsymbol{A}^{-1} = \begin{bmatrix} B_{11} & B_{12} & B_{13} \\ B_{21} & B_{22} & B_{23} \\ B_{31} & B_{32} & B_{33} \end{bmatrix}$$

$$= \begin{bmatrix} \dfrac{1}{\alpha_x^2} & -\dfrac{\gamma}{\alpha_x^2 \alpha_y} & \dfrac{v_0 \gamma - u_0 \alpha_y}{\alpha_x^2 \alpha_y} \\ -\dfrac{\gamma}{\alpha_x^2 \alpha_y} & \dfrac{\gamma^2}{\alpha_x^2 \alpha_y^2} + \dfrac{1}{\alpha_y^2} & -\dfrac{\gamma(v_0 \gamma - u_0 \alpha_y)}{\alpha_x^2 \alpha_y^2} - \dfrac{v_0}{\alpha_y^2} \\ \dfrac{v_0 \gamma - u_0 \alpha_y}{\alpha_x^2 \alpha_y} & -\dfrac{\gamma(v_0 \gamma - u_0 \alpha_y)}{\alpha_x^2 \alpha_y^2} - \dfrac{v_0}{\alpha_y^2} & \dfrac{(v_0 \gamma - u_0 \alpha_y)^2}{\alpha_x^2 \alpha_y^2} + \dfrac{v_0^2}{\alpha_y^2} + 1 \end{bmatrix} \tag{6.99}$$

$\boldsymbol{B}$ 为对称矩阵,且只与内部参数有关。

令

$$\boldsymbol{b} = (B_{11}, B_{12}, B_{22}, B_{13}, B_{23}, B_{33})^{\mathrm{T}} \tag{6.100}$$

设 $\boldsymbol{H}$ 中的第 i 列向量为 $\boldsymbol{h}_i = (h_{i1}, h_{i2}, h_{i3})^{\mathrm{T}}$,令

$$\boldsymbol{v}_{ij} = (h_{i1} h_{j1}, h_{i1} h_{j2} + h_{i2} h_{j1}, h_{i2} h_{j2}, h_{i1} h_{j3} + h_{i3} h_{j1}, h_{i2} h_{j3} + h_{i3} h_{j2}, h_{i3} h_{j3})^{\mathrm{T}} \tag{6.101}$$

对于每幅图像,有

$$\begin{bmatrix} \boldsymbol{v}_{12}^{\mathrm{T}} \\ (\boldsymbol{v}_{11} - \boldsymbol{v}_{22})^{\mathrm{T}} \end{bmatrix} \boldsymbol{b} = \boldsymbol{0} \tag{6.102}$$

设对靶标拍摄 n 幅图像,将 n 个上述方程组合并,可得 $\boldsymbol{Vb} = \boldsymbol{0}$,其中 $\boldsymbol{V}$ 为 $2n \times 6$ 矩阵,利用方程组,解出 $\boldsymbol{b}$。

(3) 求解内部参数矩阵 $\boldsymbol{A}$。利用 Cholesky 矩阵分解算法求解出 $\boldsymbol{A}^{-1}$,再求逆得 $\boldsymbol{A}$。

(4) 根据变换矩阵 $\boldsymbol{H}$ 和内部参数矩阵 $\boldsymbol{A}$,求解外部参数矩阵 $(\boldsymbol{R} \quad \boldsymbol{t})$。

一般地,摄像机镜头是有畸变的,因此以上述步骤标定的参数作为初值,再进行优化搜索,可获得更准确的参数值。

张氏标定法是一个在很多场合下行之有效的标定方法。2000 年,杨长江等人对上述方法进行了推广,利用图像和靶标平面的二次曲线对应来标定摄像机,而不是利用点与点之间的对应。由于二次曲线是一种更简洁、更全局化的基元,因而进一步提高了标定的稳定性。

4. 机器人手眼标定

机器人的视觉可分为固定视点视觉和非固定视点视觉,前者是指摄像机处于静止状态,一般采用静止放置的两个摄像机构成双目系统实现空间目标的定位,后者主要是指手眼视觉系统和自主移动车的视觉系统等。

手眼视觉系统中,将摄像机固定在机器人手臂的末端执行器上(即手爪),其目的是当

手爪在执行任务时(如抓取工件),摄像机跟随手爪移动,由摄像机测定手爪与工件的相对位置。摄像机首先检测到的是工件相对于摄像机的位置,这个位置需要转换为相对于手爪平台的位置,这种转换依赖于手爪平台和摄像机坐标系之间的关系,即机器人的手眼关系。

由于具体的手眼关系是不变的,因此在机器人手眼系统中,手眼可视为扩展的摄像机,手眼关系即为摄像机的内部参数,而工件与摄像机的位置关系为外部参数。

如图 6.68 所示,设 C_{obj} 为空间某物体的坐标系,C_c 为摄像机坐标系,C_e 为手爪平台坐标系。C_c 与 C_{obj} 的相对位置用 R_a、t_a 表示,C_c 与 C_e 的相对位置用 R、t 表示,确定 R、t 的过程就是机器人手眼的标定。

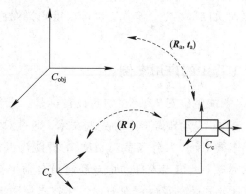

图 6.68　机器人手眼系统的坐标系

对于手眼标定,已有许多研究者进行了研究,常用的标定方法是利用已知标定参考物(如标定块),控制手爪平台在不同方位观察标定参考物,从而推导 R 和 t 与多次观察结果的关系。手眼标定的基本方程为

$$AX = XB \tag{6.103}$$

其中,A、X 及 B 是 4×4 矩阵,表示欧几里得变换,A 和 B 分别表示手爪平台坐标系和摄像机坐标系从第一个位置到第二个位置的变换,X 表示机械手坐标系到摄像机坐标系的变换,即手眼关系。在标定过程中,通常使机器人在三个位置之间进行两次运动,获得两次变换,从而组合求解 R 和 t。

5. 自标定技术

前面介绍的摄像机标定方法都需要已知二维或三维的标定靶标,利用靶标上特征点的三维坐标和图像点坐标,或者是靶标的图形特征参数和图形的图像特征参数,来计算摄像机的内外部参数。这类方法需要有精度很高的靶标,所以其实际应用受到了很大限制。

自从 1992 年 Hartley 首次提出摄像机自标定的思想后,摄像机自标定及相关研究已成为目前计算机视觉领域的研究热点。基于主动视觉系统的自标定方法是一种典型的摄像机自标定技术。所谓主动视觉系统，是指摄像机被固定在可以精确控制的平台上，且平台的运动参数可以从计算机中读出。在基于主动视觉系统的自标定中，不需要靶标，而只需要控制摄像机作特殊的运动，利用在不同位置上所拍摄的多幅图像便可同时标定出摄像机的内部参数和摄像机坐标系与平台坐标系之间的旋转矩阵及平移向量。

在众多基于主动视觉系统的自标定研究中，具有代表性的工作是 1996 年马颂德所提出的基于两组三正交运动的线性方法。该方法由主动视觉控制系统控制摄像机平台作六次平移运动，前三次与后三次各运动方向都互相垂直，并通过各次运动前后图像的对应点连接的交点求出六个运动方向，从而得到六个由正交条件得到的方程，并由这些方程得到四个线性方程而解出全部摄像机内部参数。该方法也可以得到摄像机的外部参数与机器人手眼定标参数。

6.6.7　摄像机标定在工程中的应用案例

某化工企业"现场人员智能定位安全系统"的建设目标是：综合利用机器视觉、人员辨识、智能视频分析、目标定位、自动跟踪等多种先进技术，通过对工作现场所有人员(包括企业管理、服务和生产工作员工，以及外来参观人员)的智能辨识、自动定位和跟踪，实现生产工房现场人数的实时管控、人员出入自动记录和超员自动报警，实现人员现场安全管理的网络化、信息化和智能化，提高安全管理的现代化技术保障能力，降低生产安全事故发生的可能性，有效控制安全事故人身伤害范围，为安全事故人员救援提供定位数据，降低事故伤害程度。

综合建设目标和需求，人员目标的定位具有如下突出特点：

(1) 监控摄像机众多。在企业主干道路、车间出入口和车间主要作业区，需接入或增设的监控摄像机多达 100 台左右，项目实施工程量大。

(2) 每台摄像机的监控范围广，设计为景深 30 m～50 m，对于视场内远的目标做到"能发现"，近处目标做到"能识别，能定位"。

(3) 定位精度不必太高，设计目标为小于 1 m。

因此，对摄像机的标定在满足精度的情况下，要求尽可能简单些，以减少工程工作量，降低实施成本。据此，常规的摄像机标定难以满足上述要求。

根据上述特点和需求，本项目采用针孔摄像机线性模型，假设像平面中心与图像中心重合，忽略畸变，推导定位模型，在视场内标注有限的标定点，实现摄像机的标定。

1. 定位模型的推导

图 6.69 所示为摄像机针孔成像线性模型，该模型假定像平面中心与图像中心重合，并忽略径向畸变和切向畸变。

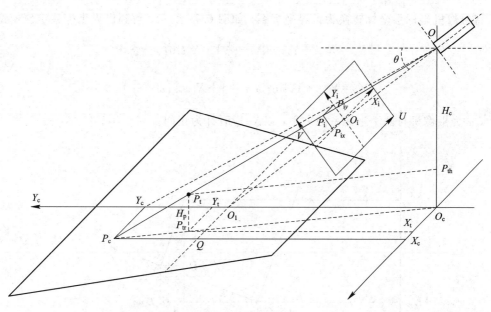

图 6.69　摄像机针孔成像线性模型

在摄像机坐标系的水平面定位模型为

$$
\begin{cases}
X_{\mathrm{c}} = \dfrac{H_{\mathrm{c}}\left(\dfrac{S_x}{2}-U\right)\tan\left(\dfrac{\alpha-\beta}{2}\right)}{\dfrac{S_y}{2}\sin\left(\dfrac{\alpha+\beta}{2}\right)} \\[6ex]
Y_{\mathrm{c}} = H_{\mathrm{c}}\tan\left\{\dfrac{\pi}{2}-\alpha+\dfrac{\alpha-\beta}{2}+\arctan\left[\dfrac{\left(V-\dfrac{S_y}{2}\right)}{\dfrac{S_y}{2}}\tan\left(\dfrac{\alpha-\beta}{2}\right)\right]\right\}
\end{cases}
\tag{6.104}
$$

式中各参数的含义见表 6.7。

表 6.7　摄像机坐标系参数的含义

类型	参数	含　义
中间参数	X_{c}，Y_{c}	目标在摄像机坐标系的坐标
已知参数	H_{c}	摄像机安装高度（以工程设计为准）
	$S_{\mathrm{x}}\times S_{\mathrm{y}}$	摄像机成像最大像素（以实际摄像机为准）
	$U\times V$	目标成像在图像坐标系的坐标
标定参数	α，β	摄像机在载平面上的最大和最小视角

将摄像机坐标系坐标转换为世界坐标系，如图 6.70 所示，得到世界坐标系定位模型：

$$\begin{cases} X_w = X_{ocw} + Y_c \cos\left(\omega - \dfrac{\pi}{2}\right) - X_c \sin\left(\omega - \dfrac{\pi}{2}\right) \\ Y_w = Y_{ocw} + Y_c \sin\left(\omega - \dfrac{\pi}{2}\right) + X_c \cos\left(\omega - \dfrac{\pi}{2}\right) \end{cases} \qquad (6.105)$$

其中，ω 为摄像机与两个坐标系的夹角，以 X_w 逆时针为正向。

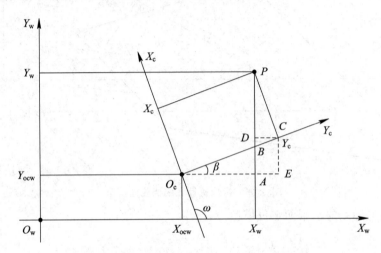

图 6.70　摄像机坐标系到世界坐标系的变换

至此，标定参数为 α、β 和 ω。这三个参数实际上体现了摄像机安装的俯视角度和水平角度，对定位的影响最为敏感。

设标定点实际世界坐标为 (X'_w, Y'_w)，则标定优化目标函数为

$$F(U, V, X'_w, Y'_w) = \frac{\sum\limits_{i=1}^{n} \sqrt{(X_w - X'_w)^2/2 + (Y_w - Y'_w)^2/2}}{n} \qquad (6.106)$$

取优化目标函数极小值：

$$\min F(U, V, X'_w, Y'_w) \qquad (6.107)$$

2. 标定点的选取和测量

根据项目需求，标定点的数量越少越好，但从标定精度考虑，标定点足够多就能有效降低平均误差。考虑系统主要识别区域在视野(见图 6.71)的点 5 和点 1、2 之间，因此，在该区域选取 5~7 个标定点为宜。根据具体监控区域，也可以扩展到点 6、7 的区域，但平均误差会相应增大。

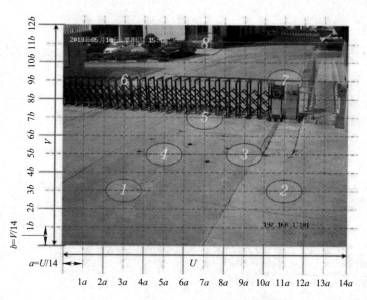

图 6.71 成像区域和标定点的选取

标定点可以用经纬仪或三角测量法测定。无论采用哪种测量方法,误差必然存在,且与工具精度、累积误差有关,都会影响标定误差和定位误差。

3. 摄像机标定

现场选取的某摄像机的安装高度为 2960 mm,世界坐标系坐标为(8710 mm,-32 900 mm),摄像机像素为 2560×1920,选取 7 个标定点,标定结果如图 6.72 所示,优化目标误差为 13.4 cm,达到标定要求。

```
Start Vision Parameter Calibrating...
Start Time:29-May-2018 22:39:28

Inupt params:
  pCX =  8710, pCY = -32900, pCH = 2960
  pIU = 2560, pIV = 1920
  pMaxErr = 1000, pLog = 1

Read the sample points data...7 points.

Solving...
...........
-->Optimizing: Alpha = 0.5777(33.1°),Belta = 0.0349( 2.0°),Amiga = 0.2269(13.0°), Error = 13.7(cm)
-->Optimizing: Alpha = 0.5777(33.1°),Belta = 0.0332( 1.9°),Amiga = 0.2269(13.0°), Error = 13.5(cm)
-->Optimizing: Alpha = 0.5794(33.2°),Belta = 0.0314( 1.8°),Amiga = 0.2269(13.0°), Error = 13.4(cm)
-->Optimizing: Alpha = 0.5812(33.3°),Belta = 0.0297( 1.7°),Amiga = 0.2269(13.0°), Error = 13.4(cm)
-->Optimizing: Alpha = 0.5829(33.4°),Belta = 0.0279( 1.6°),Amiga = 0.2269(13.0°), Error = 13.4(cm)

Result:  Alpha = 0.5829(33.4°),Belta = 0.0279( 1.6°),Amiga = 0.2269(13.0°),Error = 13.4(cm)

Spended time:3'47''

Finished!
```

图 6.72 标定结果

4. 定位测试

在识别区域内任意设置 7 个目标点,测试定位结果如图 6.73 所示,结果显示,平均误差为 13.4 cm,最大误差为 22.7 cm,大大好于预期。

```
Start Time:29-May-2018 22:39:28

Solving...

Calibrating ....

Result:  Alpha = 0.5829(33.4°),Belta = 0.0279( 1.6°),Amiga = 0.2269(13.0°),Error = 13.4(cm)

Check Error......
Read Data Succeeded, there are 7 sample points
1:(U,V)=(1145, 880),(X,Y)=(11000,-41250);----->Check: (Xc,Yc)=( 11043,-41254), Error_X= 4.3(cm), Error_Y= 0.4(cm), Error_P= 4.4(cm)
2:(U,V)=(1060, 999),(X,Y)=(11520,-42310);----->Check: (Xc,Yc)=( 11536,-42286), Error_X= 1.6(cm), Error_Y= 2.4(cm), , Error_P= 2.9(cm)
3:(U,V)=( 0799, 927),(X,Y)=(12160,-41570);----->Check: (Xc,Yc)=( 12121,-41428), Error_X= 3.9(cm), Error_Y= 14.2(cm), , Error_P= 14.7(cm)
4:(U,V)=( 693, 820),(X,Y)=(12180,-40630);----->Check: (Xc,Yc)=( 12222,-40491), Error_X= 4.2(cm), Error_Y= 13.9(cm) , Error_P= 14.5(cm)
5:(U,V)=(1302, 733),(X,Y)=(10390,-40160);----->Check: (Xc,Yc)=( 10351,-40292), Error_X= 3.9(cm), Error_Y= 13.2(cm), , Error_P= 13.7(cm)
6:(U,V)=(1478,0 846),(X,Y)=(10000,-41000);----->Check: (Xc,Yc)=( 10033,-41203), Error_X= 3.3(cm), Error_Y= 20.3(cm), , Error_P= 20.6(cm)
7:(U,V)=(1438, 0958),(X,Y)=(10200,-41980);----->Check: (Xc,Yc)=( 10368,-42132), Error_X= 16.8(cm), Error_Y= 15.2(cm), , Error_P= 22.7(cm)
Check Result: AVG_Err_Y =11.4(cm), Max_Err_Y=20.3(cm)
         AVG_Err_X= 5.5(cm), Max_Err_X=16.8(cm)
         AVG_Err_P=13.4(cm), Max_Err_P=22.7(cm)

Spended time:3'47''

Finished!
```

图 6.73　定位测试情况

当然,上述测试是在识别区域,如果超过该区域,定位误差会显著增大,尤其是远离摄像机的位置。当然,远离摄像机的目标已经没有识别的可能,但系统能检测到运动目标,仅做目标轨迹跟踪,精度无需太高的要求。

6.7　3D 立体视觉

目前主要的 3D 立体视觉技术有双目立体视觉和结构光立体视觉。

1. 双目立体视觉

双目立体视觉是基于视差原理,由多幅图像获取物体三维几何信息的方法。在机器视觉系统中,双目立体视觉一般由双摄像机从不同角度同时获取周围景物的两幅数字图像,或由单摄像机在不同时刻从不同角度获取周围景物的两幅数字图像,并基于视差原理恢复出物体的三维几何信息,重建周围景物的三维形状与位置。

双目立体视觉有时简称为体视,是人类利用双眼获取环境三维信息的主要途径。随着机器视觉理论的发展,双目立体视觉在机器视觉研究中发挥了越来越重要的作用,具有广泛的适用性。

2. 结构光立体视觉

在双目立体视觉中，当用光学投射器代替其中的一个摄像机时，光学投射器投射出一定的光模式，如光平面、十字光平面、网格状光束等，对场景对象在空间的位置进行约束，同样可以获取场景对象上点的唯一坐标值，这样就形成了结构光立体视觉。

结构光立体视觉方法的研究最早见于 20 世纪 70 年代。在诸多的视觉方法中，结构光立体视觉具有量程大、视场大、精度较高、光条图像信息易于提取、实时性强及主动受控等特点，因此近年来在工业环境中得到了广泛应用。目前结构光立体视觉的研究主要集中在结构光投射模式、子（亚）像素级的光条中心提取和处理算法以及标定方法等方面。

除了上述立体视觉技术外，还有光度立体视觉等，本节将介绍双目立体视觉的原理、系统结构、对应点匹配、系统标定以及视觉精度等问题。

6.7.1　双目立体视觉的原理

双目立体视觉基于视差，利用三角法原理进行三维信息的获取，即由两个摄像机的图像平面（或单摄像机在不同位置的图像平面）和被测物体之间构成一个三角形。已知两个摄像机之间的位置关系，便可获取两个摄像机公共视场内物体的三维尺寸及空间物体特征点的三维坐标。双目立体视觉系统一般由两个摄像机或一个运动的摄像机构成。

1. 平视双目立体视觉的三维测量原理

平视双目立体视觉的三维测量基于视差原理，如图 6.74 所示。两个摄像机同时采集某空间物体的同一特征点 P 的成像，左右摄像机上成像坐标分别为 $p_{\text{left}} = (X_{\text{left}}, Y_{\text{left}})$，$p_{\text{right}} = (X_{\text{right}}, Y_{\text{right}})$。假设两个摄像机的成像面在同一平面，则 $Y_{\text{left}} = Y_{\text{right}} = Y$，另设光心连线的距离（即基线距）为 B，则由三角几何关系可得

$$\begin{cases} X_{\text{left}} = f\dfrac{x_c}{z_c} \\[2mm] X_{\text{right}} = f\dfrac{x_c - B}{z_c} \\[2mm] Y = f\dfrac{y_c}{z_c} \end{cases} \tag{6.108}$$

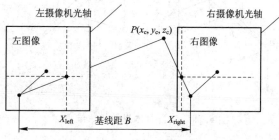

图 6.74　平视双目立体视觉成像原理

记视差为 $D = X_{\text{left}} - X_{\text{right}}$，则可根据图像坐标计算特征点 P 的摄像机坐标：

$$
\begin{cases}
x_c = \dfrac{B \cdot X_{\text{left}}}{D} \\[2mm]
y_c = \dfrac{B \cdot Y}{D} \\[2mm]
z_c = \dfrac{B \cdot f}{D}
\end{cases}
\tag{6.109}
$$

因此，采用这种双目摄像的方式，只要在双目成像上能找到目标点的匹配点，就可以确定出该目标点的三维坐标。

2. 双目立体视觉的数学模型

在平视双目立体视觉的三维测量原理基础上，考虑一般情况：对两个摄像机的位置不作特别要求，即不要求两个摄像机的成像面在同一平面。

如图 6.75 所示，为了便于推导，假设左摄像机 $oxyz$ 位于世界坐标系的原点处且无旋转，图像坐标系为 $O_1 X_1 Y_1 Z_1$，有效焦距为 f_1；右摄像机坐标系为 $o_r x_r y_r z_r$，图像坐标系为 $O_r X_r Y_r Z_r$，有效焦距为 f_r。由摄像机透视变换模型有

$$
\begin{cases}
s_1 \begin{pmatrix} X_1 \\ Y_1 \\ 1 \end{pmatrix} = \begin{pmatrix} f_1 & 0 & 0 \\ 0 & f_1 & 0 \\ 0 & 0 & 1 \end{pmatrix} \begin{pmatrix} x \\ y \\ z \end{pmatrix} \\[5mm]
s_r \begin{pmatrix} X_r \\ Y_r \\ 1 \end{pmatrix} = \begin{pmatrix} f_r & 0 & 0 \\ 0 & f_r & 0 \\ 0 & 0 & 1 \end{pmatrix} \begin{pmatrix} x_r \\ y_r \\ z_r \end{pmatrix}
\end{cases}
\tag{6.110}
$$

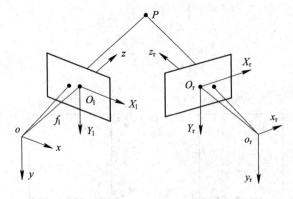

图 6.75 双目立体视觉的三维重建

左右摄像机坐标系 $oxyz$、$o_r x_r y_r z_r$ 的位置关系可以通过空间转换矩阵 $\boldsymbol{M}_{lr}$ 得到，即

$$\begin{bmatrix} x_r \\ y_r \\ z_r \end{bmatrix} = \boldsymbol{M}_{lr} \begin{bmatrix} x \\ y \\ z \\ 1 \end{bmatrix} = \begin{bmatrix} r_1 & r_2 & r_3 & t_x \\ r_4 & r_5 & r_6 & t_y \\ r_7 & r_8 & r_9 & t_z \end{bmatrix} \begin{bmatrix} x \\ y \\ z \\ 1 \end{bmatrix} = (\boldsymbol{R}\ \boldsymbol{t}) \begin{bmatrix} x \\ y \\ z \\ 1 \end{bmatrix} \qquad (6.111)$$

$$\boldsymbol{M}_{lr} = (\boldsymbol{R}\ \boldsymbol{t}) \qquad (6.112)$$

其中，$\boldsymbol{R}$、$\boldsymbol{t}$ 分别为 $oxyz$、$o_r x_r y_r z_r$ 之间的旋转矩阵和原点间的平移向量。

根据以上关系可得，在世界坐标系 $oxyz$ 中，同一物点在两个摄像机成像点之间存在如下关系：

$$\rho_r \begin{bmatrix} X_r \\ Y_r \\ 1 \end{bmatrix} = \begin{bmatrix} f_r r_1 & f_r r_2 & f_r r_3 & f_r t_x \\ f_r r_4 & f_r r_5 & f_r r_6 & f_r t_y \\ r_7 & r_8 & r_9 & t_z \end{bmatrix} \begin{bmatrix} z X_1/f_1 \\ z Y_1/f_1 \\ z \\ 1 \end{bmatrix} \qquad (6.113)$$

所以，物点的空间坐标为

$$\begin{cases} x = z X_1/f_1 \\ y = z Y_1/f_1 \\ z = \dfrac{f_1(f_r t_x - X_r t_z)}{X_r(r_7 X_1 + r_8 Y_1 + r_9 f_1) - f_r(r_1 X_1 + r_2 Y_1 + r_3 f_1)} \\ \quad = \dfrac{f_1(f_r t_y - Y_r t_z)}{Y_r(r_7 X_1 + r_8 Y_1 + r_9 f_1) - f_r(r_4 X_1 + r_5 Y_1 + r_6 f_1)} \end{cases} \qquad (6.114)$$

由此可见，若已知焦距 f_1、f_r 和空间点在左右摄像机中的图像坐标，则只要求出旋转矩阵 $\boldsymbol{R}$ 和平移向量 $\boldsymbol{t}$，就可以得到被测物体点的三维空间坐标。

另外，空间物点和两个成像点之间的位置关系也可以写成投影矩阵形式。设空间坐标为 P_w，左右摄像机投影矩阵分别为 $\boldsymbol{M}_1$ 和 $\boldsymbol{M}_r$，该物点在左右摄像机上成像点的坐标分别为 $\boldsymbol{p}_1$ 和 $\boldsymbol{p}_r$，则

$$\begin{cases} s_1 \boldsymbol{p}_1 = \boldsymbol{M}_1 P_w \\ s_r \boldsymbol{p}_r = \boldsymbol{M}_r P_w \end{cases} \qquad (6.115)$$

6.7.2 双目立体视觉的系统结构

为了从二维图像中获得被测物体特征点的三维坐标，双目立体视觉系统至少从不同位置获取包含物体特征点的两幅图像。该系统采用交叉摆放的两个摄像机从不同角度观测同一被测物体。

事实上，只要能够从不同位置或者角度获取同一物体特征点的图像坐标，就可以由双目立体视觉测量原理求取三维空间坐标。所以，获取两幅图像并不一定需要两个摄像机，由一个摄像机通过运动，在不同位置观测同一个静止的物体，或者由一个摄像机加上光学成像方式，都可以满足要求。下面介绍这些不同的双目立体视觉系统的结构。

1. 基于两个摄像机的双目立体视觉系统结构

一般采用两个摄像机来组成双目立体视觉系统，利用视差原理来实现三维测量。如图6.76 所示，由观测点到被测点的连线在空间有唯一的交点。

图 6.76(a)所示的传统双目立体视觉系统，两个摄像机斜置于基座上，中间放线路板，照明灯放在中间前部。这种设计有许多不合理的地方：由于基线距是两个摄像机头中心的距离，因此，实际的基线距 B 比视觉系统的横向宽度 L 要小许多；照明系统是固定的，对于某些测量对象不适用(如浅盲孔等)；线路板用螺丝固定在基座上，维修时要拆下整个视觉系统，使得维修后重新标定不可避免。

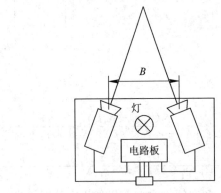

(a) 传统双目立体视觉系统结构

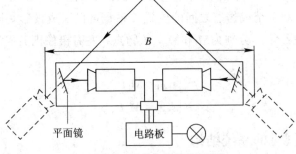

(b) 反射的双目立体视觉系统结构

图 6.76　基于两个摄像机的双目立体视觉系统结构

如图 6.76(b)所示，两个摄像机反向放置，在摄像机前面各摆放一个平面反射镜，用来调整摄像机的测量角度。这种结构实际上把两个摄像机成像在有限的空间内，增大了基线距 B，甚至不难实现基线距 B 可调，而系统的体积并不发生显著变化。同时照明系统采用分体式设计，可以固定在系统外面任何位置，以任意角度为测量提供照明。同传统的设计相比，在系统横向尺寸保持不变的情况下，改进结构有更大的基线距 B，能得到更高的测量精度，而且纵向尺寸大大缩短，整个系统的体积更小，重量更轻，便于固定。

2. 基于单个摄像机的双目立体视觉系统结构

如图 6.77 所示，当单个摄像机位于位置 1 和位置 2 时，分别采集包含物体特征点的图像。摄像机仅仅沿着 x 方向移动，沿其他方向没有移动，也没有转动。系统的基线距 B 与摄像机的移动距离相关。如果摄像机移动的两个位置事先确定下来，则该系统只需要一次标定，即可构成双目视觉系统的测量系统，否则系统在各个移动位置必须重新标定。

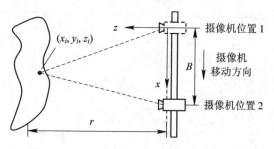

图 6.77　运动式单个摄像机双目立体视觉系统结构

这种结构的特点是：采用单个摄像机，降低了系统的成本；根据摄像机的移动位置的不同，很容易构成不同基线距的双目立体视觉系统，具有很大的灵活性。但是这种结构对摄像机的移动位置（尤其是移动前和移动后的固定位置）要求比较高，因为摄像机在两个位置的固定是在测量过程中进行的，因此测量速度不可能很快。对于要求在线检测的应用场合，这种结构显然不能满足要求。

另外一种获取被测物体立体图像的方式是将光学成像系统和单个摄像机结合，组成单个摄像机双目立体视觉系统。光学成像系统实际上是由一些棱镜、平面反射镜或球面反射镜组成的具有折射兼反射功能的光学系统。国外许多学者采用这种方式来研制基于单个摄像机的立体视觉系统。虽然这些学者所采用的光学元件的形状以及配置各不相同，但其基本原理都一样，即使用多个光学器件将单个摄像机形成两个或者更多摄像机的像，相对于被观测物体来说，相当于不同摄像机从不同角度去观测同一物体，因而具有两个摄像机的功能。

图 6.78 所示为镜像式单个摄像机双目立体视觉系统结构。该结构采用两套对称平面反射镜和单个摄像机，从对称的两个角度同时采集物体同一特征点的两幅图像。这实际上相当于单个摄像机通过两套平面镜镜像出两个完全一致的虚拟摄像机，而包含物体特征点

的两幅图像也相当于是从两个虚拟摄像机采集到的。这相当于传统的由两个摄像机组成的双目立体视觉，从两个不同位置获取了被测物体的两幅图像，因此，它具有双目立体视觉的功能。

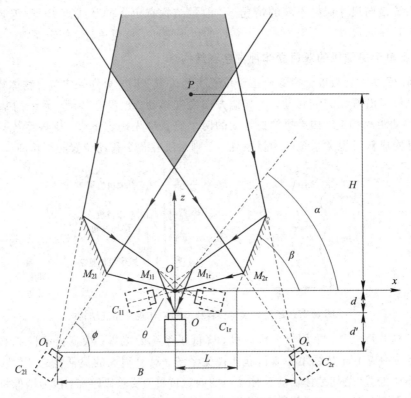

图 6.78　镜像式单个摄像机双目立体视觉系统结构

　　这种系统的结构可以做得很小，但却可以获得很大的基线距，从而提高了测量精度。通过改变两组平面镜的摆放角度，就可以改变两个虚拟摄像机之间的距离，即使增大视觉系统的基线距，也不会导致视觉系统体积的增大。两个虚拟摄像机是由同一个摄像机镜像来的，因此，采集图像的两个"摄像机"的参数完全一致，具有极好的对称性。另外，对物体特征点的三维测量，只需一次采集就可以获得物体特征点的两幅图像，从而提高了测量速度。所以，这种结构具有成本低、结构灵活及测量速度快等优点。

　　但是这种结构一个最大的缺点是：由于一幅图像包括了被测物体的特征点"两幅"图像，允许的图像视差减小了一半，因此视觉系统的测量范围至少减小了一半。同样，在图像的中央即"两幅"图像的相交处，图像变得不可利用，而对一个摄像机来说，图像中央应该是成像质量最好和受镜头畸变影响最小的地方。

　　综上所述，各种配置的双目立体视觉系统都存在各自的优点和缺点。因此，只能针对一个具体的测量对象，我们才能确定最好的视觉系统配置方式。对要求大测量范围和较高测量精度的场合，采用基于两个摄像机的双目立体视觉系统比较合适；对测量范围要求较小，对视觉系统的体积和质量要求严格，需要高速度地实时测量对象的场合，采用基于光学成像的单个摄像机的双目立体视觉系统比较合适。

6.7.3　双目立体视觉的对应点匹配

双目立体视觉是建立在对应点的视差基础之上的，因此左右图像中各点的匹配关系成为双目立体视觉技术的一个极其重要的问题。然而，对于实际的立体图像对，求解对应问题极富挑战性，可以说是双目立体视觉中最困难的一步。为了求解对应问题，人们已经建立了许多约束来减少对应点误匹配，并最终得到了正确的对应。

在双目立体视觉系统中，对应点匹配问题主要关心两幅图像中点、边缘或者区域等几何基元的相似程度。

1. 图像匹配的常用方法

由于噪声、光照变化、遮挡和透视畸变等因素的影响，空间同一点投影到两个摄像机的图像平面上形成的对应点的特性可能不同，对于一幅图像中的一个特征点或者一小块子图像，在另一幅图像中可能存在好几个相似的候选匹配。因此，需要另外的信息或者约束作为辅助判据，以便能得到唯一准确的匹配。一般采用的约束有：

（1）极线约束。在此约束下，匹配点位于两幅图像中相应的极线上。

（2）唯一性约束。两幅图像中的对应的匹配点应该有且仅有一个。

（3）视差连续性约束。除了遮挡区域和视差不连续区域外，视差的变化应该都是平滑的。

（4）顺序一致性约束。位于一幅图像极线上的系列点，在另一幅图像中的极线上具有相同的顺序。

在双目立体视觉中，图像匹配的目的是给定一幅图像上的已知点（或称为源匹配点）后在另一幅图像上寻找与之相对应的目标匹配点（或称为同名像点）。图像匹配方法通常有基于图像灰度的区域匹配、基于图像特征的匹配、基于解释的匹配以及多种方法相结合的匹配。

1）基于图像灰度的区域匹配

基于图像灰度的区域匹配方法的基本原理是：在其中一幅图像中选取一个子窗口图像，然后在另一幅图像中的一个区域内，根据某种匹配准则，寻找与子窗口图像最为相似的子图像。目前常用的匹配准则有最大互相关准则、最小均方差准则等。区域匹配常常需要进行相关计算，主要用于表面非常平滑的如卫星、航空照片的匹配，以及具有明显纹理特征的立体图像。区域匹配能够直接获得稠密偏差图，但当缺乏纹理特征或者图像深度不连续时，容易出错。这种方法的计算量很大，且误匹配概率较高，匹配精度较差。

单纯的区域匹配不能简单明确地完成全局匹配任务。大多数区域匹配系统都遇到如下限制：

（1）区域匹配要求在每个相关窗口中都存在可探测的纹理特征，对于较弱特征和存在重复特征的情况，匹配容易失败。

（2）如果相关窗口中存在表面不连续特征，则匹配容易混淆。

（3）区域匹配对绝对光强、对比度和照明条件敏感。

（4）区域匹配不适用于深度变化剧烈的场合。

基于以上原因，区域匹配系统往往需要人为介入，以实现正确匹配。

2）基于图像特征的匹配

基于图像特征的匹配方法是基于抽象的几何特征（如边缘轮廓、拐点、几何基元的形状及参数化的几何模型等），而不是基于简单的图像纹理信息进行相似度的比较。由于几何特征本身的稀疏性和不连续性，因此基于图像特征的匹配方法只能获得稀疏的深度图，需要各种内插方法才能最后完成整幅深度图的提取工作。基于图像特征的匹配方法需要对两幅图像进行特征提取，相应地会增加计算量。基于图像特征的匹配方法具有如下优点：

（1）因为参与匹配的点（或特征）少于区域匹配所需要的点，所以基于图像特征的匹配方法的速度较快。

（2）因为几何特征提取可达到"子像素"级精度，所以基于图像特征的匹配方法的精度较高。

（3）因为匹配元素为物体的几何特征，所以基于图像特征的匹配方法对照明变化不敏感。

3）基于解释的匹配

基于解释的匹配方法根据各匹配点的先验信息或固有约束，从可能候选点中进行筛选实验，从中选出最符合固有约束的位置作为匹配点。常用的约束有几何约束（如距离、角度）、拓扑约束（如邻接关系）等。这种匹配方法的精度不高，通常用于定性识别和判断。

此外，还有其他类型的立体匹配方法，如像素特征法（Birchfield，1999 年）、小波变换法（Kim，1997 年）、相关位相分析法（Porr，1998 年）以及滤波分析法（Jones，1992 年）等。

2. 已知极线几何的对应点匹配方法

双目立体视觉系统经过参数标定之后，两个摄像机的内部参数以及视觉系统的结构参数已知，可以直接利用这些参数计算出基本矩阵或者本质矩阵，从而获得该视觉系统的极线约束关系。

另一方面，双目立体视觉系统的测量对象为具有明显几何特征的一些工件（或构件），如棱线的交点、圆孔的中心或者圆孔的几何尺寸。这些测量对象中，有些特征点的对应关系比较明确，而有些特征点的对应关系则未知，如圆孔边缘。因此，对这类未知对应关系的特征，在进行测量之前，需要建立准确的对应关系。

在此结合双目立体视觉系统的特点，介绍一种基于极线约束、特征匹配与区域匹配相结合的立体匹配方法。

首先简单介绍极线约束的概念。

1) 极线几何与极线约束

极线几何讨论的是两个摄像机图像平面的关系，它不仅在双目立体视觉中对两幅图像的对应点匹配有着重要作用，而且在三维重建和运动分析中也具有广泛的应用。

在双目立体视觉系统中，数据是两个摄像机获得的图像，即左图像 I_l 与右图像 I_r，如图 6.79 所示。如果 p_l、p_r 是空间同一点 p 在两个图像上的投影点，则称 p_l 与 p_r 互为对应点。对应点的寻找与极线几何密切相关。

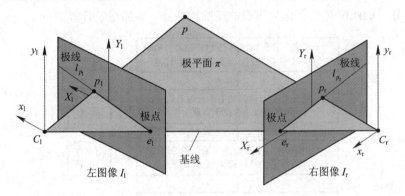

图 6.79　双目立体视觉中的极线几何关系

关于极线几何的几个概念：

(1) 基线：左右两个摄像机光心的连线，即直线 C_lC_r。

(2) 极平面：由空间点 p、两个摄像机光心决定的平面，即平面 π。

(3) 极点：基线与两个摄像机图像平面的交点，即 e_l、e_r。

(4) 极线：极平面与图像平面的交线，即直线 e_lp_l、e_rp_r。同一图像平面内所有的极线交于极点。

(5) 极平面簇：由基线和空间任意一点确定的一簇平面。所有的极平面相交于基线。

在图 6.79 中，称直线 e_lp_l 为图像 I_l 上对应于 p_r 点的极线，直线 e_rp_r 为图像 I_r 上对应于 p_l 点的极线。如果已知 p_l 在图像 I_l 内的位置，则在图像 I_r 内 p_l 所对应的点必然位于它在图像 I_r 内的极线上，即 p_r 一定在直线 e_rp_r 上，反之亦然。这是双目立体视觉的一个重要特点，称之为极线约束。

另一方面，从极限约束只能知道 p_1 所对应的直线，而不知道它的对应点在直线上的具体位置，即极线约束是点与直线的对应，而不是点与点的对应。尽管如此，极线约束给出了对应点重要的约束条件，它将对应点匹配从整幅图像寻找压缩到在一条直线上寻找对应点，极大地减小了搜索范围，对对应点匹配具有指导作用。

2）基于极线约束、特征匹配与区域匹配相结合的立体匹配方法

已知极线几何的双目立体视觉对应点的匹配过程如图 6.80 所示。首先提取被测物体在两幅图像中的几何特征（边缘轮廓或者角点，视测量要求而定），基于极线约束关系建立初始候选匹配关系，并进行对称性测试（所谓对称性测试，是指对匹配关系进行两个方向的检验，即同样算法应用于从左图像到右图像，也应用于从右图像到左图像），将只有一个方向或者两个方向都不满足约束关系的匹配视为虚假匹配。然后基于区域匹配方法对特征点附近的子图像窗口的图像纹理信息或者边缘轮廓进行相关运算，并进行相似度比较和对称性测试。将最后的匹配对应点作为正确的匹配特征点，参加视差计算。

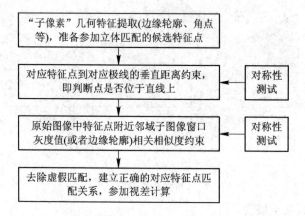

图 6.80　已知极线几何的双目立体视觉对应点的匹配过程

已知基本矩阵，计算相应的极线方程（可查阅相关文献）。图 6.81、图 6.82 和图 6.83 为已知极线几何，利用区域匹配和特征匹配相结合的方法获得的实验结果，原始图像来自牛津大学主动视觉和多视几何实验室，它是利用同一摄像机在不同位置角度获取的两幅立体图像。图 6.81 为原始图像，小圆圈为采用 Harris 角点探测法探测的角点，并经"子像素"处理（左图像 230 个点，右图像 166 个点）。图 6.82 为利用极线约束和区域匹配获得的正确匹配角点（匹配角点共 77 个）。图 6.83 为正确匹配角点与其极线。最后建立的匹配关系中，所有的匹配点对中点与极线的垂直距离小于 0.5 个像素，因此对大多双目立体视觉系统来说，已能够满足要求。如果适当放宽精度要求，则根据正确匹配点的邻接关系可以获得更多的对应匹配点，或者通过线性插值能够获得稠密深度图。

图 6.81　原始图像及探测的"子像素"角点

图 6.82　利用极线约束和区域匹配获得的正确匹配角点

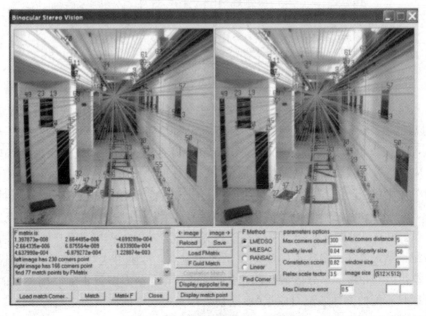

图 6.83　正确匹配角点与其极线

3. 未知极线几何的对应点匹配方法

大多数立体视觉对应点匹配都采用了极线约束，首先通过视觉系统标定，求出基本矩阵（或本质矩阵），然后在基本矩阵的指导下进行匹配。然而在一些没有标定或者需要现场标定的情形下，极线几何未知，极线约束不可利用。这种情况下，可以采用的计算过程如图6.84所示。在未知极线几何的立体视觉系统中，因为立体对应点匹配准确程度直接依赖于极线几何估计精度，所以极线几何的确定也就成为关键的一步。

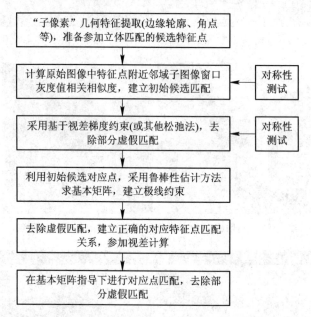

图 6.84 未知极线几何的双目立体视觉对应点的匹配过程

极线几何可以由 3×3 的基本矩阵 F 来描述。F 是在一个带有比例因子的基础上定义的，即乘以任何一个不为零的比例系数，F 所表示的几何意义是相同的，另外 F 的秩为2，因此 F 实际上可以由7个参数确定。为了求解 F，需要建立没有极线约束的两幅图像之间的匹配对应点。为了减少需要处理的数据量，提高处理速度，首先采用 Harris 角点探测法求出每幅图像中的"子像素"级精度的高曲率角点。其次，采用经典的基于灰度相关的区域匹配方法，建立这些点之间的初始候选匹配关系，并经对称性测试，建立点与点之间的一一对应关系。再次，对候选匹配点采用基于视差梯度约束（也可以采用其他松弛法）消除部分虚假匹配，建立包含大多数正确匹配关系的对应点，再使用这些点，采用鲁棒性估计方法求解基本矩阵，并消除部分虚假匹配。至此，可以建立绝大多数正确匹配关系的对应点，几乎没有虚假匹配的立体匹配对应点（根据整个计算过程中的阈值而定，条件越苛刻，所求的对应点数量就越少，虚假匹配也越少）。最后，根据建立的正确匹配关系，计算高精度的基本矩阵，并在基本矩阵指导下，进行更多对应点的匹配。具体过程这里不再累述，请读者查阅相关文献。

6.7.4　双目立体视觉的系统标定

双目立体视觉的系统标定主要是指摄像机的内部参数标定后确定视觉系统的结构参数 R 和 t。一般方法是采用标准 2D 或 3D 精密靶标，通过摄像机的图像坐标与三维世界坐标的对应关系求得这些参数。

1. 双目立体视觉常规标定方法

通过摄像机标定过程，可以得到摄像机的内部参数。对特征对应点在视觉系统的左右摄像机的图像坐标进行归一化处理，设获得的理想图像坐标分别为 $(X_\mathrm{l}, Y_\mathrm{l})$ 和 $(X_\mathrm{r}, Y_\mathrm{r})$。

双目立体视觉系统中左右摄像机的外部参数分别为 R_l、t_l 与 R_r、t_r，则 R_l、t_l 表示左摄像机与世界坐标系的相对位置，R_r、t_r 表示右摄像机与世界坐标系的相对位置。对任意一点，如它在世界坐标系、左摄像机坐标系和右摄像机坐标系下的非齐次坐标分别为 x_w、x_l、x_r，则

$$\begin{cases} x_\mathrm{l} = R_\mathrm{l} x_\mathrm{w} + t_\mathrm{l} \\ x_\mathrm{r} = R_\mathrm{r} x_\mathrm{w} + t_\mathrm{r} \end{cases} \tag{6.116}$$

消去 x_w，得到 $x_\mathrm{r} = R_\mathrm{r} R_\mathrm{l}^{-1} x_\mathrm{l} + t_\mathrm{r} - R_\mathrm{r} R_\mathrm{l}^{-1} t_\mathrm{l}$。因此，两个摄像机之间的几何关系 R、t 可用以下关系式表示：

$$R = R_\mathrm{r} R_\mathrm{l}^{-1}, \quad t = t_\mathrm{r} - R_\mathrm{r} R_\mathrm{l}^{-1} t_\mathrm{l} \tag{6.117}$$

式(6.117)表示，如果对双摄像机分别标定，得到 R_l、t_l 与 R_r、t_r，则双摄像机的相对几何位置就可以由该式计算。

实际上，在双目立体视觉系统的常规标定方法中，是由标定靶标对两个摄像机同时进行摄像机摄像标定的，以分别获得两个摄像机的内外部参数，这样不仅可以标定出摄像机的内部参数，还可以同时标定出双目立体视觉系统的结构参数。

2. 基于标准长度的标定方法

双目立体视觉系统标定方法各种各样，下面简单介绍一种基于标准长度的双目立体视觉系统标定方法(张广军，2001 年)的实验。该方法简单、使用方便、标定精度高。

实验选用采集图像为 768×576 像素的 CCD 摄像机和 25 mm 的镜头组成的双目立体视觉传感器和精密平面孔靶在现场进行。标定靶标如图 6.85 所示。

图 6.85 中细直线为所选两点的已知距离，该实验选取标准尺长度为 $D = 24.083$ mm。以视觉系统的左摄像机为基准建立传感器测量坐标系，采用基于标准长度的双目立体视觉系统标定方法即可获得参数 R、t。

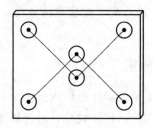

图 6.85　标定用精密圆孔靶标

标定好参数后，让靶标任意摆放在传感器的测量范围内的不同位置处，用双目立体视觉传感器测量孔靶上多个孔心坐标，然后求出孔间距离并与实际值相比较。实验结果表明，该标定方法可以获得较高精度摄像机参数，测量空间三维坐标的误差不超过 ± 0.05 mm。

6.7.5　影响双目立体视觉精度的因素

对双目立体视觉系统测量精度有较大影响的主要因素包括摄像机标定、特征提取、结构参数等。摄像机标定对双目立体视觉系统精度的影响是显而易见的，下面主要讨论特征提取及结构参数的影响。

1. 特征提取的影响

CCD 的每一个像素都具有一定的面积，一个理想点（无大小）在 CCD 像素上的精确位置无法在图像上得到反映，这就在根本上造成了像点坐标误差，即图像识别误差。

经研究分析可知，当物距越大，即景物点离摄像机越远时，误差越大。当摄像机的像素尺寸越大时，误差越大。当视差越大时，误差越小。因此，在设计视觉系统结构的时候，适当增大左右摄像机之间的距离。而在测量的时候，物体应当尽量靠近摄像机。因为这样一方面可以减小景深 Z，另一方面可以增大视差 d，从而减小误差。而对摄像机本身的质量而言，像元尺寸越小越好。

2. 结构参数的影响

1）物距对测量误差的影响

物体距离摄像机越近，误差越小，精度越高。但当物体过于接近摄像机的时候，不能实现两个摄像机同时拍摄。因此，在实际使用双目立体视觉系统的时候，应根据精度要求和有效成像，确定适当的物距。

2）摄像机主轴与 Z 轴夹角对测量精度的影响

有研究表明，左右摄像机主轴与 Z 轴的夹角对双目立体视觉系统的测量精度有影响，由于左右摄像机的布局不同，因此影响程度不一，而且其影响程度还与物距、基线距有关。若左右摄像机为对称布局，则当夹角 $\beta = 90° - \arctan(z/x)$ 时，误差最小。

3）基线长度对测量精度的影响

基线长度是表征视觉系统中左右摄像机之间相互位置关系的重要参数，它的变化不仅会引起系统结构的改变，而且会直接影响测量精度。

对于一个特定镜头和空间点，随着基线长度的增加，测量误差减小，且焦距越大，测量误差越小。但其对精度的影响是非线性的。对工作距离较大的系统，要求系统的基线距必须也较大。

除前述因素外，摄像机的焦距和目标的位置也对测量精度有影响。两台摄像机的有效焦距越大，视觉系统的视觉精度越高，即采用长焦距镜头容易获得高的测量精度。另外，位于摄像机光轴上点的测量精度最低。

小   结

机器视觉是用机器代替人类视觉从图像中感知感兴趣的信息，从广义上讲，机器视觉与计算机视觉的概念区别不大。但实际上，二者联系紧密，机器视觉以计算机视觉理论和技术为基础，依然建立在 Marr 视觉理论的基础上；二者又有明显的区别，机器视觉更强调视觉理论的实现，目标的检测和测量，视觉处理的有效性、准确性、精度和实时性。

图像的高质量采集是机器视觉有效、准确和高效地检测和精确测量的重要基础及条件。这里的高质量检测，指的是明显地突出、加强感兴趣目标，同时极大地抑制其他目标。合理选择照明光源，利用正确的照明方向，根据检测性能要求选择合适的镜头和摄像机，是机器视觉中图像采集的主要内容。

机器视觉中，在利用图像检测和测量目标之前，对图像进行预处理非常重要，这是影响机器视觉系统性能的第二个关键因素。图像预处理是在采集图像的基础上，进一步加强待检测目标，削弱甚至消隐其他目标。本章主要介绍了常用的亮度变换、几何变换、平滑滤波以及基于边缘特征的一阶和二阶微分算子。

机器视觉中的目标检测、特征提取和目标识别，都依赖于图像分割的质量。图像分割的目的是把图像中具有特殊含义的不同区域区分开来，并提取出感兴趣的目标。本章介绍了机器视觉中常用的阈值分割法、边缘分割法和区域分割法。

机器视觉系统中，场景复杂、目标特征不显或复杂等，都会给目标检测带来很大的难度。本章介绍了常用的基于集合论的数学形态学方法、基于统计的纹理分析法和常用的运动分析方法，这些方法在机器视觉系统的目标检测中，常常能发挥至关重要的作用。

目标的位置检测和形状的测量，与摄像机内部参数和外部安装参数有关。本章介绍了单目视觉的投影成像模型和标定方法，以及立体视觉的结构、标定方法和目标对应点匹配方法。

随着机器视觉的应用越来越深入和广泛，机器视觉技术也迎来了蓬勃、高速的发展。一方面，机器视觉技术依赖且得益于计算机图像处理理论和技术的发展，另一方面，也得益于人工智能的快速发展，尤其是近年来广泛应用于计算机视觉的深度学习理论和技术。基于人工智能的图像理解技术，可应用本书其他章节介绍的相关人工智能理论和方法。另外，限于篇幅，本章介绍了机器视觉的常用技术，对于目标的复杂特征的检测、复杂图像处理和分析技术等，本章未作深入探讨，但本章内容是了解和研究这些技术的必要基础。

习　题　6

1. 简要说明机器视觉的概念，并简述机器视觉与计算机视觉的主要联系和区别。

2. 机器视觉系统通常由哪些部分组成？

3. 结合相关科学的发展，你认为可对 Marr 视觉理论框架做哪些完善？

4. 如何利用照明改善采集图像的质量？

5. 光学镜头会产生哪些像差？

6. 图像灰度级变换的目的是什么？

7. 阐述图像边缘检测的目的、理论依据，以及常用的方法和各自的特点。

8. 选取一张图像，分别采用 Roberts、Sobel、Prewitt、Canny、Laplacian、LoG 算子进行边缘检测，对比分析处理效果。

9. 编制程序，利用 LoG 算子对图像进行处理。

(1) 试选择不同大小的尺度 σ，对比处理的效果；

(2) 分析是否可以采用自动选择尺度的技术。

10. 图像分割的目的是什么？为何说它是图像分析之前至关重要的步骤之一。

11. 简述采用灰度直方图峰谷法选择阈值的方法。

12. 简述最大类间方差法(Otsu 法)和最大熵自动阈值法的思想。

13. 简述基于边缘的图像分割法的优缺点。

14. 选取一张包含直线或圆的图像，应用 Hough 变换检测图中的直线或圆。

15. 简述数学形态学的基本思想，并说明它的优点。

16. 数学形态学中的结构元素是什么？它在数学形态学中的作用是什么？

17. 简述数学形态学的膨胀和腐蚀的应用场合。为什么需要引入开运算和闭运算？

18. 检索文献，举例说明数学形态变换在工业生产领域机器视觉中的应用。

19. 图像的纹理是什么？

20. 简述强纹理和弱纹理的区别。

21. 简述灰度共生矩阵法提取纹理特征的基本思想，以及灰度共生矩阵衍生的常用特征量的含义。

22. 简述 LBP 的思想和优点。

23. 检索文献，举例说明纹理分析法在工业生产领域机器视觉中的应用。

24. 差分运动分析的基本思想是什么？为什么说差分图像体现了运动目标但没有准确地体现目标的轮廓？

25. 分析说明如何从道路监控连续图像帧中获取道路背景？

26. 简述差分运动分析法中抑制差分产生的运动轨迹和增强运动目标的方法。

27. 简述摄像机标定的目的和途径。

28. 摄像机模型中内外参数有哪些？各自的含义是什么？

29. 简述机器视觉中常用的坐标系及各自的含义。

30. 常用摄像机模型有哪些？各自有哪些特点？

31. 常用摄像机近似模型有哪些？为什么会引入近似模型？

32. 摄像机标定中，为什么需要优化？常用优化方法有哪些？

33. 简述常用的摄像机标定方法，并分析说明自标定技术的意义。

34. 什么是双目立体视觉和结构光立体视觉？

35. 分析说明平视双目立体视觉的三维测量原理。

36. 在双目立体视觉中，图像匹配的目的是什么？通常有哪些方法？

37. 如何进行双目立体视觉系统的标定？

38. 影响双目立体视觉系统测量精度的因素有哪些？这些因素是如何影响测量精度的？

本章参考文献

[1] SONKA M，HLAVAC V，BOYLE R. 图像处理、分析与机器视觉[M]. 兴军亮，艾海舟，等译. 北京：清华大学出版社，2015.

[2] 张广军. 机器视觉[M]. 北京：科学出版社，2005.

[3] 杨晖. 图像分割的阈值法研究[J]. 辽宁大学学报（自然科学版），2006(02)：135-137.

[4] 徐少平，刘小平，李春泉，等. 基于区域最大相似度的快速图像分割算法[J]. 光电子激光，2013，24(05)：990-998.

[5] 汤勃，孔建益，王兴东，等. 基于数学形态学的带钢表面缺陷检测研究[J]. 钢铁研究学报，2010，22(10)：56-59.

[6] 朱亚旋，张小国，陈刚. 基于图像纹理与矩特征的转子绕线检测研究[J]. 测控技术，2018，37(02)：16-19+24.

[7] 王玮，黄非非，李见为，等. 使用多尺度LBP特征描述与识别人脸[J]. 光学精密工程，2008(04)：696-705.

［8］ 刘丽，匡纲要. 图像纹理特征提取方法综述［J］. 中国图像图形学报，2009，14（04）：622－635.

［9］ 屈晶晶，辛云宏. 连续帧间差分与背景差分相融合的运动目标检测方法［J］. 光子学报，2014，43(07)：219－226.

［10］ 余腊生，李丽浓，刘仁杰，等. 基于机器视觉的口服液灯检机关键技术研究［J］. 计算机工程与应用，2012，48(26)：152-156＋196.

［11］ 刘俸材，谢明红，颜国霖. 双目立体视觉系统的精度分析［J］. 计算机工程，2011，37(19)：280-282＋285.

［12］ 全燕鸣，黎淑梅，麦青群. 基于双目视觉的工件尺寸在机三维测量［J］. 光学精密工程，2013，21(04)：1054－1061.

［13］ 曲学军，张璐. 基于双目视觉的三维测量方法［J］. 计算机仿真，2011，28(02)：373－377.

第 7 章　分布式人工智能与多 Agent 系统

　　分布式人工智能(Distributed Artificial Intelligence，DAI)的研究起源于 20 世纪 70 年代后期，作为人工智能研究的一个重要分支，它是人工智能和分布式计算相结合的产物。分布式人工智能主要研究在逻辑上或物理上分散的智能系统如何并行、相互协作地实现问题求解。其主要有两种方法：一种是自顶向下的设计方法，即分布式问题求解(Distributed Problem Solving，DPS)；另一种是自底向上的设计方法，即多智能体系统(Multi-Agent System，MAS)。

　　DPS 研究的是如何在多个知识共享的模块、结点或子系统之间划分任务，并进行求解。MAS 研究的是如何在一个多 Agent 系统中，协调各个 Agent 的行为，以达到求解复杂问题的目的。两者的共同点在于都要研究对资源、知识、控制等的划分。两者的不同点在于：DPS 需要有全局的问题、概念模型和评价标准，而 MAS 则包含多个局部的问题、概念模型和评价标准；DPS 采用自顶向下的设计方法，建立大粒度的协作群体，从而通过各群体的协作实现问题求解，而 MAS 则采用自底向上的设计方法，首先定义各个自主的 Agent，然后在此基础上实现复杂问题的求解。MAS 的各个 Agent 之间并不一定是协作的关系，也可能是竞争或对抗的关系。

7.1　分布式人工智能系统的特点

分布式人工智能系统一般具有如下特点：

　　(1) 分布性。整个系统的数据、知识和控制等信息，无论是在逻辑上还是在物理上都是分布的；既没有全局的控制，也没有全局的数据存储。

　　(2) 连接性。各个子系统或求解机构通过计算机网络相互连接，在求解问题的过程中，通信代价要比求解问题的代价低很多。

　　(3) 协作性。各子系统或求解机构能够协调工作，从而求解单个机构难以解决或者无法解决的问题。

　　(4) 开放性。通过网络互连和系统的分布，可以更加方便地扩充系统规模，使系统具有比单个系统更好的开放性和灵活性。

　　(5) 容错性。系统具有较多的冗余处理结点、通信路径和知识，在系统出现故障时，可以通过降低响应速度或求解精度来保证系统的正常工作,提高系统的可靠性。

(6)独立性。系统把求解任务归约为几个相对独立的子任务,从而降低了各个处理结点和子系统问题求解的复杂性,也降低了软件设计开发的复杂性。

与集中式系统相比,DAI 系统克服了集中式系统中心部件负荷太重、知识调度困难等弱点,提高了系统知识的利用程度及求解问题的能力和效率。同时,DAI 系统将复杂问题分解成多个简单的子问题,进行并行求解,可以大大缩短问题求解的时间。DAI 需要对问题进行合理的分解与资源的分配,在一定程度上也增加了技术的复杂度和系统实现的难度。

7.2 分布式问题求解

人工智能的主要目标是利用计算机模拟人类的推理、学习等方面的能力,问题求解是人工智能的核心问题。随着研究的不断深入,要求解的问题逐渐变得庞大和复杂起来,采用传统的方法直接对这类问题求解的代价比较高,如需要更快的计算速度、更多的数据存储空间等,甚至是不可实现的。因此,往往需要将问题分解成多个子问题来进行求解。如何分解问题并协调各个子问题的求解与交互是 DPS 中研究的主要问题。

在 DPS 系统中,没有一个结点拥有足够的数据和知识来求解整个问题,系统中的信息是分布在系统的各结点上的,各结点通过交换部分数据、知识、问题求解状态等信息,相互协调来对复杂问题进行求解。DPS 系统中有两种协作方式:任务分担和结果共享。

在任务分担方式中,结点通过分担执行整个任务的子任务而相互协作,系统中的控制以目标为指导,各结点的处理目标是求解整个任务的一部分。任务分担方式比较适合于求解具有层次结构的任务,如工厂联合体生产规划、数字逻辑电路设计、医疗诊断等。

在结果共享方式中,各结点通过共享部分结果来实现相互协作,系统中的控制以数据为指导,各结点在任何时刻进行的求解取决于在该时刻它本身拥有或从其他结点收到的数据和知识。结果共享方式适合于求解与任务有关的各子任务的结果相互影响,并且部分结果需要综合才能得出问题解的领域,如分布式运输调度系统、分布式车辆监控系统等。

7.2.1 DPS 系统的结构

根据结点之间的信息与控制关系及问题求解能力,DPS 系统在结点中的分布模式可以分为三大类:层次结构、平行结构和混合结构。

1. 层次结构

层次结构即系统中的任务是分层的,每个任务由若干个子任务组成,每个子任务又由若干个下层子任务组成，以此类推，形成分层，并且各个子任务在逻辑上或物理上是分布的。这类任务可采用任务分担方式来求解，每个结点可以处理一个或多个子任务。

2. 平行结构

平行结构即系统中的任务是平行的，每个任务由若干个子任务组成，各个子任务的性质相同，具有平行关系。各个子任务的解往往是不完全的，需要综合各个子任务的解得到整个任务的解。子任务在时间或空间上往往是分布的。这类任务可采用结果共享方式来求解，每个结点可以处理一个或多个子任务。

3. 混合结构

混合结构即从总体上看，系统中的任务是分层的，但每层中的任务是并行的。这类任务可以采用任务分担与结果共享相结合的方式来求解。

7.2.2 DPS 系统的求解过程和方法

DPS 系统的求解过程可分为任务分解、任务分配、子问题求解和结果综合四个步骤。具体描述如下：

（1）系统从用户接口接收到用户提出的任务，首先判断该任务是否可以接受，若可以接受，则交给任务分解器，否则通知用户该任务不能完成。任务分解器根据一定的算法将任务分解为若干个相互独立但又相互联系的子任务。若有多个任务分解方案，则选出一个最佳方案交给任务分配器。

（2）任务分配器按照一定的算法将分解的任务分配给合适的求解器。若有多个分配方案，则选出最佳方案并进行分配。

（3）各求解器在接收到子任务后，通过通信系统与其他求解器进行信息交换，对子任务进行求解，并将局部解传输给协作求解系统。

（4）协作求解系统将所有的局部解综合成一个统一的解，并提交给用户。若用户对结果满意，则输出结果，否则将任务交给系统重新求解。

7.3 Agent 系 统

7.3.1 Agent 的定义

Agent 的概念最早由 M. Minsky 在 1986 年出版的 *Society of Mind* 中提出，现已广泛应用于计算机、通信、控制等领域中。在不同领域中，Agent 有不同的定义，例如：

（1）Wooldridge 等人提出了"弱定义"和"强定义"两种定义方法。在弱定义中，Agent

应当具有自主性、社会性、反应性和自治性等基本特性；而在强定义中，Agent 不仅具有弱定义中的基本特性，还具有移动性、通信能力、理性，甚至一些人类才具有的特性。

（2）Franklin 和 Graesser 则把 Agent 描述为"Agent 是一个处于环境之中并且作为这个环境一部分的系统，它随时可以感测环境并且执行相应的动作，同时逐渐建立自己的活动规划以应付未来可能感测到的环境变化"。

（3）美国斯坦福大学的 Hayes - Roth 认为"智能 Agent 能够持续执行三项功能：感知环境中的动态条件；执行动作影响环境条件；进行推理以解释感知信息、求解问题、产生推断和决定动作"。

尽管人们对于 Agent 的定义有所不同，但却存在共同的认知，即：Agent 系统由 Agent 和其所在的环境所组成，Agent 通过传感器来接收环境的信息，并能够根据接收到的信息作出一定的反应。其抽象图如图 7.1 所示。

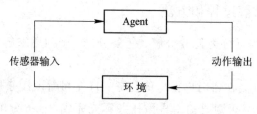

图 7.1　Agent 与环境示意图

因此，我们可以从以下三个方面来对 Agent 的定义进行理解：

1）环境

Agent 必须处于某一状态的环境中。根据不同的分类方法，可以将环境分为可观察与不可观察、确定性与非确定性、静态与动态、离散与连续等。在现实中，由于环境的复杂性，往往需要对环境进行相应的简化处理。

2）感知

Agent 需要感知外部环境的信息来作为决策的依据。这些信息可以是从自身传感器直接获取的，也可以是通过其他 Agent 获取的。

3）动作

Agent 根据感知到的环境信息，经过一定的推理学习，会产生一个动作来影响环境。Agent 面临的关键问题是决定执行什么"动作"以最大限度地满足它的设计目标。

7.3.2　Agent 的特点

Agent 一般应具备以下特点：

（1）自主性（Autonomy）：也称自治性，Agent 具有自己的目标和意图，并能够对自身的行为和状态进行管理和调节。

（2）反应性（Reactivity）：当外部环境发生改变时，Agent 能够及时作出反应。

（3）主动性（Proactivity）：Agent 不仅能够对环境中的变化作出反应，当环境没有发生变化时，也能够主动地与环境进行交互，并按照自己的规则策略对将要发生的事情采取相应的动作。

（4）协同性（Cooperativity）：也称社会性，Agent 可以跟其他个体进行交互和协作。当单个 Agent 无法完成一个复杂的任务时，它可以根据需要，与其他个体协作，共同完成任务。

（5）学习性（Learnability）：Agent 需要根据环境信息作出反应，这就要求其具有学习和推理的能力。学习性体现了 Agent 的智能性。

（6）移动性（Mobility）：Agent 无论何时何地都能够在网络中自主地移动，从而获取有利的资源。

要使 Agent 具有以上特点，就需要有一定的结构来支持，即需要分析其功能模块和工作方式。Agent 从环境中获得信息，对信息处理后再作出一定的反应来影响环境。从 Agent 的工作机理来分析，Rao 和 Georgeff 提出了 Agent 的 BDI 模型，即信念（Beliefs）、期望（Desires）及意向（Intentions）。研究三者的关系及其形式化描述，以建立 Agent 的 BDI 模型是该领域研究的一个主要方向。

7.3.3　Agent 的结构分类

国内学者一般将 Agent 分为三种类型：反应型 Agent、慎思型 Agent 和混合型 Agent。

1. 反应型 Agent（Reactive Agent）

反应型 Agent 的结构如图 7.2 所示，它包含了感知内外部状态变化的感知器、一组对

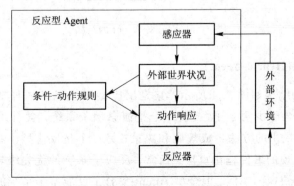

图 7.2　反应型 Agent 的结构

相关事件作出反应的过程和一个依据感知器激活某个过程执行的控制系统。Agent 的活动是由于受到某种"刺激"而引发的,因此称为反应型体系结构。反应型 Agent 无需知识和推理,但可以像人类一样逐步进化。反应型 Agent 能及时地响应外来信息和环境的变化,但其智能程度较低,也缺乏足够的灵活性。

2. 慎思型 Agent(Deliberative Agent)

慎思型 Agent 也称为认知型 Agent,其结构如图 7.3 所示。它是一个基于知识的系统(Knowledge-based System),具有知识表示、问题求解机制,能够实现对环境和智能行为的逻辑推理。慎思型 Agent 通过感知器接收环境信息,并与内部状态进行信息融合,产生修改当前状态的描述,然后根据知识库的信息进行评估和决策,最终生成一系列动作,通过反应器对外部环境发生作用。系统的决策是通过基于模板匹配和符号操作的逻辑(或准逻辑)推理做出的,如同人们通过"深思熟虑"后做出决定一样,因此被称为慎思型 Agent。慎思型 Agent 具有较高的智能,但无法对环境的变化作出快速响应,而且执行效率相对较低。

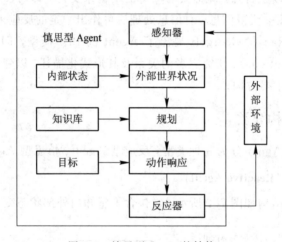

图 7.3　慎思型 Agent 的结构

3. 混合型 Agent(Hybrid Agent)

混合型 Agent 的结构如图 7.4 所示,它是反应型和慎思型两种框架的组合。混合式 Agent 体系结构中包含至少两个子系统:一个是慎思型子系统,含有用符号表示的世界模型,并用人工智能中提出的方法生成规则和决策;另一个是反应型子系统,它不经过复杂的推理就对环境中出现的事件作出反应。通常,反应子系统的优先级较高,以便对环境中出现的重要事件作出快速的响应。混合型 Agent 集合了反应型子系统的快速性和慎思型子系统的优点,具有较强的灵活性和快速响应性。

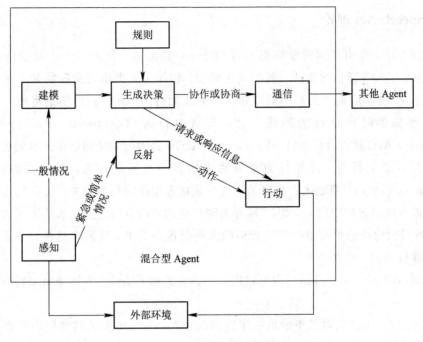

图 7.4 混合型 Agent 的结构

7.4 Agent 通信语言

在 Agent 研究的初期,研究者主要是针对独立的项目或应用开发独立的 Agent 通信语言,没有统一的形式化语义,不同的 Agent 系统往往采用不同的通信机制,这样就使得不同 Agent 系统之间的交互变得非常困难,因此设计一种通用的 Agent 通信语言(Agent Communication Language,ACL)以实现不同 Agent 系统间的信息交互就显得尤为重要。目前,通用的 Agent 通信语言标准主要有两个:知识查询及操作语言(Knowledge Query and Manipulation Language,KQML)和 FIPA(Foundation for Intelligence Physical Agent,FIPA)ACL。

KQML 是由美国 DARPA (Defense Advanced Research Projects Agency) 的 KSE (Knowledge-Sharing Effort)研究小组提出的,其首次规范在 1993 年 5 月发布。FIPA 协会于 1997 年提出了 FIPA ACL 规范。FIPA ACL 与 KQML 都是基于 Speech-Act 理论的一种规范。除此之外,还有其他一些 ACL,如面向 Agent 的编程语言(Agent-Oriented Programming Language,AOPL)、移动 Agent 通信模型 (Mobile Agent Communication Model,MACM)、开放式 Agent 结构(Open Agent Architecture,OAA)的通信模型等。

7.4.1 Speech-Act 理论

言语行为理论是由英国哲学家奥斯汀（Austin）提出的，作为 Agent 通信语言的理论基础，它给出了人类通信交流的一种形式化模型。它认为人类语言交际的基本单位不是词语、句子等语言形式，而是人们用词或句子所完成的行为。其核心思想是将所有人类的言语看作三种抽象的言语行为的统一体，即言内行为（Locutionary Act）、言外行为（Illocutionary Act）和言后行为（Perlocutionary Act）。言内行为是通过语法和词汇等"字面"意义表达其意义的行为。言外行为是表达说话者的意图的行为，通过言语的"语力"（Illocutionary Force）对听话人产生影响以促使说话人期望的行为发生。言后行为是话语所产生的后果或所引起的变化。比如："风好大啊！"这句话的言内行为是表达了风大的客观事实，其言外行为则可能是希望听到这句话的人能把窗户关上。听话人把窗户关上，则是这句话的言后行为。

对应到 ACL 中，一个言语行为可以用一个消息类型来描述。塞尔（Searl）将言语行为分为 5 类：

（1）断言类：说话人对某事做出一定程度的表态，对话语表达的命题内容做出真假判断。其行为动词有断定、声明、否定、澄清等。

（2）指令类：说话人对听话人做出某种程度的指示。其行为动词有命令、要求、建议、乞求等。

（3）承诺类：说话人对未来行为做出一定的承诺。其行为动词有承诺、保证、发誓、威胁、拒绝等。

（4）表达类：说话人所表达的某种心理状态。其行为动词有欢迎、祝贺、感谢、道歉、哀悼等。

（5）宣告类：表示话语表达的命题内容与客观事实一致。其行为动词有宣布、指定、任命等。

7.4.2 KQML

KQML 是由 41 条通信原语所组成的一个可扩展的行为原语集合，这些行为原语定义了当某个 Agent 想要获取其他 Agent 的知识和目标时可能的操作。

1. KQML 模型

KQML 模型由三个部分组成：通信层、消息层和内容层，如图 7.5 所示。通信层提供了通信机制，消息层提供了通信逻辑，而内容层则表达了通信内容。

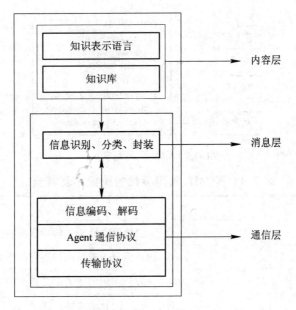

图 7.5　KQML 模型

1) 通信层(Communication Layer)

通信层主要进行信息的编码,描述基本的通信参数,如发送方和接收方的身份、通信信息标识等。该层建立在进程间通信或者 TCP/IP 等基本传输协议之上,并且独立于这些传输机制(TCP、SMTP 等)。

2) 消息层(Message Layer)

消息层是 KQML 的核心,其主要功能是确定传送消息所使用的网络协议,并由发送方提供一个与内涵相关的行为原语,来指明消息的内涵。

3) 内容层(Content Layer)

内容层是 Agent 之间通信的真正内容。KQML 的具体实现不关心消息中内容层的具体含义,它可以由任何一种知识表示语言描述。该特性为异构 Agent 间实现交互操作提供了支持,体现了 KQML 的开放性。

2. KQML 消息的表示

KQML 的语法较为简单,典型的 KQML 消息如图 7.6 所示,每个消息包括一个原语(performative)以及多个参数。参数以“:关键字”的形式出现,后面加上相应的参数值。参数是按照名字匹配的,因此参数出现的顺序是无关紧要的。KQML 中常用参数的关键字及其含义如表 7.1 所示。

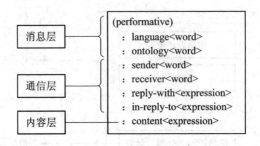

图 7.6 KQML 消息的表示

表 7.1 KQML 常用参数的关键字及其含义

参数名	含　义
:content	通信原语所表达的消息内容
:language	描述消息内容所采用语言的类别
:ontology	描述消息内容所应用的术语定义集的名字(本体论)
:sender	消息的实际发送者
:receiver	消息的实际接收者
:reply-with	当前消息的标志
:in-reply-to	所响应的消息的标志

一个 KQML 消息如下：

　　　(ask-one

　　　　　　:sender A

　　　　　　:receiver B

　　　　　　:content（PRICE IBM? price)

　　　　　　:reply-with IBM-stock

　　　　　　:language KIF

　　　　　　:ontology NYSE-TICKS

　　　)

在该消息中，A 向 B 发送了一个 ask-one 消息来查询 IBM 股票价格。IBM-stock 为该消息的标识(B 向 A 回复该消息时，会有参数项 :in-reply-to IBM-stock)。消息的内容是"PRICE IBM? price"，该内容是用 KIF 语言来描述的，其本体论为 NYSE-TICKS。":content(PRICE IBM? price)"是消息的内容层，": sender A"": receiver B"": reply-with IBM-stock"是通信层，"ask-one"":language KIF"":ontology NYSE-TICKS"是信息层。

3. KQML 原语

　　KQML 规范中定义的执行原语称为保留的执行原语。KQML 定义了每个保留执行原语的意义、相关属性以及必须遵守的格式。表 7.2 给出了 KQML 常用的保留执行原语。

表 7.2　KQML 常用的保留执行原语

类　别	原　语
基本询问原语	ask-if，ask-in，ask-one，ask-all，ask-about，evaluate
简单询问回答原语	sorry，reply
多重询问回答原语	stream-all，stream-in
通用信息原语	tell，achieve，cancel，untell
发生器原语	standby，ready，next，rest，discard，generator
能力定义原语	advertise，subscribe，monitor，import，export
网络原语	register，unregister，forward，broadcast，route

　　(1) ask-if。:sender 希望知道 :receiver 是否认为 :content 正确。

　　(2) ask-all。:sender 希望知道 :receiver 中 :content 为真的所有实例。

　　(3) sorry。:sender 理解接收到的消息,但 :sender 不能提供任何应答,或 :sender 能够提供进一步的应答,但由于某种原因 Agent 决定不再继续提供。sorry 意味着 Agent 终止当前的对话过程。

　　(4) stream-all。与 ask-all 原语的基本含义相同,但每次应答只传送一个值,形成一个应答的序列。

　　(5) tell。:sender 向 :receiver 表明 :content 在 :sender 中为真。

　　(6) achieve。:sender 请求 :receiver 希望使 :content 在 :receiver 中为真。

　　(7) standby。:receive 生成应答后,不会立即发送应答,而是通知 :sender 已生成应答,等到 :sender 请求应答后,才将保存的应答发送给 :sender。该原语用于限制 :receiver 发送应答的时机。

　　(8) rest。请求 :receiver 给出所有剩余的应答。rest 原语用于终止 standby 的功能。

　　(9) discard。:sender 向 :receiver 表明已不再需要任何剩余的应答。

　　(10) advertise。:sender 承诺处理嵌入在 advertise 里的所有消息。

　　(11) register。Agent 采用该原语宣告其存在性以及与物理地址有关的符号。

　　(12) forward。该原语用于从 :sender 向 :receiver 发送来自 :from 目的地为 :to 的请求,当 :receiver 与 :to 相同时, :receiver 处理 :content 中的消息。

7.4.3 FIPA ACL

FIPA ACL 与 KQML 在基本的概念和形式上是比较相似的，两者在内容的描述语言上都没有做明确的规定和限制，用户可以根据自己的需要使用任何内容描述语言。两者也有着相同的语法，一条 FIPA ACL 消息与一条 KQML 消息在语法结构上是基本相同的，仅在原语的名称和参数名称上有区别。FIPA ACL 与 KQML 最大的不同在于它们的语义框架。FIPA ACL 有基于形式化语言 SL 的精确形式化语义。由于语义框架的不同，FIPA ACL 与 KQML 之间不能精确地映射或者转化。

在 FIPA ACL 中，定义了 22 种行为原语，如表 7.3 所示。

表 7.3 FIPA ACL 行为原语分类表

分类	原语
信息传递	confirm，disconfirm，propagate，inform，inform-if，inform-ref
信息请求	subscribe，query，query-if
协商	cfp，accept-proposal，propose，proxy
动作执行	request，request-when，request-where，agree，refuse，cancel
错误处理	failure，not-understand

7.4.4 面向 Agent 的开发工具与环境

随着 Agent 研究的不断深入，面向 Agent 的开发工具和环境也越来越多。现在比较成熟和流行的工具与环境如表 7.4 所示。

表 7.4 面向 Agent 的开发工具与环境

名称	开发者	特点	说明
ADK	Tryllian 公司	移动 Agent 开发平台	基于 Agent 的商业集成平台，有一组强大的工具，由纯 Java、XML、JXTA 构建
Agent Factory	爱尔兰 Dublin 大学计算机系 PRISM 实验室	面向 Agent 的软件开发环境	主要由 Agent Factory 开发环境和 Agent Factory 运行环境组成
Aglets	IBM Japan 公司	移动 Agent 开发环境	Aglets 是具有 Agent 特征的 Java applet，可以在 Internet 上自由迁移

续表

名　称	开发者	特　点	说　明
Agent Tool	美国 Kansas State 大学计算与信息科学系	支持面向 Agent 的软件开发方法 MaSE	支持面向 Agent 开发方法 MaSE 的可视化工具
JACK	澳大利亚 Agent Oriented Software 公司	可重用库和开发工具集	一个使用组件的方法构建、运行、集成商业级多 Agent 系统的开发环境
JADE	意大利电信实验室 (Italia TELECOML AB)	Agent 框架	使用 Java 语言实现的软件框架，通过遵循 FIPA 规范的中间件和工具集来简化多 Agent 系统的实现
JATLite	Stanford 大学	多 Agent 系统	Java 包用于构建多 Agent 系统的 Java 软件开发包
Microsoft Agent	Microsoft 公司	可编程接口	用于 Microsoft 窗口界面中交互式动画角色的开发

7.5　多 Agent 系统

对多 Agent 系统的研究可以追溯到 20 世纪 70 年代，MIT 的研究人员发现通过设置合理的协作机制，将计算能力有限的信息系统进行组合，能够显著提高系统处理复杂问题的能力及整体智能水平。一般而言，由于计算单元、存储空间等物理限制，单个 Agent 的能力是有限的。在求解异常复杂、庞大的问题时，单个 Agent 的能力是远远不够的，这时就需要把多个 Agent 组织起来，相互协调、相互合作共同完成任务，即多 Agent 系统。多 Agent 系统是 DAI 研究领域的一个重要分支，现在已经广泛应用于工业制造、运输调度、机器人、语言处理等生产生活的诸多领域。

多 Agent 系统的特点如下：

（1）Agent 个体是自治的，能够自主推理，选择恰当的策略解决分配的问题。

（2）具有良好的模块性，易于扩展，有效地降低了系统总成本。

（3）采用面向对象的方法构建系统模型，有效降低了系统的复杂度。

（4）各 Agent 并行地求解问题，有效地提高了问题求解的效率。

（5）MAS 中的 Agent 可以是异构的，提高了系统解决问题的能力。

7.5.1 多 Agent 系统的体系结构

多 Agent 系统的体系结构是指系统中各个 Agent 间的信息关系与控制关系，以及问题求解能力的分布模式，它是结构和控制的有机结合，提供了 Agent 活动和交互的框架。多 Agent 系统主要有三种体系结构：集中式体系结构、分布式体系结构和混合式体系结构。

1. 集中式体系结构

集中式体系结构(也称阶梯式体系结构)如图 7.7 所示。系统可以分为多个组，每组都由一个具有全局知识的 Agent 来对该组中所有 Agent 的行为、协作、任务分配等提供统一的协调和管理服务。集中式体系结构能保持系统内部信息的一致性，对系统的管理、控制和调度较为容易，但是随着各 Agent 复杂性和动态性的增加，控制的瓶颈问题也愈加突出，而且一旦控制局部和全局区域的管理 Agent 崩溃，将导致整个区域或系统崩溃。

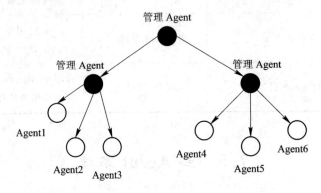

图 7.7 集中式体系结构

2. 分布式体系结构

分布式体系结构(也称扁平化体系结构)如图 7.8 所示。各 Agent 组之间和组内各 Agent 之间均为分布式体系结构，各 Agent 组或 Agent 处于平等地位。Agent 是否被激活以及激活后做什么动作取决于系统状况、周围环境、自身状况以及当前拥有的数据。此结构中可以存在多个中介服务机构，为 Agent 成员寻求协作伙伴时提供服务。这种结构的优

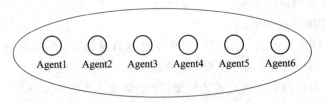

图 7.8 分布式体系结构

点是增加了灵活性、稳定性，控制的瓶颈问题也能得到缓解；不足之处是因每个 Agent 组或 Agent 的运作受限于局部和不完整的信息(如局部目标、局部规划)，很难实现全局一致的行为。

3. 混合式体系结构

混合式体系结构如图 7.9 所示，它将集中式体系结构和分布式体系结构结合起来，既具有高层 Agent 的全局观念，又结合了分布式 Agent 协商的优点。混合式体系结构平衡了集中式和分布式两种体系结构的优点和不足，适应分布式 MAS 复杂、开放的特性，是目前 MAS 普遍采用的系统结构。

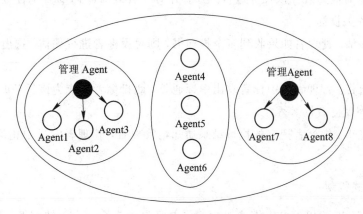

图 7.9 混合式体系结构

7.5.2 多 Agent 系统的协作机制

在多 Agent 系统中，每个 Agent 都具有自主性，依据自己的知识和能力来求解问题，如果不加以协调，往往会产生矛盾与冲突。为了保证多 Agent 系统的正常运行，并充分利用各个 Agent 的优势以使整个系统的性能达到最优，必须要有一个规范各 Agent 行为的协调机制。

多 Agent 系统协调(Coordination)是指具有不同目标的多个 Agent 对其目标、资源等进行合理安排，以调整各自的行为，最大限度地实现各自目标。多 Agent 协作(Cooperation)是指多个 Agent 通过协调各自的行为完成共同的目标。协作可看作是一种特殊类型的协调。目前，针对不同的应用已有多种协作机制，如合同网协议、黑板模式机制、市场机制等。

1. 合同网协议(Contract Net Protocol, CNP)

合同网协议是 Smith 和 Davis 于 1980 年提出的，是一种用于分布式问题求解的高级通信和控制协议，在多 Agent 系统中得到了广泛应用。合同网协议模拟人类商业活动中招投标的决策过程，在结点之间通过"招标—投标—中标"机制进行任务的分配，使系统以较低的代价、较高的质量完成分布式任务。

合同网协议中的 Agent 可分为两种：管理者（或发起者）和参与者。Agent 通过发布任务通知而成为该任务的管理者，其他 Agent 通过应答任务通知而成为该任务的参与者。当某个 Agent 发现自己没有足够的知识或能力去处理当前的任务时，它就将任务分解，自己充当管理者的角色，为每一子任务发送任务通知书，寻求协作。其过程如下：

（1）任务发布。以广播的形式发出任务招标广告，并成为任务的管理者。

（2）任务评价。系统中的其他结点收听任务发布信息，它们根据自己的资源、能力、兴趣等对自己是否有能力胜任该任务进行判断，并对在有效时间内的多个任务进行评价，选择最合适的任务去投标。

（3）投标评估。管理者如果收到多个投标书，则对投标者进行评估，选出最佳投标者作为中标者。

（4）中标通告。管理者向中标者发出中标通告，此投标者即成为该任务的执行者。管理者与中标者之间建立合同。

（5）合同终止。中标者把它的执行结果通知给管理者，管理者发送中止信息给中标者，合同宣告结束。

2. 黑板模式机制

Newell 于 1962 年提出黑板模式机制，它主要包含三个部分：知识源、黑板和监控机制。黑板是多 Agent 系统的公共空间，当某个 Agent 有问题需要解决时，便将该问题和初始数据记录到黑板上。若某个 Agent 发现黑板上的信息足以支持它进一步求解问题时，该 Agent 就将其求解结果记录在黑板上。新增加的信息有可能使其 Agent 继续求解直到求得问题的最终解。黑板模式机制内容明确，规则清楚，在求解复杂问题时是一种高效率、高质量的方式。但黑板模式机制需要进行集中控制，当 Agent 之间通信量大时，黑板模式机制比较容易产生运行瓶颈问题，会导致系统崩溃。

3. 市场机制

20 世纪 90 年代末，随着网络信息技术的发展，大规模异构 Agent 间的协作问题成为亟待解决的问题。针对这一问题，产生了基于市场机制的协作方法。该方法的基本思想是建立分布式资源分配的计算经济，以使 Agent 间通过最少的直接通信来协调多个 Agent 间的活动。系统中只存在生产者和消费者两种 Agent。生产者提供服务，即将某一种形式的商品转换为另一种形式的商品；消费者则进行商品交换。Agent 以各种价格对商品进行投标，但所有的商品交换都以当前市场价格进行，以便获得最大的利益或效用。

小　　结

　　分布式人工智能一般分为分布式问题求解(DPS)和多智能体系统(MAS)两种类型。DPS 采用自顶向下的设计方法,研究如何在多个合作的和共享知识的模块、结点或子系统之间划分任务,并求解问题。MAS 采用自底向上的设计方法,研究如何在一群自主的Agent 间进行智能行为的协调。单个 Agent 作为 MAS 的基本单元,需要具有一定的推理和通信能力,而为了更好地发挥每个 Agent 的能力,MAS 需要以一定的架构将多个 Agent 有效地组织在一起,以尽可能地实现资源的优化利用。相比于 DPS,MAS 具有更大的灵活性,更能适应开放的和动态的外部环境,一直是分布式人工智能领域的一个研究热点。

习　题　7

　　1. 简述分布式人工智能系统的特点。
　　2. 简述 Agent 结构分类。
　　3. 用 KQML 实现如下任务:A 向 B 查询某班级男生的数学成绩,B 收到请求后,逐条地将成绩发给 A,直到收到 A 的终止命令。
　　4. 多 Agent 系统协调机制有哪些?

本章参考文献

[1]　贾可荣,张彦铎. 人工智能[M]. 2 版. 北京:清华大学出版社,2013.

[2]　朱福喜,杜友福,夏定纯. 人工智能引论[M]. 武汉:武汉大学出版社,2006.

[3]　蔡自兴,徐光祐. 人工智能及其应用[M]. 4 版. 北京:清华大学出版社,2009.

[4]　王万良. 人工智能导论[M]. 4 版. 北京:高等教育出版社,2017.

[5]　刘凤岐. 人工智能[M]. 北京:机械工业出版社,2011.

[6]　王万森. 人工智能[M]. 北京:北京邮电大学出版社,2011.

[7]　史忠植. 人工智能[M]. 北京:机械工业出版社,2016.

[8]　VAN DER HOEK W,WOOLDRIDGE M. Multi-agent systems[J]. Foundations of Artificial Intelligence,2008,3:887-928.

[9]　RUSSELL S, NORVIG P. Artificial Intelligence:a Modern Approach[M]. Englewood Cliffs, NJ:Prentice-Hall, 1995.

[10]　赵龙义,侯义斌. 多 Agent 系统及其组织结构[J]. 计算机应用研究,2000,7:12-14.

[11]　王敏. 语言 语义 认知[J]. 现代语文,2019,2:181-186.